C'est prouvé scientifiquement

Du même auteur

La bosse des maths est-elle une maladie mentale ?
Éditions La découverte, 1984.

Comment apprivoiser son ordinateur sans le traumatiser
Éditions La découverte, 1995.

J'te raconte pas… (Les mots ont-ils encore un sens ?)
Éditions Balland, 2003.

Et si Marx avait raison ? Éditions L'Harmattan, 2010.

Site Internet de l'auteur :

https://mwolf-sciences.jimdo.com

Marco Wolf

C'est prouvé scientifiquement

© 2017 Marco Wolf

Edition : BoD - Books on Demand
12/14 rond-point des Champs Elysées, 75008 Paris
Imprimé par BoD – Books on Demand, Norderstedt
ISBN : 978-2-322-08213-1
Dépôt légal : Août 2017

Sommaire

PREMIÈRE PARTIE
GLOIRE À LA SCIENCE, DU PLUS HAUT DES CIEUX 7

  1. Tout ce que la science permet de prouver 9
  2. Les lois de la nature (mais la nature a copié sur sa voisine) 17
  3. Comment Darwin a été sélectionné 27
  4. La science contre les préjugés (des femmes, du bas peuple et des races inférieures) 40

DEUXIÈME PARTIE
VISITE GUIDÉE DU TEMPLE SCIENTISTE 49

  5. Le miracle grec, pour ceux qui ont besoin d'y croire 51
  6. Rien ne sert à rien et réciproquement (éloge des mathématiques pures) 68
  7. L'abstraction, parlons-en concrètement 78
  8. Plus fort que la chute des corps : la chute des esprits dans le vide 97
  9. L'Évangile du père fouettard 109
  10. La formule qui cache la forêt 122
  11. Une science bien élevée et bien propre sur elle 132

TROISIÈME PARTIE
SCIENCE IMPIE À L'USAGE DES MÉCRÉANTS 153

  12. Mathématiques impures pour le commun des mortels 155
  13. Mathématiques encore plus impures pour les bouseux et les pue-la-sueur 169

14. Tous les nombres sont imaginaires 188
15. La revanche de Démocrite 204
16. Que la science soit ! 220

QUATRIÈME PARTIE ....
COMMENT L'IDÉOLOGIE POLLUE LA SCIENCE .. 233

17. Tout se passe comme si… 235
18. Le monde existe, je l'ai rencontré 247
19. Puisqu'on vous dit que c'est mathématique ! 260
20. La science a des racines, comme tout le monde 280

EN GUISE DE CONCLUSION… 295

21. On peut très bien se passer de la science ! (Mais laissez-moi quand même mon smartphone) 297

Annexes 313
Références 331
Notes 337

C'est prouvé scientifiquement

PREMIÈRE PARTIE

GLOIRE À LA SCIENCE, DU PLUS HAUT DES CIEUX

1. Tout ce que la science permet de prouver

Boire trois verres de champagne par semaine a des effets bénéfiques sur la mémoire, et protège même de la maladie d'Alzheimer. C'est prouvé scientifiquement. Ils l'ont dit sur BFM TV en mai 2013. C'est le résultat d'une étude menée par des chercheurs britanniques de l'université de Reading.

L'information a tout de suite circulé sur Internet. « Insolite ; boire du champagne est bon pour la mémoire ! », pouvait-on lire sur le site www.topsante.com en juin de la même année, avec une citation du professeur Jeremy Spencer, auteur principal de l'étude en question : « Le champagne est plus riche en composés phénoliques que le vin blanc, en raison des propriétés des deux cépages dont il est issu ». Et ça tombe bien, car « les phénols vont modifier les niveaux des protéines qui régulent la mémoire et lutter contre leur diminution. »

« Ces premières conclusions, précise l'article de topsante.com, ont été obtenues grâce à des tests laboratoires sur des souris âgées, à qui les scientifiques ont fait boire du champagne pendant six semaines. »

Si l'on comprend bien, aucune de ces souris âgées n'a donc développé un Alzheimer. Grâce au champagne, elles sont restées en pleine possession de leur mémoire, comme vous et moi.

Cette étude a refait surface deux ans et demi plus tard, sans qu'on sache trop pourquoi, reprise en boucle par les médias.

C'est prouvé scientifiquement

Pour nous raconter la même histoire qu'en 2013... à une nuance près : on nous parle à présent de *rats* de laboratoires et non de *souris* (mais rien ne dit que cette mutation soit un effet du champagne).

Pour le vin rouge aussi, ses bienfaits sont prouvés scientifiquement. Tout le monde sait qu'il contient des acides qui permettent de diminuer le taux de cholestérol – attention : seulement le *LDL-cholestérol*, le mauvais, celui qui bouche nos artères et provoque nos maladies cardiovasculaires. C'est radical, un verre de vin rouge à chaque repas et « trois semaines plus tard, le taux de LDL-cholestérol a diminué de 18% », d'après le site e-sante.fr.

Il y a un produit, en revanche, dont les vertus sanitaires ont été jusqu'ici mésestimées : c'est le caviar. Les gens qui en consomment trois fois par semaine ont une espérance de vie bien supérieure à ceux qui ne mangent que des pommes de terre. Les scientifiques n'ont pas encore réussi à isoler le principe actif responsable de cette longévité ; mais on trouvera bien des chercheurs quelque part pour se pencher sur le problème.

Grosse tête et idées courtes

Cette lacune mise à part, on n'a pas idée de tout ce qui est prouvé scientifiquement aujourd'hui. Ou qui l'a été un jour.

Par exemple, il a été prouvé scientifiquement que le cerveau des Noirs était plus petit que celui des Blancs – en moyenne bien sûr, mais quand même. On doit ce résultat à Paul Broca, l'un des plus grands médecins du XIX° siècle, l'inventeur de la craniométrie (la mesure de la capacité crânienne).

C'est prouvé scientifiquement

> La capacité crânienne des nègres de l'Afrique occidentale (1372,12 cm^3) est inférieure d'environ 100 centimètres cubes à celle des races d'Europe [affirmait Broca en 1873]. À ces chiffres on peut joindre les suivants : Cafres, 1323,37 cm^3 ; Nubiens de l'île d'Éléphantine, 1321,66 cm^3 ; Tasmaniens, 1352,14 cm^3 ; Hottentots, 1290,93 cm^3 ; Australiens, 1248,46 cm^3. [1]

Douze ans plus tôt, déjà, Broca préconisait de choisir

> pour la comparaison des cerveaux, des races dont l'inégalité intellectuelle soit tout à fait évidente. Ainsi, la supériorité des Européens par rapport aux nègres d'Afrique, aux Indiens d'Amérique, aux Hottentots, aux Australiens et aux nègres océaniens, est assez certaine pour servir de point de départ à la comparaison des cerveaux [2].

La conclusion des recherches de Broca était donc déjà contenue dans leur « point de départ », mais qu'est-ce que ça change, je vous le demande ? Oui bien sûr, Broca prenait toutes ses précautions lorsqu'il mesurait des crânes de Blancs, écartant ceux provenant d'individus malades, accidentés, trop jeunes ou trop âgés ; pour les crânes de Noirs, ces renseignements n'étaient jamais disponibles. Et quand il trouvait un volume « manifestement » trop élevé pour le crâne d'un Noir, il ne le retenait pas, considérant qu'il y avait forcément un biais.

Dans les mêmes années, un disciple de Broca, français comme lui, découvrit avec quelque gêne que les Allemands avaient en moyenne un cerveau plus lourd de 48 grammes que celui des Français. Mais dans ce cas, ça ne prouvait rien, ça s'expliquait par la taille plus grande des Allemands. Une explication qui devenait par contre irrecevable... quand on en venait à la comparaison entre le cerveau des hommes et celui des femmes. Le poids moyen du cerveau s'établissait en effet à 1144 grammes en moyenne pour les femmes, contre 1325 pour les hommes, d'après des mesures effectuées par Broca sur, respectivement, 140 et 292 exemplaires.

> On s'est demandé [écrivit alors Broca] si la petitesse du cerveau de la femme ne dépendait pas exclusivement de la petitesse de son corps. [...] Pourtant il ne faut pas perdre de vue que la femme est en moyenne un peu moins intelligente que l'homme ; différence qu'on a pu exagérer, mais qui n'en est pas moins réelle. Il est donc permis de supposer que la petitesse relative du cerveau de la femme dépend à la fois de son infériorité physique et de son infériorité intellectuelle[3].

Pour les femmes également, les conclusions de Broca ne faisaient que confirmer son « point de départ ».

Broca se défendait pourtant d'avoir une vision simpliste de la relation entre l'intelligence et le volume ou le poids du cerveau humain. Il n'y avait pas que la taille globale du cerveau à prendre en compte, il y avait aussi l'importance relative des différentes zones qui le composent, et qui sont associées à des fonctions différentes (dont notamment l'*aire de Broca*, découverte par lui, qui contrôle l'élaboration de la parole).

Mais là encore, on en revenait invariablement au même « point de départ ». La partie postérieure du cerveau est plus liée aux activités manuelles, la partie antérieure aux activités intellectuelles – c'est du moins ce que Broca pensait avoir établi – et devinez quoi ? Ses mesures crâniennes montraient une partie antérieure moins développée chez les « races inférieures » :

> Ce sont des signes d'infériorité. On les retrouve dans toutes les races où la vie matérielle attire à elle toute l'activité cérébrale. À mesure que la vie intellectuelle se développe chez un peuple, les sutures antérieures deviennent plus compliquées et restent plus longtemps libres de soudure[4].

Quant à la femme, selon Broca, si elle n'a pas autant de cerveau que son compagnon, c'est tout simplement qu'elle n'en aurait pas l'usage :

> L'homme qui combat pour deux ou davantage dans la lutte pour l'existence, qui a toute la responsabilité et les soucis du lendemain, qui est constamment actif vis-à-vis des milieux, des circonstances et des individualités rivales et anthropocentriques, a besoin de plus de cerveau que la femme qu'il doit protéger et nourrir, que la femme sédentaire, vacant aux occupations intérieures, dont le rôle est d'élever les enfants, d'aimer et d'être passive[5].

Bon ADN ne saurait mentir

De nos jours, l'infériorité intellectuelle des femmes et des Noirs est moins prouvée scientifiquement qu'au XIX° siècle. D'autant qu'il n'y a plus de Noirs à présent, il n'y a plus que des Blacks, des Renois et des personnes de couleur. Les femmes, elles, sont restées des femmes, mais on sait maintenant qu'elles ont une âme, ce qui n'était pas évident *a priori*. Si vous êtes une femme, ou si vous êtes noir, ces progrès ne peuvent que vous faire plaisir. (Si vous êtes les deux à la fois, ça fait tout de même beaucoup, tâchez de faire un effort).

Mais entre-temps, le XX° siècle a apporté de nouvelles certitudes scientifiques au sujet de l'intelligence humaine : il a été prouvé scientifiquement que celle-ci est *innée*, quelle que soit l'éducation reçue par ailleurs.

> L'opinion courante selon laquelle l'enfant élevé dans une famille cultivée réussit mieux aux tests en raison des avantages qu'il retire de son éducation supérieure, est une supposition entièrement gratuite,

proclamait en 1916 le psychologue américain Lewis Terman, l'un des promoteurs des tests sur le QI.

> Pratiquement toutes les recherches qui ont été menées sur l'influence de la nature et de l'acquis sur le fonctionnement mental s'accordent à attribuer une importance beaucoup

plus grande aux dons naturels qu'au milieu. [...] Les enfants de parents aisés et cultivés ont des résultats aux tests plus élevés que ceux élevés dans des foyers misérables où règne l'ignorance, pour la simple raison que leur hérédité est meilleure[6].

Les résultats aux tests – ô surprise – confirmaient ce que Terman pensait de toute façon. Il en va de même pour Cyril Burt, un Anglais, qui réalisa dans les années 1940 une étude portant sur les QI de cinquante-trois paires de jumeaux monozygotes (des jumeaux « vrais ») élevés séparément et dans des conditions différentes. Les résultats de cette étude montraient des corrélations tellement impeccables (avec trois chiffres après la virgule) que plusieurs scientifiques soupçonnèrent une fraude... et que la fraude fut avérée quelques années après la mort de Burt en 1971 : ses jumeaux avaient tout bonnement été inventés[7].

Mais l'« affaire Cyril Burt », comme on l'appela à l'époque, n'ébranla pas les certitudes sur le caractère héréditaire de l'intelligence. « Pourquoi y a-t-il si peu d'enfants d'ouvriers à l'Université ? » demandait le psychiatre Pierre Debray-Ritzen en 1978 ? Tout simplement, selon lui, parce que le QI des enfants d'ouvriers est en dessous de la moyenne. « Il faut regarder cette réalité en face. La déplorer n'y changera rien[8]. »

Le XX° siècle est passé, et l'on est aujourd'hui moins enthousiaste à l'égard du QI (qui, à l'origine, avait été conçu pour lutter contre l'échec scolaire et non pour mesurer nos capacités intellectuelles). Heureusement, la science a trouvé beaucoup mieux depuis : les tests ADN pourraient bientôt remplacer avantageusement les tests sur le QI. Tout le monde sait, de nos jours, que nos caractères sont inscrits dans nos gènes, eux-mêmes portés par notre ADN. En 1980, déjà, un journal français sortait en gros titre que la « bosse des maths » serait liée à « un gène héréditaire moins fréquent chez les femmes ». (N.B. : Si vous connaissez des gènes « non héréditaires », merci de nous le signaler.) L'auteur de cet article, relate Albert Jacquard,

> nous annonce qu' « une équipe de chercheurs américains » a démontré que la différence de capacité en mathématiques entre les hommes et les femmes « est avant tout une question *génétique* ». Aucune référence n'est fournie : quelle équipe de chercheurs ? de quelle université ? dans quelle revue scientifique ont-ils publié le résultat de leurs recherches ? Le lecteur est prié de croire et de faire confiance, puisqu'il s'agit de « chercheurs américains » ![9]

Mais qu'importe, la bosse des maths, c'est génétique et masculin. Puisqu'on vous le dit !

La preuve scientifique de ce qui aurait dû se passer

En économie aussi, on n'en finirait pas d'énumérer ce qui est prouvé scientifiquement. Il est prouvé – entre autres – qu'en France les entreprises croulent sous les charges sociales, que les 35 heures ont affaibli notre économie, qu'il faut reculer l'âge de la retraite et qu'il y a trop de fonctionnaires chez nous. « C'est mathématique », comme le disent les experts lorsqu'ils sont interrogés sur les médias. (À quoi reconnaît-on un expert ? Je viens de le dire : au fait qu'il est interrogé sur les médias.)

Quand il n'est pas interrogé sur les médias, l'expert écrit des articles ou même des livres, dans lesquels il prouve scientifiquement que notre système économique est le meilleur de tous en dépit des apparences :

> Tout se passe comme si le système avait périodiquement besoin d'une crise pour retrouver le sens des grands ordres de valeur économiques. [...] Ces crises nous conduisent à revenir aux fondamentaux économiques, qui sont bons ; la croissance est forte et les bilans des entreprises, assainis, sont au meilleur niveau. Il faut s'habituer à l'idée qu'elles ne

constituent pas des cataclysmes mais des méthodes de régulation d'une économie mondiale que l'on n'arrive pas vraiment à encadrer par des lois ou des politiques[10].

Parfois même, l'expert nous explique pourquoi la situation ne peut qu'aller en s'améliorant :

> Dans quelques semaines, le marché se reformera et les affaires reprendront comme auparavant. Il y aura des pertes, des faillites, puis les fonds actuellement fermés (par exemple ceux de la BNP fermés pour un mois) rouvriront et susciteront à nouveau des appétits[11].

Quelques mois plus tard, le même expert nous détaillera la liste des raisons pour lesquelles la situation s'est finalement dégradée au lieu de s'améliorer comme elle aurait dû le faire. (Dans le cas présent, ces raisons sont qu'il y a trop de fonctionnaires chez nous, qu'il faut reculer l'âge de la retraite, que les 35 heures ont affaibli notre économie et qu'en France les entreprises croulent sous les charges sociales.)

2. Les lois de la nature (mais la nature a copié sur sa voisine)

Donc notre système économique est le meilleur de tous. S'il en est ainsi, c'est parce qu'il est basé sur les *lois de la nature*.

Les experts en économie (si vous ne savez pas où les trouver, reportez-vous au chapitre précédent) sont des gens qui ont une connaissance approfondie de la nature. Ils sont capables de distinguer trois espèces d'arbres : le marronnier, le platane et le sapin de Noël. Et ils disent eux-mêmes que les chiens ne font pas des chats. Quand ils affirment que l'économie de marché reproduit les lois de la nature, ils savent donc de quoi ils parlent.

Ils savent, en particulier, qu'il n'y a pas de salaire minimum dans la nature. Ni de durée légale du travail. Demandez aux fourmis et aux abeilles, elles vous le confirmeront. Pas de garantie de l'emploi non plus, ni de charges sociales. Et surtout, pas de syndicats et pas de grèves.

En somme, cette nature-là ressemble à ce que serait une économie de marché idéale, sans ses « impuretés ». Elle y ressemble même tellement que des scientifiques ont fini par protester contre cette « communion avec dame nature » façon MEDEF. Ainsi, écrit le généticien Albert Jacquard,

> L'origine génétique de certaines structures des sociétés humaines [...] n'est qu'une hypothèse fondée sur de vagues analogies avec les sociétés animales. En fait, le regard que nous portons sur ces sociétés n'est pas un regard neuf, il est préorienté par ce que nous savons de notre propre

organisation : le fait d'appeler « reine », « travailleuses » ou « soldats » telle ou telle catégorie de guêpes montre bien que nous avons projeté sur elles nos propres idées concernant la structure d'un groupe[1].

Au nom de la loi

C'est indéniable, nous ne pouvons pas nous empêcher de porter un regard anthropocentrique sur le monde qui nous entoure, de lui appliquer des notions qui ne font que transposer à la nature ce qui se fait dans la société – à commencer par la notion de loi.

Lorsque les savants, au XVII° siècle, se mirent à utiliser le mot « loi » pour désigner la façon dont s'opèrent la chute des corps ou la réfraction des rayons lumineux, c'était une métaphore : on comparait la nature aux sujets d'un royaume, obéissant à ses lois. Depuis, c'est par centaines qu'on a découvert des « lois » dans tous les domaines – mécanique, chimie, électricité et magnétisme, géologie, biologie – et cette métaphore a subi le sort qu'elles subissent toutes : on a fini par oublier que c'était une métaphore ; et on s'est même mis à faire des métaphores au second degré, comme lorsque nous évoquons la « loi de Murphy », la « loi de l'emmerdement maximum »... ou les « lois de la nature » avec tout le flou artistique qui entoure cette expression.

Parler des « lois » de la nature, c'est d'emblée assimiler cette dernière à une société, et comme la société que nous connaissons le mieux est celle dans laquelle nous vivons, quoi d'étonnant à ce que nous ayons tendance à la voir partout ?

Mais la nature a existé pendant des milliards d'années avant l'apparition de l'homme, et l'homme des centaines de milliers d'années avant l'apparition de l'économie de marché. À moins, bien sûr, de baptiser « économie de marché » la chasse et la cueillette dont vivaient nos ancêtres du

Paléolithique – ce que certains sont sans doute prêts à faire. Pendant qu'on y est, on peut faire remonter cette économie de marché aux organismes du Cambrien il y a 600 millions d'années, voire même aux algues bleues et aux amibes des tout premiers stades de la vie.

Pour ceux qui ne croient pas à ces légendes, il est clair que l'humanité a connu depuis ses origines de nombreuses formes de société et d'économie. Mais cette diversité n'est rien, comparée à celle de la nature depuis les débuts de la vie sur Terre.

Car la nature a tout essayé... et continue de le faire sous nos yeux. Plus d'un million d'espèces animales ont été recensées, et probablement autant d'espèces végétales. Et parmi celles de ces espèces qu'on a pu étudier jusqu'ici (une minorité), on trouve à peu près tout et son contraire : des êtres unicellulaires et d'autres composés de milliers de milliards de cellules ; des vertébrés et des invertébrés ; des animaux terrestres, aquatiques, aériens ; des animaux vivant en couples, d'autres en hardes, avec ou sans mâle dominant, d'autres en solitaires hormis lors des périodes d'accouplement, d'autres encore (comme les poissons ovipares) lâchant leur semence dans l'eau ; des plantes sécrétant des poisons pour se défendre contre les insectes, et d'autres utilisant au contraire les insectes pour leur reproduction ; et on pourrait prolonger cette liste indéfiniment. Comme dit le proverbe, tous les goûts sont dans la nature. Mais toutes les lois aussi !

La survie du plus apte : avec ça, on est bien renseigné !

Alors, admettons un instant que le système économique actuel soit fondé sur les lois de la nature. Mais lesquelles au juste ? On n'a que l'embarras du choix !

Sauf chez les apôtres du néolibéralisme. Avec eux, toute la richesse du monde animal et végétal se voit réduite à deux clichés, qu'ils nous resservent jusqu'à plus soif : la *lutte pour l'existence*, et la *survie du plus apte*.

Des mauvais plaisants ont fait remarquer que la deuxième de ces fameuses lois de la nature n'est qu'une tautologie. À quoi, en effet, peut-on reconnaître celui qui est « le plus apte » ? Au fait d'avoir survécu aux autres. La survie du plus apte est donc la survie de celui qui a survécu – une vérité difficilement contestable assurément.

Mais cette vérité de La Palice sert de justification aux inégalités sociales : elles ne seraient que le produit de la sélection naturelle, et ceux qui ont été sélectionnés pour dominer les autres seraient par définition les plus aptes.

Quant à la lutte pour l'existence, elle est brandie pour légitimer le dogme du laisser-faire, laisser-aller cher à l'idéologie libérale : dans la nature, n'est-ce pas, c'est chacun pour soi, et il n'y a pas de protection sociale.

Cette vision simpliste n'a pourtant qu'un très lointain rapport avec la réalité. Dans la nature (la vraie), on trouve tous les comportements possibles, y compris le sacrifice de sa propre vie. De nombreuses espèces animales vivent en sociétés qui assurent bel et bien à leurs membres une forme de « protection sociale ». Quand ces sociétés animales sont divisées en catégories distinctes, comme c'est le cas des abeilles et des fourmis, cette division n'a rien de hiérarchique et ne correspond en rien à une exploitation des uns par les autres. La « reine » des abeilles ne règne sur rien du tout, elle est prisonnière dans sa ruche et condamnée à pondre inlassablement en attendant d'être tuée par la nouvelle reine qu'elle aura elle-même enfantée. Les fourmis « esclaves » sont parfois portées par les « maîtres » sur leur dos, et dans certaines circonstances ce sont les « esclaves » qui prennent les commandes de la fourmilière[2].

Et même entre espèces différentes, c'est loin d'être la guerre généralisée qu'on nous suggère : de nombreuses espèces vivent côte à côte tout à fait pacifiquement.

La sélection naturelle (revue et corrigée)

« Lutte pour l'existence », « survie du plus apte », ces formules semblent tirées tout droit de Darwin et de sa théorie de la sélection naturelle. On peut se demander si elles traduisent fidèlement sa pensée ou si elles en constituent une caricature... mais il est plus facile de poser la question que d'y répondre.

L'œuvre de Darwin présente des aspects contradictoires, révolutionnaires et conservateurs tout à la fois. Le côté révolutionnaire est représenté par la sélection naturelle, le côté conservateur par la lutte pour l'existence et la référence à Malthus.

C'est la théorie de la sélection naturelle qui est le plus souvent caricaturée. Darwin l'a toujours utilisée de façon prudente et n'a jamais prétendu qu'elle était le *seul* mécanisme à l'œuvre dans l'évolution. Il y associait, entre autres, la *sélection sexuelle*, qui fonctionne souvent de façon opposée : pour échapper à leurs prédateurs, les animaux ont plutôt intérêt à passer inaperçus ; pour rechercher le partenaire sexuel, ils ont intérêt au contraire à être aussi visibles que possible.

Darwin n'a pas créé « la théorie de l'évolution » comme on l'entend dire trop souvent. (Il évitait d'ailleurs d'utiliser ce mot, « évolution », lui préférant l'expression « descendance modifiée ».) L'idée d'évolution était déjà acceptée par la majorité des scientifiques en 1859, lors de la parution de son livre *L'origine des espèces*. Ce que Darwin a apporté de nouveau dans cet ouvrage, c'est l'affirmation que les changements individuels se font de façon aléatoire, au moment de la reproduction ; que certains de ces changements apportent un avantage et d'autres un désavantage ; et que les individus pourvus de modifications avantageuses vivront plus longtemps et auront une descendance plus nombreuse, alors que les individus désavantagés auront moins de descendants, voire pas du tout. C'est ainsi que les modifications avantageuses ont tendance à se propager et les modifications désavantageuses à disparaître.

Quant à la « survie des plus aptes », Darwin était bien conscient des limites de ce concept. Les plus aptes à survivre dans un environnement donné peuvent très bien devenir les plus inaptes par suite d'un changement des conditions extérieures. L'exemple le plus connu, du vivant même de Darwin, en fut la phalène du bouleau, un papillon existant en deux variétés, l'une blanche, l'autre noire. La variété blanche, se confondant facilement avec la couleur de l'arbre, échappait plus facilement à ses prédateurs et était de ce fait nettement majoritaire. Avec les fumées de la révolution industrielle, en Angleterre, une partie des bouleaux commença à noircir, la variété blanche des phalènes vit son avantage se transformer en handicap, et inversement pour la variété noire qui se retrouva finalement majoritaire.

Les lois naturelles et éternelles de la société

La « survie du plus apte » n'apparaît d'ailleurs guère dans le texte de Darwin, du moins dans sa traduction française. La « lutte pour l'existence », en revanche, revient sous sa plume comme un leitmotiv. Darwin a repris ce thème chez Malthus, il n'en fait pas mystère :

> Nous considérerons la lutte pour l'existence parmi les êtres organisés dans le monde entier, lutte qui doit inévitablement découler de la progression géométrique de leur augmentation en nombre. C'est la doctrine de Malthus appliquée à tout le règne animal et à tout le règne végétal. Comme il naît beaucoup plus d'individus de chaque espèce qu'il n'en peut survivre ; comme, en conséquence, la lutte pour l'existence se renouvelle à chaque instant, il s'ensuit que tout être qui varie quelque peu que ce soit de façon qui

lui est profitable a une plus grande chance de survivre ; cet être est ainsi l'objet d'une *sélection naturelle*³.

C'est à Malthus en effet, pasteur anglican et économiste conservateur du début du XIX° siècle, qu'on doit cette « découverte » : la population augmenterait selon une progression géométrique, alors que les ressources n'augmenteraient qu'en progression arithmétique. Le malheur des pauvres vient donc de leur taux de reproduction, et le seul moyen de leur venir en aide est de leur imposer la limitation de la natalité par la voie de l'abstinence sexuelle.

Depuis l'époque de Malthus, la population mondiale a été multipliée par 7, on n'a donc visiblement pas suivi ses conseils. Mais les ressources ont augmenté davantage encore, et la « doctrine de Malthus » aurait probablement sombré dans l'oubli sans l'allégeance de Darwin dans *L'origine des espèces*.

On nous avait pourtant dit : « Croissez et multipliez »

C'est avec insistance que Darwin se revendique de Malthus, comme dans les lignes suivantes :

> Comme il naît plus d'individus qu'il n'en peut vivre, il doit y avoir, dans chaque cas, lutte pour l'existence, soit avec un autre individu de la même espèce, soit avec des individus d'espèces différentes, soit avec les conditions physiques de la vie. C'est la doctrine de Malthus appliquée avec une intensité beaucoup plus considérable à tout le règne animal et à tout le règne végétal, car il n'y a là ni production artificielle d'alimentation, ni restriction apportée au mariage par la prudence⁴.

Effectivement, on ne peut pas empêcher les animaux de se marier. Mais le raisonnement ci-dessus a surtout ceci de remarquable que Darwin y présente de façon unilatérale une relation de cause à effet qui joue en fait dans les deux sens. Ce n'est pas seulement qu'il nait trop d'individus dans la nature, de sorte que la « lutte pour l'existence » doive en éliminer beaucoup avant qu'ils ne soient en état de se reproduire. C'est aussi qu'en sens inverse la plupart des nouveaux nés ne vivront pas de toute façon, et que donc il faut en fabriquer beaucoup pour assurer le succès de la reproduction. On le voit fort bien, par exemple, chez les poissons ovipares, où la plupart des œufs pondus par les femelles sont dévorés par des prédateurs... ou même par les parents. Chaque femelle doit donc pondre des milliers d'œufs, voire des millions, pour que quelques centaines parviennent jusqu'à l'éclosion, que quelques alevins survivent et deviennent des poissons adultes (les survivants n'étant pas « les plus aptes », mais ceux qui ont eu de la chance).

Chez les mammifères, le phénomène est moins flagrant, parce que les embryons se développent à l'abri des prédateurs, que les mères nourrissent et protègent leurs petits, et qu'en conséquence une proportion beaucoup plus grande d'individus survit jusqu'à la maturité sexuelle. C'est cela qui permet aux mammifères de perpétuer leurs espèces en mettant au monde relativement peu d'enfants. Mais leur mode de reproduction particulier est lui-même le produit de la sélection naturelle sur des millions d'années.

Darwinien par ma mère, lamarckien par mon père

Quant à nous autres, mammifères à deux pattes, nous avons notre façon à nous de respecter ou non les lois de la nature. Nous avons proliféré sur notre planète au détriment de nombreuses espèces animales qui sont aujourd'hui menacées par notre expansion. Et pourtant, nos dents sont inoffensives, nous n'avons pas de griffes, pas d'ailes pour voler, nous ne sommes pas doués pour grimper aux arbres, nous ne courons pas vite et nous sommes trop gros pour passer inaperçus. S'il y a une loi qui s'applique à l'*homo sapiens* en tant qu'espèce, ce serait plutôt celle de la survie... du plus inapte !

Mais c'est pire encore *au sein* de notre espèce : là, c'est la sélection naturelle elle-même qui est prise en défaut. D'un point de vue darwinien, en effet, les individus avantagés laissent derrière eux une descendance plus nombreuse. En vertu de quoi les milliardaires devraient être beaucoup plus nombreux que les chômeurs.

Pour expliquer cette anomalie, il faut se rappeler qu'avant Darwin, il y avait eu Lamarck et son *transformisme* (la première grande théorie de l'évolution, au début du XIX° siècle). Lamarck croyait en la « transmission des caractères acquis ». Il pensait que les changements avantageux acquis par un individu au cours de sa vie étaient transmis à sa descendance, et il expliquait par ce mécanisme, entre autres, le long cou des girafes.

Sans rejeter complètement cette hérédité des caractères acquis, Darwin y substitua de fait l'action du hasard au cours de la reproduction, complétée par la sélection naturelle.

Un homme qui fait de la musculation n'aura pas pour autant des enfants musclés. Mais il incitera sans doute ses enfants à faire du sport ; ce qu'il ne leur aura pas transmis sur un plan biologique, il le transmettra peut-être par la voie culturelle.

C'est ce que nous explique le paléontologue américain Stephen Jay Gould à la fin de son livre *La mal-mesure de l'homme* :

> Les sociétés humaines se transforment par évolution culturelle, et non à la suite de modifications biologiques. [...] L'évolution biologique (darwinienne) se poursuit au sein de notre espèce, mais son rythme, comparé à celui de l'évolution culturelle, est d'une telle lenteur que le rôle qu'elle joue sur l'histoire de l'*Homo sapiens* est bien mince. [..] Ce qui permet à l'évolution culturelle de progresser à une telle vitesse, c'est que, contrairement à l'évolution

biologique, elle le fait sur un mode « lamarckien », c'est-à-dire par la transmission des caractères acquis[5].

Au premier rang de ces caractères acquis figure chez l'homme la grosseur du portefeuille acquis. Mais la culture acquise intervient également dans le processus, et sa transmission joue un rôle important dans la baisse de la natalité. C'est prouvé scientifiquement : ceux qui écoutent régulièrement France-Culture font nettement moins d'enfants que la moyenne.

3. Comment Darwin a été sélectionné

La récupération de Darwin par la pensée néolibérale ferait presque oublier le scandale que provoqua *L'origine des espèces* lors de sa parution en 1859. Dans l'Angleterre puritaine du XIX° siècle, la notion d'évolution biologique était une abomination aux yeux des milieux bien-pensants, des ecclésiastiques, des universitaires d'Oxford et Cambridge. « L'entreprise darwinienne risquait de saper les bases de la morale dominante – et donc aussi les bases de l'ordre social », comme l'écrit l'historien des sciences Pierre Thuillier[1].

Avant Darwin déjà, Lamarck et son transformisme étaient perçus outre-Manche comme des produits de la Révolution française. Darwin se démarquait de Lamarck, certes, mais seulement sur le *mécanisme* de l'évolution, pas sur son existence. Il est vrai qu'il évitait d'employer le mot d'évolution, mais ce n'était que pour en défendre plus opiniâtrement le principe. À de nombreuses reprises dans son livre, il s'emploie à réfuter le créationnisme (selon lequel les espèces vivantes auraient toutes été *créées* par Dieu à l'origine). C'était plus que n'en pouvaient tolérer les défenseurs de la religion – surtout de la part d'un homme qui avait failli être prêtre en son jeune temps !

Qui plus est, pour les créationnistes, l'évolution version Darwin était plus inacceptable encore que sous sa forme lamarckienne. Avec la transmission lamarckienne des caractères acquis, l'évolution pouvait encore sembler répondre à une finalité, qui renvoyait à son tour à un « esprit » extérieur supervisant le processus. Rien de tel ne subsistait dans la sélection naturelle, mécanisme aveugle opérant sur des changements aléatoires survenus au cours de la reproduction : la doctrine de Darwin était irrémédiablement matérialiste, ce qui lui valut un accueil enthousiaste du côté de Karl Marx. « C'est là le livre qui contient, sur le plan de l'histoire naturelle, le fondement de notre conception » écrivait Marx dans une lettre à Engels.

Et puis, Darwin aggravait son cas en affirmant que toutes les espèces (y compris donc l'espèce humaine) avaient une origine commune. Ses adversaires en déduisirent que « l'homme descend du singe », formule qu'ils attribuèrent faussement à Darwin et dont ils firent, si l'on ose dire, leur cheval de bataille. Lors d'une réunion de l'Association Britannique pour l'Avancement des Sciences, l'évêque d'Oxford demanda à Thomas Huxley, l'un des partisans de Darwin, s'il descendait du singe par son grand-père ou par sa grand-mère. (Huxley répondit qu'il préférerait descendre d'un singe plutôt que d'un homme instruit qui utilisait sa culture et son éloquence au service du préjugé et du mensonge.)

Il faut se rappeler que les autorités religieuses, à cette époque, se relevaient à grand peine de leur bataille perdue contre le mouvement de la Terre, contre Copernic et Galilée. C'était l'Église catholique romaine qui avait engagé ce combat, il est vrai ; mais l'Église anglicane lui avait emboîté le pas.

Comme l'écrivait Freud quelques décennies plus tard :

> Au cours des siècles, la science a infligé deux blessures à l'amour-propre de l'humanité : la première, lorsqu'elle a montré que la Terre n'est pas le centre de l'univers mais un point minuscule dans un système de mondes d'une magnitude à peine concevable, la seconde quand la biologie a dérobé à l'homme le privilège d'avoir fait l'objet d'une création particulière et mis en évidence son appartenance au monde animal[2].

L'évolution dans les cerveaux

Les idées évolutionnistes faisaient pourtant leur chemin petit à petit, en Grande Bretagne comme ailleurs. Elles étaient défendues notamment dans les milieux libéraux, ou parmi des scientifiques en marge du système comme Thomas Huxley, qui voulaient propager les sciences dans les classes laborieuses, à l'instar d'Auguste Comte en France.

Tous les progrès des sciences, à cette époque, amenaient de l'eau au moulin de l'évolutionnisme. Les fouilles géologiques, qui se multipliaient avec l'industrie minière et les chantiers de chemins de fer, renforçaient l'une après l'autre l'image d'une Terre infiniment plus vieille que dans le récit biblique. Les fossiles récoltés lors de ces fouilles amenaient chaque année de nouvelles découvertes d'espèces disparues, notamment les dinosaures étudiés par Richard Owen.

Même Georges Cuvier, un farouche adversaire des théories de l'évolution, a œuvré pour elles à son corps défendant, dans la première moitié du XIX° siècle, grâce à l'anatomie comparée dont il est le principal fondateur. Cette nouvelle discipline joua en effet un rôle fondamental dans l'identification d'espèces disparues.

> En 1859 [note Stephen Jay Gould], la plupart des gens instruits étaient prêts à accepter la notion d'évolution, dans la mesure où elle permettait de rendre compte des ressemblances et des différences entre les organismes – et c'est pourquoi Darwin emporta rapidement la conviction du monde intellectuel. Mais celui-ci n'était pas vraiment prêt à admettre les implications radicales du mécanisme proposé par le grand naturaliste britannique pour expliquer le changement évolutif, c'est-à-dire la sélection naturelle. D'où le tintamarre soulevé par *L'Origine des espèces*[3].

Pendant une vingtaine d'années, la sélection naturelle rencontra en effet la résistance d'une partie des scientifiques pourtant acquis au principe de l'évolution des espèces. Mais la sélection naturelle était dans l'air du temps – comme en témoigne le fait qu'un autre naturaliste britannique, Alfred Russel Wallace, était parvenu à cette conception indépendamment de Darwin et en même temps que lui.

La deuxième moitié du XIX° siècle a vu de nouvelles avancées scientifiques qui allaient dans le sens de Darwin et non de Lamarck : la reconnaissance de la cellule comme unité de base du monde vivant, en premier lieu ; puis la découverte des chromosomes et du mécanisme de la reproduction sexuée (on voyait mal comment les caractères acquis par un individu pouvaient se retrouver dans les chromosomes de ses cellules sexuelles) ; les débuts de la génétique ensuite, avec les lois de Mendel qui établissaient que la reproduction se déroule effectivement de façon aléatoire, en n'obéissant qu'à des lois statistiques ; l'embryologie enfin, et la ressemblance frappante entre les embryons d'animaux différents dans leurs premiers stades, avant qu'ils ne se différencient – ce qui accréditait l'hypothèse d'une origine commune à toutes les espèces conformément aux vues de Darwin.

La plupart des scientifiques qui s'opposaient à Darwin finirent donc par se ranger de son côté. Mais il n'y avait pas que des scientifiques pour se convertir au darwinisme. Même dans les milieux qui lui avaient été les plus hostiles, on sentait une certaine… évolution.

C'est prouvé scientifiquement

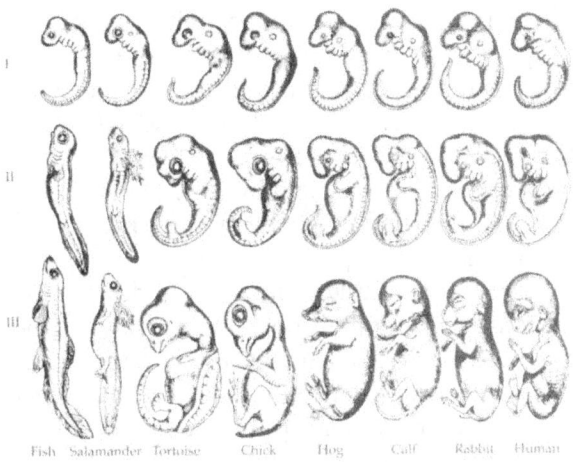

Figure 3-1 : embryons de diverses espèces à trois stades successifs (copie des dessins de Haeckel par George Romanes – 1892)[i]

Pourquoi une partie de la bourgeoisie s'est-elle ralliée à Darwin ?

La bourgeoisie ne s'est pas jetée dans les bras de Darwin. Les classes possédantes sont par instinct allergiques à la notion d'évolution biologique, derrière laquelle se profile le spectre de l'évolution sociale (le *cauchemar de Darwin* en quelque sorte).

Mais comme on ne peut rien contre l'évolution, y compris sociale, les bourgeois ont appris à faire avec, pourvu qu'elle

---

[i] Le croquis de Haeckel reproduit ci-dessus a été sujet à controverses, ses contradicteurs lui reprochant d'avoir exagéré les similarités entre embryons sur la première rangée. Mais les similarités n'en existent pas moins et avaient déjà été relevées dans la première moitié du XIX° siècle.

n'aille pas trop loin, pourvu que leur domination ne soit pas remise en cause.

De ce point de vue, Darwin offrait toutes les garanties. Autant il pouvait se montrer révolutionnaire dans le domaine scientifique, autant il était conservateur socialement et même politiquement. « Quelle idée stupide semble prévaloir en Allemagne au sujet des rapports entre le socialisme et l'évolution par sélection naturelle ! », écrivait-il en 1879. Lorsqu'il reçut de Marx un exemplaire du Livre 1 du *Capital*, il ne prit même pas la peine de l'ouvrir. Dans ses propres écrits, il se revendiquait de Malthus, l'un des économistes les plus réactionnaires qu'on ait connus, partisan des mesures les plus brutales envers les pauvres (et ces mesures, telles la suppression de l'assistance sociale et la création des *workhouses*, véritables bagnes pour les indigents, ont bel et bien été appliquées en Angleterre dans la première moitié du XIX° siècle). C'est à Malthus que Darwin a emprunté le thème de la lutte pour l'existence, qui revient sous sa plume comme un leitmotiv.

Rien d'étonnant à ce qu'une fraction de la bourgeoisie se soit finalement retrouvée dans la théorie darwinienne, qu'elle y ait vu un reflet de sa propre société. Avec Darwin, en le caricaturant au besoin, elle tenait une justification « scientifique » des inégalités sociales (et même de la prétendue inégalité des races, à une époque où la conquête coloniale battait son plein).

C'est ainsi que naquit ce qu'on a appelé le *darwinisme social*, dont l'un des premiers théoriciens fut le britannique Herbert Spencer. C'est Spencer qui a fait de l'expression « sélection des plus aptes » la quintessence de la théorie de l'évolution, au grand mécontentement de Darwin lui-même. Mais la forme extrême de ce darwinisme social fut *l'eugénisme* de Francis Galton (un cousin de Darwin), qui prétendait améliorer l'espèce humaine en éliminant les personnes atteintes de handicaps, ou tout du moins en les empêchant de se reproduire.

Le darwinisme social et l'eugénisme ont connu leurs plus grands succès outre-Atlantique au XX° siècle, avec des gens comme Henry H. Goddard, Lewis M. Terman et d'autres. Mais par réaction, l'utilisation de Darwin pour justifier le racisme et les inégalités sociales lui ont valu l'hostilité d'une partie des classes populaires et de politiciens réformistes comme William Jennings Bryan. Dans un pays religieux comme les États-Unis, cela ne pouvait manquer d'amener de l'eau au moulin du créationnisme, avec l'appui des milieux bourgeois les plus conservateurs qui réussirent à bannir les théories de l'évolution des programmes d'enseignement. Dans certains États, cette interdiction fut maintenue jusqu'à la fin des années 1980 (ou bien Darwin n'était toléré qu'à condition d'enseigner aussi le créationnisme, afin que les élèves puissent « choisir » entre les deux).

Les États-Unis peuvent ainsi se glorifier d'être à la fois le pays occidental le plus hostile à Darwin, et celui où on l'a le plus utilisé dans un sens réactionnaire.

Va pour l'évolution, mais à petite dose

Un autre aspect de la pensée de Darwin a pu lui attirer la sympathie de bourgeois libéraux : c'est son insistance à répéter que « la nature ne fait pas de sauts », qu'elle ne procède que par changements graduels et insensibles :

> La sélection naturelle, en effet, n'agit qu'en profitant de légères variations successives, elle ne peut donc jamais faire de sauts brusques et considérables, elle ne peut avancer que par degrés insignifiants, lents et sûrs[4].

Cette affirmation fut contestée d'un point de vue scientifique, notamment par Thomas Huxley, dès la parution de *L'origine des espèces*. Elle l'est davantage encore aujourd'hui, où l'on sait que l'histoire de la vie a été ponctuée par des extinctions de masse, comme celle qui a vu la disparition des dinosaures il y a 65 millions d'années. Et en dehors même de ces catastrophes planétaires, l'évolution est loin d'être un long fleuve tranquille, d'après nos connaissances actuelles.

Mais transposé à la vie politique, le gradualisme de Darwin signifiait le changement à dose homéopathique, par la voie des réformes exclusivement et en aucun cas par la voie révolutionnaire. Message reçu cinq sur cinq dans la bonne société : vous voyez bien, mon cher, que ce Darwin est finalement quelqu'un de très respectable, n'est-il pas ?

Comme l'écrit Clifford D. Conner dans son *Histoire populaire des sciences* :

> Le darwinisme est rétrospectivement considéré comme ayant triomphé simplement parce qu'il énonçait une vérité objective sur le fonctionnement de la nature. Pourtant, les causes de rejet ou d'acceptation d'une théorie scientifique sont toujours bien plus complexes que cela[5].

Les théories scientifiques ont leurs propres lois de développement, nul ne le conteste. Le darwinisme s'appuyait sur les découvertes de son époque en zoologie, paléontologie, botanique, anatomie comparée, géologie, ainsi que sur les observations de Darwin lui-même lors de son tour du monde de cinq ans, de 1831 à 1836. Il reprenait en outre la théorie de l'évolution là où Lamarck l'avait laissée trente ans plus tôt.

Mais trente ans plus tôt, les idées évolutionnistes étaient rejetées, non seulement par les naturalistes avec Cuvier à leur tête, mais surtout par l'opinion publique bourgeoise – la seule à se faire entendre en ce temps-là. C'était l'époque de la Restauration en France, la bourgeoisie se repentait de ses excès révolutionnaires de 1789 et se réconciliait avec la religion. En Angleterre, l'essor du mouvement ouvrier à la même époque poussait les classes dirigeantes dans les bras de la réaction. Dans toute l'Europe, l'heure était au conservatisme et au rejet de tout ce qui pouvait évoquer le changement.

En 1859, les lignes avaient bougé, une partie de la bourgeoisie se convertissait peu à peu au libéralisme qui lui semblait mieux correspondre à ses intérêts économiques. Des intellectuels bourgeois militaient pour l'instruction populaire, en ajoutant à mi-voix que c'était le meilleur antidote contre les penchants révolutionnaires des ouvriers. Face au mouvement ouvrier lui-même, faute de pouvoir l'éliminer, certains dans le camp d'en face étaient partisans de le tempérer et de le canaliser.

Et dans la mesure où ces bourgeois « progressistes » aspiraient eux-mêmes à des changements dans le cadre de la société existante, ils voyaient plutôt d'un bon œil les théories évolutionnistes en matière de biologie. Tel est le contexte dans lequel parut *L'origine des espèces*.

Tout comme les espèces, les idées de Darwin ont elles-mêmes été soumises à une sélection. Non pas une sélection naturelle, il est vrai – mais une sélection sociale.

« La nature ne fait pas de saut »

Darwin a repris cette maxime chez Leibnitz, savant et philosophe de la fin du XVII° siècle. Voici un exemple de son argumentation dans *L'origine des espèces* :

« C'est même ce que démontre ce vieil axiome de l'histoire naturelle : *Natura non facit saltum*. La plupart des naturalistes expérimentés admettent la vérité de cet adage ; ou, pour employer les expressions de Milne-Edwards, la nature est prodigue des variétés, mais avare d'innovations. Pourquoi, dans l'hypothèse de la création, y aurait-il tant de variétés et si peu de nouveautés réelles ? Pourquoi toutes les parties, tous les organes de tant d'êtres indépendants, créés, suppose-t-on, séparément pour occuper une place séparée dans la nature, seraient-ils si ordinairement reliés les uns aux autres par une série de gradations ? Pourquoi la nature n'aurait-elle pas passé soudainement d'une conformation à une autre ? La théorie de la sélection naturelle nous fait comprendre clairement pourquoi il n'en est pas ainsi ; la sélection naturelle, en effet, n'agit qu'en profitant de légères variations successives, elle ne peut donc jamais faire de sauts brusques et considérables, elle ne peut avancer que par degrés insignifiants, lents et sûrs[6]. »

Dans un article intitulé *Le caractère épisodique du changement évolutif*, le paléontologue américain Stephen Jay Gould (décédé en 2002) critique cet aspect de la théorie darwinienne :

« Les hommes de savoir transposèrent alors dans la nature le programme libéral de changement lent et ordonné qu'ils préconisaient pour la transformation de la société humaine. Aux yeux de nombreux scientifiques, les cataclysmes naturels apparaissaient aussi menaçants que le règne de la terreur qui avait emporté leur grand collègue Lavoisier. Mais la géologie semblait apporter autant de preuves d'un changement cataclysmique que d'un changement progressif[7]. »

L'exemple le plus connu de ces changements cataclysmiques est celui qui provoqua la disparition des dinosaures à la fin du Crétacé. Mais ce ne fut pas le seul ni même le plus dévastateur :

« On a estimé que la collision avec l'astéroïde, qui précipita l'extinction de masse de la fin du Crétacé, a dû libérer 10 000 fois plus de mégatonnes que ne le ferait l'ensemble des bombes nucléaires actuellement accumulées sur la Terre. Et cette extinction, qui fit disparaître environ 50 % des espèces marines, fait piètre figure comparée à la plus ancienne – celle du Permien, il y a deux cent vingt-cinq millions d'années, qui semble avoir éliminé près de 95 % de toutes les espèces[8]. »

Ces « extinctions de masse » ont joué un rôle déterminant dans l'évolution en laissant la place libre pour des formes de vie nouvelles ou restées marginales auparavant. Sans la disparition des dinosaures, les mammifères n'auraient pas connu l'expansion qui a suivi, et nous ne serions pas là pour en parler.

Mais même en mettant de côté ces catastrophes, l'évolution n'a pas le caractère linéaire et régulier que semble lui prêter Darwin. C'est du moins le point de vue de Stephen Jay Gould et de Niles Eldredge. Selon leur « théorie des équilibres ponctués », l'évolution voit alterner de longues périodes de stabilité et de brèves périodes de changement. Et l'apparition d'une nouvelle espèce serait un phénomène relativement rapide, du moins à l'échelle géologique. Ce serait la raison pour laquelle il est si rare de trouver des formes intermédiaires entre les espèces connues.

> ### Comment se créent les nouvelles espèces ?
>
> Paradoxalement, Darwin décrit les modifications au sein d'une espèce mais ne résout pas le problème de l'apparition d'espèces nouvelles – alors que le titre de son livre le laissait clairement entendre.
> Il y a là, du reste, un parallèle avec la sélection au sens classique du terme – la sélection artificielle opérée par des éleveurs ou des cultivateurs pour favoriser certains caractères d'un animal ou d'une plante. Au bout d'un certain nombre de générations, on aboutit à la création de nouvelles variétés ou de nouvelles races ; mais jamais à l'apparition de nouvelles espèces : une race de chien est toujours une race de chien.
> Pour qu'une variété soit devenue une espèce nouvelle, il faut que la reproduction ne soit plus possible entre représentants de l'espèce nouvelle et de l'espèce d'origine.
> Nous savons aujourd'hui que l'évolution au sein d'une espèce est provoquée par des mutations accidentelles au niveau des gènes dans les cellules sexuelles (ovules et spermatozoïdes). Ces cellules ont la particularité de ne contenir qu'un exemplaire unique de chaque chromosome de l'espèce, alors que les autres cellules contiennent deux exemplaires de chaque, l'un provenant du père, l'autre de la mère. Lors d'une fécondation, en effet, un spermatozoïde pénètre dans l'ovule et leurs deux noyaux fusionnent. Chaque chromosome du spermatozoïde s'apparie alors au chromosome homologue de l'ovule.
> Si certains gènes portés par les chromosomes du spermatozoïde ou de l'ovule ont subi des mutations, elles sont transmises à l'embryon. Mais si ces mutations sont trop importantes ou trop nombreuses, elles empêcheront l'appariement de ces chromosomes avec des chromosomes n'ayant pas subi ces modifications. On a alors affaire à deux variétés qui ne sont plus interfécondes, autrement dit à deux espèces distinctes.
> Les mutations de gènes sont en fait très rares, et, à moins d'apporter un avantage décisif aux individus qui en sont porteurs, elles ont tendance à se dissoudre au fil des générations dans les populations nombreuses. C'est pourquoi la formation d'espèces nouvelles s'opère généralement lorsqu'une petite population se

retrouve isolée géographiquement du reste de l'espèce. Sur une petite population, les lois de la génétique permettent aux mutations de se propager plus rapidement, sans même que la sélection naturelle n'intervienne. Les biologistes parlent alors de *dérive génétique*.

Bien sûr, Darwin ignorait les lois de la génétique, science qui n'existait pas lorsqu'il écrivit *L'origine des espèces*. Mais ses œillères gradualistes lui brouillaient la vue de toute façon sur le problème de la formation des espèces. Pour lui, entre nouvelle variété et nouvelle espèce, il n'y avait qu'une différence de degré, avec des situations intermédiaires, conformément à l'axiome selon lequel la nature ne fait pas de saut.

Un livre qui se mérite...

L'origine des espèces a été un succès en librairie comme on en voit peu : le soir même de sa parution, la première édition était épuisée !

Ce livre n'est pourtant pas d'une lecture facile, c'est le moins qu'on puisse dire. C'est l'ouvrage d'un érudit écrivant pour des initiés, sans aucun effort pour se mettre à la portée d'un public plus large. Jonglant avec les arguments pour ou contre, le livre a de plus subi d'importantes modifications d'une édition à l'autre, de sorte qu'on ne sait jamais si l'édition qu'on a entre les mains traduit véritablement la position de Darwin ou un compromis avec les critiques qui lui ont été adressées. Comme l'écrit Stephen Jay Gould :

« Darwin avait le don merveilleux de broder à l'infini sur un thème principal, égarant facilement le lecteur dans les méandres de ses réflexions et lui faisant perdre le fil conducteur du récit. [...] Darwin était un amoureux du détail ; il ne pouvait donc s'empêcher de vous en raconter bien plus que ce que vous aviez toujours voulu savoir sur la pollinisation des orchidées par les insectes ou la manière dont les vers transportent leur butin dans leurs galeries. Bref, si vous vous laissez emporter, vous perdez facilement de vue le nœud du problème, le cœur du paradoxe, la pierre d'angle sous laquelle Darwin bâtit l'édifice de son argumentation[9]. »

Finalement, en on apprend davantage et plus facilement sur le sujet... en lisant Stephen Jay Gould lui-même, ou encore des livres de vulgarisation comme *Darwin et l'évolution expliqués à nos petits-enfants*[10].

4. La science contre les préjugés (des femmes, du bas peuple et des races inférieures)

> *En moyenne, la masse de l'encéphale est plus considérable chez l'homme que chez la femme, chez les hommes éminents que chez les hommes médiocres, et chez les races supérieures que chez les races inférieures.*
>
> Paul Broca[1]

Si Broca vivait aujourd'hui, il passerait à coup sûr pour un sale raciste et un misogyne attardé. Pourtant, à son époque, sous le Second Empire, Broca avait tout d'un progressiste : ce célèbre médecin était républicain, libre penseur et favorable aux théories de l'évolution (celles de Lamarck d'abord puis celles de Darwin).

Il est vrai qu'en matière d'évolution, il pensait que les races humaines constituaient des espèces distinctes, provenant d'origines différentes. Mais il n'était pas le seul scientifique à défendre ce point de vue, loin de là. C'était le cas, entre autres, de Louis Agassiz, le plus grand biologiste américain du milieu du XIX° siècle – à ceci près qu'Agassiz était créationniste. Mais sa position sur la question raciale n'en était que plus tranchée :

> J'ai de tout temps estimé que l'égalité sociale ne pouvait être mise en œuvre. C'est une impossibilité naturelle qui découle du caractère même de la race noire,

écrivait Agassiz en 1863 (en pleine Guerre de Sécession). Car, selon lui, les Noirs sont

> indolents, badins, sensuels, imitateurs, obséquieux, accommodants, dociles, inconstants, instables dans les buts qu'ils poursuivent, dévoués, affectueux, différents en tout des autres races, on peut les comparer à des enfants ayant atteint une taille d'adulte tout en conservant un esprit puéril[2].

Cette comparaison des Noirs adultes à des grands enfants est un thème récurrent dans la littérature scientifique d'alors. Ainsi, pour le médecin suisse Carl Vogt :

> Le Noir adulte possède, en ce qui concerne les facultés intellectuelles, la nature de l'enfant. Certaines tribus ont fondé un État et possèdent une organisation propre, mais pour le reste, on peut affirmer sans risque d'erreur que la race dans son ensemble n'a rien apporté, dans le passé autant que dans le présent, au progrès de l'humanité qui soit digne d'être conservé[3].

Pour l'Anglais Herbert Spencer, le père du darwinisme social, « Les caractéristiques intellectuelles du primitif sont celles de l'enfant civilisé ».

Même son de cloche chez les intellectuels d'Allemagne de ce temps. Les universitaires de Göttingen, écrit Clifford D. Conner,

> étaient persuadés que la race était le principal critère scientifique d'analyse historique et pensaient avoir découvert des « lois scientifiques » à son sujet. Selon leurs théories, seule la race blanche – les descendants des Aryens

– était naturellement apte à créer des civilisations avancées. La race noire, soutenaient-ils, était tout en bas de l'échelle et n'avait pas la moindre capacité civilisationnelle[4].

Les voix discordantes étaient alors bien rares sur le sujet. Parmi elles, on peut citer celle d'Alexander von Humboldt, un naturaliste allemand de la première moitié du XIX° siècle, et dans la seconde moitié celle d'Alfred Russel Wallace, le concurrent de Darwin pour la découverte de la sélection naturelle. En dehors de ces exceptions, le racisme était la chose la mieux partagée d'un bout à l'autre de l'Europe et jusqu'en Amérique, et les scientifiques, loin de le combattre, y apportaient leur caution.

Car les savants du XIX° siècle, comme plus tard ceux du XX° siècle, ne se sont pas contentés de reprendre à leur compte les préjugés communs sur l'inégalité des races. Ils leur ont fourni, du moins le croyaient-ils, une base « scientifique ». Base qui n'a cessé de changer au fil du temps, au fur et à mesure que chaque argument était remis en cause par les progrès de la science – mais on trouvait toujours de nouvelles preuves pour remplacer les anciennes.

Quand la science broie du Noir

Il y eut d'abord les mesures de Broca sur le volume des crânes et la masse des cerveaux. Les premiers résultats allaient miraculeusement dans le bon sens ; mais les disciples de Broca obtinrent des chiffres qui étaient de moins en moins probants : non seulement les différences interraciales allaient en s'amenuisant dès lors qu'on mesurait les cerveaux des Noirs avec la même rigueur que ceux des Blancs, mais la variance au sein de chaque race se révélait bien plus grande que les différences d'une race à l'autre. Du reste, la corrélation entre la taille du cerveau et la réussite intellectuelle finit par être elle-même prise en défaut, lorsqu'on découvrit que des savants

C'est prouvé scientifiquement

ou des écrivains célèbres avaient eu de leur vivant des cerveaux de volume inférieur à la moyenne.

Mais le racisme, entre-temps, avait trouvé une autre branche à laquelle se raccrocher. Ernst Haeckel, un biologiste allemand disciple de Darwin, avait élaboré la théorie de la « récapitulation ». D'après cette théorie, chaque être vivant récapitule au cours de son développement l'histoire biologique de son espèce ; les caractères adultes des ancêtres se développent plus rapidement chez les descendants pour devenir des traits juvéniles de ces derniers. Certains traits des enfants actuels seraient donc des caractères primitifs des ancêtres adultes.

Voilà qui se raccordait à merveille au cliché sur les Noirs « grands enfants ». Des biologistes se mirent à rechercher consciencieusement tout ce qui, dans la morphologie des Noirs adultes, pouvait être interprété comme un trait enfantin, tel par exemple le fait qu'avec leur nez épaté, ils ont un visage moins proéminent. La récapitulation serait donc moins complète chez les Noirs, ils seraient restés plus proches de leurs ancêtres préhominiens, CQFD.

Hélas, la théorie de la récapitulation, après avoir été à la mode parmi les biologistes, fut renversée dans les années 1920 par une théorie diamétralement opposée. D'après l'anatomiste néerlandais Louis Bolk, ce sont au contraire des caractéristiques juvéniles des ancêtres qui, souvent, sont conservés à l'âge adulte par leurs lointains descendants. Ce phénomène de développement retardé, de rétention à l'âge adulte de caractères enfantins, a été baptisé *néoténie*... et l'espèce humaine est la plus néoténique de toutes les espèces. Non seulement nous avons une enfance plus longue (par rapport à notre espérance de vie) que les autres mammifères ; mais nous conservons une tête bien ronde à l'âge adulte, contrairement aux chiens et aux singes dont le museau s'allonge à l'adolescence.

En restant de grands enfants à l'âge adulte, les Noirs étaient donc finalement plus avancés dans l'évolution, plus humains que les Blancs ! Il fallait trouver autre chose. Et heureusement, il y avait autre chose.

La preuve par le QI

En 1905, un psychologue français, Alfred Binet, avait mis au point une « échelle métrique de l'intelligence » dont l'ambition était, à l'aide de tests, de mesurer le développement de l'intelligence des enfants en fonction de l'âge (ce qu'on baptisa l'âge mental). Binet était lui-même très prudent et réservé sur la signification de son échelle. Dans son esprit, il s'agissait avant tout de lutter contre l'échec scolaire par la détection des cas d'arriération mentale. Mais son invention, dans d'autres mains, devint bientôt LA mesure de l'intelligence, sans plus de nuance. On ne peut pas mettre Paris en bouteille, mais on pouvait désormais réduire l'intelligence humaine à un simple coefficient : le QI était né.

Grâce au QI, l'infériorité des Noirs put de nouveau être prouvée scientifiquement : il suffisait que leur quotient intellectuel soit inférieur en moyenne à celui des Blancs... et on fit ce qu'il fallait pour trouver qu'il l'était. C'est principalement aux États-Unis que la « démonstration » en a été faite et, par une heureuse coïncidence, les États-Unis étaient le pays où l'inégalité des races avait le plus grand besoin d'être démontrée.

Aujourd'hui, la valeur des millions de QI établis tout au long du XX° siècle est largement contestée. Non seulement à cause des fraudes avérées comme celle de Cyril Burt avec ses faux vrais jumeaux, mais à cause du contenu des tests, adapté à la culture des milieux favorisés (jusqu'à une certaine époque tout du moins) ; à cause également de la manière tout sauf bienveillante dont ces tests se déroulaient avec les Noirs (les examinateurs étant presque toujours des Blancs, dans ces États-Unis où sévissait encore la ségrégation raciale) ; sans parler de la manipulation des résultats quand ils s'écartaient trop des chiffres attendus, comme le rapporte Stephen Jay Gould :

> L'idée *a priori* de l'infériorité des Noirs a déterminé la sélection des informations. À partir d'un ensemble de données susceptibles de fonder n'importe quelle conception raciale, les hommes de science ont choisi les faits correspondant à leurs prémisses et leur ont fait dire ce qu'ils voulaient qu'ils disent. [...] Il nous faut donc en conclure que cette expression était un acte politique plutôt que scientifique... et que les hommes de science ont tendance à se conduire en conservateurs, puisqu'ils rendent « objectif » ce que la société a envie d'entendre[5].

Mes préjugés sont plus scientifiques que les tiens

Les Noirs ne furent pas les seules victimes de cet emploi orienté du QI, et le QI ne fut pas la seule arme utilisée pour stigmatiser une partie de la population ou pour l'intimider.

C'est dans la deuxième moitié du XIX° siècle que s'est forgée l'idéologie « scientiste ». Les représentants de la classe dirigeante d'alors ont pris l'habitude de mettre en avant la science pour justifier leur domination. Dans tous les discours de ces années-là, il n'était question que de vérité scientifique et de lutte contre les préjugés (les préjugés ayant cours dans le bas peuple bien entendu).

Voici un exemple de ce genre de sermon, cité par Guillaume Carnino. Il s'agit du rapport d'une commission d'assainissement de la Seine en 1875, suite aux dommages créés par l'épandage des eaux usées sur la commune de Gennevilliers :

C'est prouvé scientifiquement

> La commission a consacré une première et principale partie de son rapport à l'exposé des notions générales, scientifiques et pratiques dont elle s'est inspirée, et qu'elle croit indispensable de répandre pour substituer aux préjugés qui dominent aujourd'hui un trop grand nombre d'esprits, des connaissances certaines sur le mécanisme de l'épuration des eaux d'égouts par le sol, et sur les grands profits que l'agriculture peut retirer de leur emploi sans que la santé publique soit en aucune façon compromise. La commission demeure convaincue que la propagande scientifique sera la condition la plus sûre de la réussite du projet de la Ville[6].

Les « préjugés » de la population de Gennevilliers contrariaient sans doute l'entreprise qui déversait les eaux usées sur les champs de cette commune.

Le racisme, en revanche, ne contrarierait personne à l'heure où la France se taillait un empire colonial en Afrique et en Indochine. Le plus ardent colonialiste, à l'époque, était Jules Ferry – oui, celui de l'école publique, laïque et obligatoire. Un grand défenseur de la science lui aussi, en tant qu'arme contre les préjugés populaires, comme en témoigne ce discours à l'adresse des professeurs :

> Ne craignez pas d'exercer cet apostolat de la science qu'il faut opposer résolument, de toutes parts, à cet autre apostolat, à cette rhétorique violente et mensongère, qui voudrait donner pour couronnement à un siècle inauguré par la Révolution française, par la plus juste, la plus égalitaire des révolutions, cette utopie criminelle et rétrograde qu'ils appellent la guerre des classes[7].

Ces défenseurs de la science, à la fin du XIX° siècle, refusaient aux femmes l'entrée à l'université, qui était déjà fermée aux jeunes des classes populaires. Sans doute fallait-il préserver les scientifiques des mauvaises influences. Car, comme l'a dit Gaston Bachelard au siècle suivant :

> La science, dans son besoin d'achèvement comme dans son principe, s'oppose absolument à l'opinion. [...] L'opinion

pense mal ; elle ne pense pas : elle traduit des besoins en connaissances. En désignant les objets par leur utilité, elle s'interdit de les connaître. On ne peut rien fonder sur l'opinion : il faut d'abord la détruire[8].

N.B. : L'opinion dont il s'agit ici est bien entendu celle de la populace. Ce n'est tout de même pas la faute de la science si les préjugés sont répandus surtout chez les femmes et chez les gens de basse condition.

DEUXIÈME PARTIE

VISITE GUIDÉE

DU TEMPLE SCIENTISTE

C'est prouvé scientifiquement

5. Le miracle grec, pour ceux qui ont besoin d'y croire

Contrairement à ce qu'on enseigne aux collégiens, il n'y a jamais eu de théorème de Pythagore. Le fameux théorème sur le carré de l'hypoténuse, peut-on lire dans Wikipédia,

> est nommé d'après Pythagore de Samos, philosophe de la Grèce antique. Cependant le résultat était connu plus de mille ans auparavant en Mésopotamie, et, même si les mathématiciens grecs en connaissaient probablement une démonstration avant Euclide, auteur dans ses *Éléments* de la plus ancienne qui nous soit parvenue, rien ne permet de l'attribuer à Pythagore.

La plus ancienne trace écrite de ce théorème qui nous soit parvenue est une tablette d'argile babylonienne datant du XVIII° siècle av. J.C., baptisée Plimpton 322. Il s'agit d'un tableau de nombres sur quinze lignes et trois colonnes. Chaque colonne représente un côté du triangle rectangle, et chaque ligne un cas particulier : quinze cas du théorème, en nombres entiers, comme (3 ; 4 ; 5) ou (5 ; 12 ; 13). On a bien en effet :
$3^2 + 4^2 = 5^2$ et $5^2 + 12^2 = 13^2$

Le carré de l'hypoténuse est égal à la somme des carrés des côtés de l'angle droit.

C'est prouvé scientifiquement

Figure 5-1 : Plimpton 322

D'après le scientifique britannique Lancelot Hogben, le triangle (3 ; 4 ; 5) était utilisé à la même époque par les architectes égyptiens pour obtenir des angles droits à l'aide de la corde à nœuds. L'hypothèse est crédible, bien qu'aucun document ne la confirme. (L'usage de la corde à nœuds à cet effet est attesté au Moyen Âge).

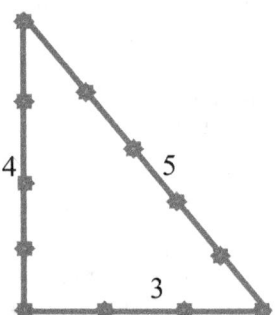

Figure 5-2 : Corde à nœuds et triangle (3;4;5)

Il ne fait aucun doute, en tout cas, que cette fameuse propriété du triangle rectangle (le carré de l'hypoténuse égal à la somme des carrés des deux côtés de l'angle droit) ait été découverte empiriquement et par des cas particuliers. Il en va de même pour sa réciproque (si l'on a cette propriété dans un triangle, il s'agit d'un triangle rectangle). C'est d'ailleurs la réciproque du théorème qui est utilisée avec la corde à nœuds, tout comme dans la tablette Plimpton 322, et on a toutes les raisons de penser que la réciproque a été trouvée avant la propriété directe.

Quant à la démonstration de ce théorème par Euclide, dont parle Wikipédia, elle date du III° siècle av. J.C., trois siècles après Pythagore ; elle est la plus ancienne dont on ait des copies, mais on en a recensé des centaines d'autres à travers le monde.

Or, dans aucune de ces démonstrations cette propriété n'est dénommée « théorème de Pythagore ». Chez Euclide, c'est la proposition 47 du Livre I des *Éléments*, et la réciproque est la proposition 48. Ce n'est qu'au siècle dernier que l'appellation « de Pythagore » a été accolée à ce théorème, sans la moindre raison sérieuse pour cela.

Pythagore, un personnage de légende

On ne sait rien de certain sur Pythagore, qui a vécu au VI° siècle av. J.C. et fondé une secte philosophique dans le sud de l'Italie. On lui attribue la découverte du fait que « la diagonale du carré n'est pas commensurable avec le côté », ce que nous traduisons aujourd'hui en disant que le nombre $\sqrt{2}$ (qui mesure cette diagonale lorsque le côté est égal à 1) est irrationnel. Comme la diagonale du carré peut se calculer grâce à la propriété du triangle rectangle ($1^2 + 1^2 = 2$), certains en ont déduit sans sourciller que Pythagore avait forcément démontré le fameux théorème.

Mais d'une part, on peut évaluer la diagonale d'un carré sans utiliser cette propriété, en faisant de cette diagonale le côté d'un autre carré (voir la figure ci-dessous) ; et d'autre part, le lien entre Pythagore et $\sqrt{2}$ est lui-même plus qu'hypothétique : il repose sur une mention d'un disciple d'Aristote ayant vécu deux siècles après Pythagore, dans un ouvrage lui-même disparu... mais dont un extrait est cité par Proclus, un auteur latin du V° siècle de notre ère !

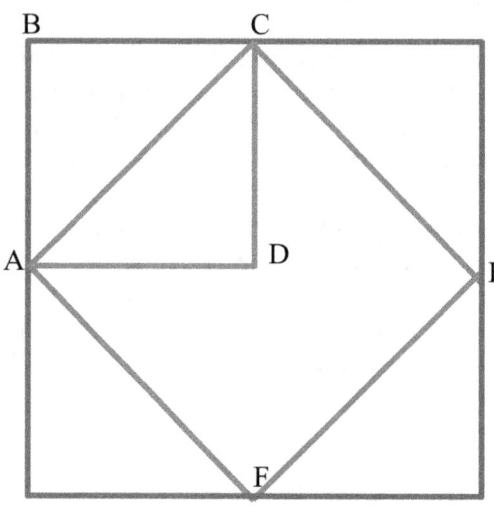

La diagonale AC du carré ABCD un côté du carré ACEF. Si AB l'aire de ABCD est 1, l'aire de AC est 2, donc AC = $\sqrt{2}$

Figure 5-3

Comme l'écrit Jean-Paul Collette dans son *Histoire des mathématiques* :

> Pythagore demeure une figure très obscure et très controversée à cause de plusieurs facteurs : il n'existe aucun document provenant de cette époque ; plusieurs biographies de Pythagore furent écrites dans l'Antiquité mais aucune ne nous est parvenue intacte ; enfin, le caractère secret et communautaire de l'école pythagoricienne contribue, pour une large part, à voiler les découvertes du maitre[1].

Et Clifford D. Conner est encore plus catégorique :

> Il n'existe aucune preuve concrète pour établir que « le quasi mythique fondateur de la secte pythagoricienne » eut le moindre rapport avec les mathématiques. L'idée d'un Pythagore mathématicien semble avoir émergé vers la fin du IV° siècle avant l'ère chrétienne. [...] Les premiers

auteurs à associer Pythagore aux mathématiques sont Hécatée d'Abdère et Anticlide, qui tous deux écrivaient aux alentours de –300, c'est-à-dire plus de deux siècles après l'époque de Pythagore. Sa réputation de mathématicien fut consolidée par des auteurs bien postérieurs comme Jamblique (entre la fin du III° siècle de l'ère chrétienne et le début du IV°) et Proclus (V° siècle de l'ère chrétienne)[2].

Thalès : lui non plus n'a rien démontré

Ce qui vaut pour le théorème de Pythagore vaut pareillement pour celui de Thalès, autre vedette des maths au collège. Qui plus est, ce théorème-là, à l'heure actuelle, n'est plus attribué à Thalès qu'en France et dans quelques autres pays. D'après Wikipédia, « En anglais, il est connu sous le nom de *Intercept theorem* (soit *théorème d'interception*) ; en allemand il est appelé *Strahlensatz*, c'est-à-dire *théorème des rayons.* »

Quant au personnage de Thalès, on en sait aussi peu à son sujet qu'à celui de Pythagore, et par les mêmes sources tardives et indirectes. Il a vécu quelques décennies avant Pythagore, il a voyagé en Égypte, et à son retour il aurait raconté avoir mesuré la hauteur d'une pyramide en comparant son ombre à celle d'un bâton, comme on voit sur la figure ci-dessous. Il suffit pour cela de remarquer qu'à tout moment la longueur des ombres est proportionnelle à la hauteur des objets – et on a du mal à croire que les Égyptiens ne connaissaient pas eux-mêmes cette propriété.

Figure 5-4 : Mesure de la hauteur d'une pyramide à l'aide d'un bâton : le rapport entre les deux hauteurs est le même qu'entre les deux ombres

Cette proportionnalité est due au fait que les rayons du Soleil sont parallèles entre eux, et trois siècles plus tard on trouve dans les *Éléments* d'Euclide (proposition 2 du livre VI) la démonstration du lien entre droites parallèles et segments proportionnels. Mais à la fin du XIX° siècle, ce théorème a subitement été associé au nom de Thalès par l'enseignement français, sans l' « ombre » d'une preuve si l'on ose dire. Et depuis, la légende s'est répandue d'un Thalès « fondateur de la science mathématique ». Ainsi, d'après une *Histoire des mathématiques* parue récemment :

> L'œuvre de Thalès de Milet est fondatrice de la science mathématique, car, d'une part, cet auteur découvre de nouvelles propriétés et conçoit de nouveaux êtres mathématiques (par exemple, la notion d'angle, nécessaire pour déterminer que trois points sont en ligne droite), et, d'autre part et surtout, parce qu'il conçoit la mathématique comme un enchaînement de propriétés qui se démontrent les unes à partir des autres. En effet, la découverte de Thalès peut être démontrée, c'est pourquoi on l'appelle le théorème de Thalès[3].

Même Lancelot Hogben, pourtant assez critique à l'égard de la civilisation grecque, sacrifie à cette légende dans ses *Mathématiques pour tous* :

> Le géomètre ionien Thalès démontra une vérité fondamentale au sujet des triangles. La voici : le rapport des longueurs de deux côtés correspondants dans des triangles semblables (c'est-à-dire équiangles), est toujours le même, quelles que soient leurs dimensions. Nous verrons plus loin comment il l'utilisa pour trouver la hauteur de la Grande Pyramide[4].

Il n'existe en fait aucune trace d'une quelconque « démonstration » due à Thalès, et on a toutes les raisons de penser que la propriété ci-dessus (tout comme celle des triangles rectangles) a été découverte empiriquement, plusieurs siècles avant qu'on ne se soucie de la démontrer.

En revanche, Thalès était effectivement *ionien*, comme le précise Hogben : il a vécu à Milet, sur la côte occidentale de l'Anatolie (l'actuelle Turquie) ; Pythagore est né non loin de là, dans l'île de Samos ; d'autres mathématiciens grecs comme Ménechme, Eudoxe et Apollonius, sont originaires d'Anatolie. Ce détail a son importance, car on a trop tendance à assimiler la Grèce antique à Athènes. Or la vie intellectuelle s'est d'abord développée dans les cités grecques d'Asie mineure, jusqu'au V° siècle av. J.C. ; et à partir du III° siècle av. J.C., la plupart des savants grecs ont vécu à Alexandrie (en Égypte), à l'exception notable d'Archimède qui a passé sa vie en Sicile. Entre les deux, la suprématie intellectuelle d'Athènes n'a guère duré qu'un siècle, et elle nous est connue essentiellement à travers les figures de Socrate, Platon et Aristote.

Le « miracle grec », un mythe fabriqué au XIX° siècle

C'est dans la deuxième moitié du XIX° siècle que sont nés les mythes de Thalès et Pythagore présentés comme les « pères » de la science et de la philosophie. Ces mythes s'inscrivent dans celui du « miracle grec » dont on n'a cessé depuis de nous rebattre les oreilles. « Les Grecs ont civilisé l'Occident », peut-on lire aujourd'hui encore dans le *Petit Robert* à l'article « civiliser ».

L'Occident, en cette fin du XIX° siècle, était à son tour en train de « civiliser » le reste du monde en se le soumettant. C'est l'époque où les écoliers français apprenaient dans leurs livres d'histoire que nous apportions la civilisation aux « sauvages » de nos colonies.

Et la civilisation est européenne par essence, c'est prouvé scientifiquement... par le miracle grec ! Pour corroborer cette prééminence européenne par Grecs interposés, les historiens des sciences se sont relayés pour nier ou contester les apports de peuples non européens en mathématiques, en astronomie ou en médecine. « Seules les civilisations qui sont filles de la Grèce hellénique ont possédé autre chose qu'une science extrêmement rudimentaire », affirmait ainsi Thomas Kuhn il y a soixante ans. « Toute la masse des connaissances scientifiques est le produit de l'Europe durant les quatre derniers siècles[5]. » Et aujourd'hui encore, Jean C. Baudet nous ressort ce lieu commun éculé aux sous-entendus racistes : « C'est une des données de base de l'histoire de la science mathématique de devoir constater qu'entre Pappus (IV° siècle) et le XIII° siècle, aucune découverte mathématique importante n'est faite par les successeurs des Grecs, à l'exception d'ailleurs notable de l'invention du zéro[6]. »

Peut-être Baudet, qui passe pourtant pour un spécialiste de l'histoire des sciences, ignore-t-il que le terme *algorithme* nous vient d'Al Khwarismi, mathématicien perse du IX° siècle dont l'ouvrage le plus célèbre, *Kitābu 'l-mukhtaṣar fī ḥisābi 'l-*

jabr wa'l-muqābalah (*Abrégé du calcul par la restauration et la comparaison*), a donné le mot *'l-jabr*, autrement dit *algèbre*. Peut-être ignore-t-il que les astronomes arabes du Moyen Âge ont inventé le sinus, la trigonométrie sphérique et le cadran solaire. Peut-être même ignore-t-il que les Indiens, non contents d'inventer le zéro, lui ont adjoint neuf autres symboles qui sont devenus nos « chiffres arabes », sans lesquels nous serions aujourd'hui aussi nuls en calcul que... les Grecs à l'époque d'Euclide.

Et peut-être Thomas Kuhn ignorait-il de son côté que les civilisations qui se croient « filles de la Grèce hellénique » ont en réalité découvert les œuvres d'Euclide et d'Aristote au bout de quinze siècles... et par des traductions arabes.

Mais les historiens des sciences occidentaux ne se sont pas contentés de ce déni de justice à l'égard de la science arabe ou indienne du Moyen Âge. Ils ont tout fait également pour occulter ce que les Grecs de l'Antiquité ont hérité – ils le disaient eux-mêmes – des civilisations antérieures, égyptienne, babylonienne, phénicienne. Et quand ces historiens reconnaissaient du bout des lèvres cette dette, c'était pour en minimiser l'importance. Car, voyez-vous, la science des Égyptiens et des Babyloniens n'était pas une *vraie* science, leurs mathématiques n'étaient que de simples recettes :

> Avec les Grecs, la mathématique n'est plus un simple passe-temps ou un ensemble de procédés pour résoudre des problèmes pratiques, c'est un édifice intellectuel qui dégage un intense sentiment de beauté[7].

> Cette propriété [le théorème de Pythagore] était déjà connue de l'Indien Baudhayana. Mais celui-ci a constaté la propriété « empiriquement », en procédant à des mesures à l'aide d'une corde tendue. Pythagore « démontre » la propriété, ce qui est tout autre chose. De même que la découverte faite par Thalès, celle de Pythagore s'impose à lui comme une propriété toujours et partout vraie. Le génie de Pythagore sera alors de démontrer, par le raisonnement,

que la relation reste vraie même si le triangle rectangle a ses deux petits côtés inégaux[8].

Quel dommage pour l'auteur de ces lignes que Pythagore et Thalès n'aient jamais rien démontré !

Les Grecs ont-ils inventé la poudre ?

Mais qu'importe finalement si la démonstration s'est fait attendre jusqu'à Euclide ? On reste entre Grecs de toute façon et on ne va pas chipoter pour trois siècles, allez ! D'autant que les *Éléments* d'Euclide, selon les historiens des mathématiques, rassembleraient beaucoup de résultats acquis dans le siècle précédent.

En fait, on en sait encore moins sur la vie d'Euclide que sur celles de Thalès et Pythagore. On a de bonnes raisons de croire qu'il vivait aux alentours de l'an –300, mais on ne connaît ni son lieu de naissance, ni les endroits où il a vécu – pas à Athènes en tout cas, car on n'en a aucune trace. Les historiens des sciences mentionnent parfois Alexandrie, mais on n'a aucune certitude à ce sujet.

Une partie des écrits d'Euclide n'est connue qu'indirectement, par la mention qu'en font d'autres savants ou des écrivains des siècles suivants. Mais les *Éléments*, eux, ont été sauvegardés (ainsi qu'un traité d'optique et un autre portant sur l'application de la géométrie à l'astronomie).

Et il est indéniable que les *Éléments*, tant par leur style que par leur contenu, tranchent avec tous les documents mathématiques antérieurs qui nous sont parvenus. C'est le premier ouvrage que nous connaissons, qui présente l'ensemble des connaissances mathématiques d'une époque, et les expose de façon générale et démonstrative, et non à travers des problèmes portant sur des cas particuliers.

De là à en déduire que les Grecs ont inventé le raisonnement mathématique, il y a un pas qui a été allègrement franchi par la grande majorité des historiens des sciences et par tous les adorateurs du miracle grec.

Comme si l'on pouvait faire des mathématiques sans raisonnement !

Tous les problèmes trouvés sur des tablettes d'argile en Irak montrent que les Babyloniens maitrisaient parfaitement certaines formes de raisonnement qui préfiguraient ce que serait plus tard l'algèbre. Les Égyptiens, eux, semblent avoir été davantage portés sur la géométrie, mais comme ils écrivaient sur des papyrus et que ceux-ci se conservent très mal, on a beaucoup moins de documents de leur côté. Le peu qu'on en ait retrouvé montre un niveau de connaissances déjà appréciable dans le calcul des surfaces et des volumes. Et rien ne prouve qu'ils n'aient jamais produit de traité général, perdu par la suite, regroupant l'ensemble de leurs mathématiques.

Démocratie à la grecque...

Il reste que les livres d'Euclide sont les plus anciens que l'on connaisse à exposer les mathématiques sous la forme déductive qui est la leur. Et les historiens ont voulu voir un lien entre ce caractère démonstratif et la vie politique des cités grecques. Les candidats aux postes de dirigeants devaient convaincre leur auditoire pour se faire élire, ce qui aurait développé une tournure d'esprit « démonstrative » dont la science grecque se serait à son tour imprégnée. Le raisonnement mathématique serait en quelque sorte une conséquence de la démocratie, l'autre grande conquête dont nous serions redevables à la Grèce antique.

Cette vision des choses pourrait à la rigueur se défendre... si la démocratie avait été la règle dans la société grecque. Mais à Athènes comme dans les autres villes, les périodes « démocratiques » ont alterné avec d'autres où le pouvoir était confié à une oligarchie ou même à un « tyran » (le mot n'ayant pas le sens péjoratif qu'on lui connaît de nos jours).

Et même dans les périodes démocratiques, ladite démocratie n'en était une que pour les citoyens, qui constituaient une minorité de la population (guère plus de 20 % à Athènes au V° siècle av. J.C.). Les femmes, même citoyennes, en étaient exclues, ce qui était bien la moindre des choses à en croire Platon et Aristote, pour une fois entièrement d'accord :

> Ce sont les mâles seulement qui sont créés directement par les dieux et à qui l'âme est donnée. [...] Ce sont évidemment seulement les hommes qui sont des êtres humains complets et qui peuvent espérer l'accomplissement ultime ; ce qu'une femme peut espérer au mieux est de devenir homme. (Platon, *Timée*)

> Une femme, c'est comme s'il s'agissait d'un mâle infertile [...]. Un mâle est mâle en vertu d'une capacité particulière, une femelle est une femelle en vertu d'une incapacité particulière. (Aristote, *Génération d'animaux*)

Quant aux non-citoyens, ils se partageaient entre métèques (marchands phéniciens, artisans de diverses contrées) et esclaves, les plus nombreux (même si l'esclavage n'a pas atteint l'extension qu'il aura plus tard sous l'Empire romain). Cette fois-ci, Aristote n'est plus en accord qu'avec lui-même :

> L'être qui, grâce à son intelligence, est capable de prévoir est gouvernant par nature ; l'être qui, grâce à sa vigueur corporelle, est capable d'exécuter est gouverné et par nature esclave. (Aristote, *Politique*)

Platon n'a pas jugé nécessaire de s'exprimer sur la question – mais qui ne dit mot consent. Et son mépris pour les sciences appliquées, son exclusivisme en faveur des seules mathématiques *pures*, sont au moins en partie le reflet du caractère servile du travail manuel dans la société grecque de son époque, comme le montre Clifford D. Conner :

Platon vivait en effet dans une Athènes qui pouvait s'offrir le luxe de « sciences » ne contribuant pas aux activités productives. Une importante classe de propriétaires d'esclaves existait alors, qui vivaient en ville tout en profitant du travail servile effectué dans leurs propriétés rurales. Cela leur laissait beaucoup de temps pour des activités oisives, et notamment la réflexion théorique abstraite. De plus comme « les esclaves leur tenaient lieu de machines », rien n'incitait économiquement les classes privilégiées à promouvoir le progrès technique, elles qui méprisaient tout savoir manifestant des aspects pratiques[9].

... et mathématiques à la Platon

« Que nul n'entre ici s'il n'est géomètre ». On sait que Platon avait fait graver cette phrase sur le fronton de son école (l'Académie). Mais être géomètre ne suffisait pas. Il fallait cultiver la géométrie pour elle-même et partager le mépris du philosophe envers tous ceux qui l'utilisent pour de viles besognes (arpentage, mesures en tous genres, et même architecture, sculpture, peinture, astronomie).

Cette véritable phobie envers toute application « bassement utilitaire » sera la marque de fabrique des mathématiques grecques dans le siècle qui suivra la mort de Platon. Et l'œuvre d'Euclide en est largement imprégnée.

Mais il y a plus. On notera que la maxime ornant le fronton de l'Académie parlait de « géomètre » et non de « mathématicien » – et ce choix du mot était tout à fait délibéré. Platon n'avait que mépris pour le calcul et l'arithmétique, tout juste bons pour des marchands phéniciens mais indignes de l'intérêt de ses disciples. Et cela aura de graves répercussions sur le développement ultérieur des mathématiques.

Il faut dire que le système d'écriture des nombres alors en vigueur chez les Grecs se prêtait mal à l'art du calcul. Les

Grecs utilisaient les lettres de leur alphabet pour figurer les chiffres. Mais ce n'étaient pas les mêmes lettres pour les unités, les dizaines, les centaines. Avec un tel système, la multiplication 30 * 40 n'avait donc aucun rapport avec 3 * 4[i]. Et même les additions 30 + 40 et 3 + 4 n'avaient rien de commun. Pour effectuer des additions ou des multiplications, on se servait de l'abaque, l'ancêtre du boulier, avec des cailloux à la place des boules.

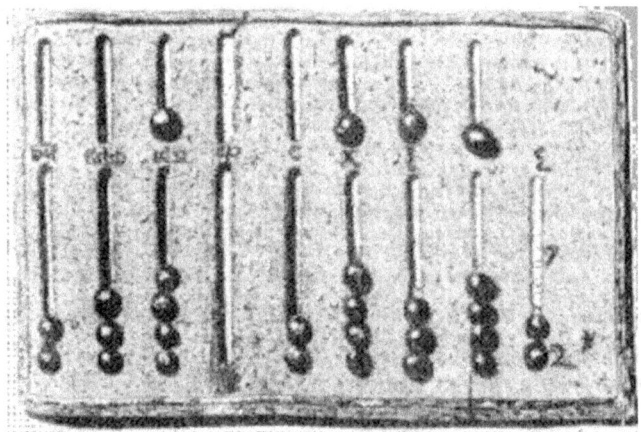

Figure 5-5 : Un abaque (Cabinet des médailles, Paris)

Or, il ne se trouvera pas un seul mathématicien grec pour relever le problème et tenter de lui apporter une solution. Comme le note à nouveau Clifford D. Conner :

> Qu'est alors devenue l'arithmétique, avec ses chiffres ordinaires et ses calculs banals ? Sous l'influence du mépris de Platon pour toute chose « contaminée par les usages

---

[i] Pour éviter toute confusion avec la lettre x, les multiplications sont représentées dans tout ce livre par le symbole *, comme c'est l'usage dans les langages informatiques.

pratiques », elle se trouva discréditée dans les cercles intellectuels de l'élite du monde grec. Elle finit par être dédaignée comme « une matière convenant aux commerçants phéniciens, et non aux Grecs »[10].

Ce que confirme Georges Barthélémy dans son *Histoire des sciences* :

> Le mépris pour la technique, pour les tâches matérielles que l'on réserve aux esclaves, introduira une séparation qui, au départ, va favoriser le développement du travail théorique et qui, au bout de quelques siècles, sera cause du déclin de la science grecque, trop éloignée alors de la réalité[11].

Les miracles ne durent qu'un temps

En réalité, les « quelques siècles » qui séparent Euclide du déclin de la science grecque ont vu cette dernière tourner le dos en grande partie aux conceptions platoniciennes. Archimède se passionnait pour la mécanique et la construction de machines, ce qui ne l'empêcha nullement d'écrire aussi des traités de mathématiques pures. « Souvent, j'ai découvert par la mécanique des propositions que j'ai ensuite démontrées par la géométrie » aurait-il lui-même déclaré[12].

À Alexandrie, où se déroula l'essentiel de l'activité scientifique entre le III° siècle av. J.C. et le II° siècle de notre ère, les mathématiques furent développées par des géographes comme Ératosthène, des astronomes comme Hipparque ou Ptolémée, des constructeurs d'automates comme Héron, bref des gens qui tous utilisaient les mathématiques dans d'autres domaines.

Les Arabes reprirent ensuite cette tradition et la plupart de leurs mathématiciens, entre le IX° et le XV° siècle, furent aussi des astronomes comme Aboûl Wafâ et Al Kashi, des opticiens comme Al Haitam, des géographes comme Al

Birûni, des médecins comme Ibn Sinâ (Avicenne), et même des poètes comme Omar Khayyam, quand ce n'était pas un peu de tout à la fois.

Quand les Européens prirent la relève à la fin du Moyen Âge, leurs premiers mathématiciens furent des commerçants comme Léonard de Pise ou des mécaniciens comme Nicole Oresme. Et il faudra ensuite attendre le XIX° siècle pour trouver des mathématiciens qui ne soient pas en même temps astronomes ou physiciens.

> Pendant des siècles et des siècles [relate Pierre Thuillier], les mathématiciens n'ont pas été des spécialistes, mais des astronomes, des cartographes, des physiciens, etc. Même quand ils n'élaboraient pas leurs œuvres mathématiques à des fins directement et étroitement utilitaires, ils étaient au contact des problèmes posés par les sciences ou les techniques de leur époque. [...] L'absence d'une véritable spécialisation mathématique pendant de longues périodes est un fait important. Il jette une vive lumière sur le style, l'orientation et les limites de certains travaux que nous avons tendance à classer un peu trop vite dans les « mathématiques pures ». En fait, c'est presque un anachronisme (malgré le précédent fameux que constitue Euclide). Loin d'être des *théories* (au sens le plus strict, le plus spéculatif), c'étaient des outils techniques – des outils éventuellement très raffinés, mais conçus et construits dans un tout autre esprit que nos mathématiques avancées[13].

Mais les mathématiques pures se sont bien rattrapées depuis un siècle et demi. Leur retour en force a coïncidé avec l'invention du miracle grec et l'émergence de l'idéologie scientiste : pour en imposer à la plèbe, il fallait une science qui se cantonne dans les hautes sphères et qui ait ses lettres de noblesse.

Les solides de Platon

Platon, dans l'un de ses dialogues (*Timée*), avait échafaudé une théorie autour de cinq figures géométriques dans l'espace, les cinq polyèdres réguliers, qu'il faisait correspondre aux « éléments » dont le monde serait constitué. Le tétraèdre correspondait à l'élément feu, le cube à l'élément terre, l'octaèdre à l'élément air, l'icosaèdre à l'élément eau. Ces éléments étant au nombre de quatre seulement, le cinquième polyèdre, le dodécaèdre, était associé à l'univers.

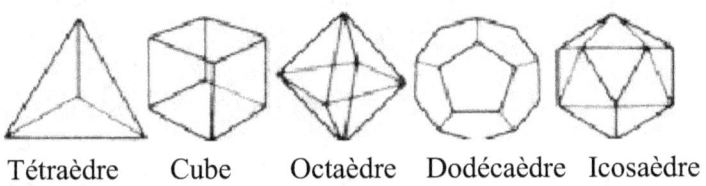

Tétraèdre Cube Octaèdre Dodécaèdre Icosaèdre

Figure 5-6 : Les cinq polyèdres réguliers (Géowiki.fr)

Ces correspondances ne s'appuyaient que sur de vagues analogies : le tétraèdre est tranchant comme le feu, le cube est la plus stable des cinq figures, l'octaèdre est la plus douce, l'icosaèdre la plus fluide. Tout cela était complètement subjectif et arbitraire. Cette théorie ne menait à rien... mais c'était une vertu aux yeux de Platon, pour qui la géométrie ne devait servir qu'à l'élévation de l'âme.

L'icosaèdre régulier, composé de vingt faces triangulaires équilatérales, a récemment trouvé une application en biologie, où il est utilisé pour modéliser certaines classes de virus (voir à ce sujet le livre de Ian Stewart *Les mathématiques du vivant* [14]). Certains y verront sans doute un argument en faveur des mathématiques pures, qui peuvent se révéler utiles au bout de vingt-quatre siècles... sauf que la structure des virus n'a pas de rapport avec les spéculations esthétiques de Platon ; si elle utilise l'icosaèdre, c'est parce que ce dernier est celui des cinq polyèdres réguliers qui s'approche le plus de la sphère, minimisant l'enveloppe extérieure pour un volume intérieur donné. Tout se passe comme si la nature cherchait à faire des économies d'énergie et se servait de la forme géométrique la plus appropriée à cette fin.

6. Rien ne sert à rien et réciproquement (éloge des mathématiques pures)

> *La géométrie non euclidienne est un outil qui permet au mathématicien d'élargir son horizon et sa découverte représente une étape de cet exercice long, difficile et soutenu dans lequel l'esprit humain tente de se regarder en train de se regarder lui-même et ainsi de suite indéfiniment.*
> David Berlinski[1]

Se regarder en train de se regarder soi-même est une performance qui n'est certes pas à la portée du premier venu. Surtout s'il faut pour cela faire appel à la géométrie non euclidienne, un instrument de torture inventé au XIX° siècle. Nous remettrons cette prouesse au chapitre suivant, pour nous limiter dans un premier temps à la géométrie euclidienne... qui n'est déjà pas une partie de plaisir.

Un élève ayant demandé un jour à Euclide quelle était l'utilité de la géométrie, le célèbre mathématicien, hors de lui, ordonna à un esclave de donner quelques pièces de monnaie au garçon « pour qu'il puisse voir l'utilité de ce qu'il apprend. »

C'est une légende, bien sûr, mais qui s'accorde avec l'idée qu'on peut se faire d'Euclide à la lecture de ses œuvres : en bon disciple de Platon (même s'il est né trop tard pour l'avoir connu personnellement), il estimait visiblement que les mathématiques n'ont pas à être utiles.

Conformément à ce point de vue, Euclide démontre les propositions 47 et 48 du livre I de ses *Éléments* (le théorème dit de Pythagore et sa réciproque) en se gardant bien d'indiquer quelles applications on peut en faire : calculer la longueur d'une diagonale quand on ne peut pas la mesurer directement ; vérifier qu'un angle droit est bien droit. Cela ne l'intéresse pas. La démonstration est pour lui un but en soi, le reste est tout juste bon pour des arpenteurs ou des architectes.

Des grandeurs sans commune mesure

Dans le même esprit, Euclide démontre que la diagonale d'un carré est *incommensurable* avec son côté. En prenant le côté du carré comme unité, la diagonale est une grandeur qui, multipliée par elle-même, donne 2. C'est ce que nous exprimons aujourd'hui en disant que la longueur de la diagonale est $\sqrt{2}$. Et $\sqrt{2}$ n'est pas un nombre rationnel, on ne peut pas l'écrire sous forme de fraction car aucune fraction, multipliée par elle-même, ne donne 2.

Pour nous, $\sqrt{2}$ est malgré tout un nombre comme un autre, dont une calculatrice de poche donne une valeur approchée : 1,414. Mais au III° siècle av. J.C., les racines carrées n'ont pas un statut clairement défini. Un nombre, pour Euclide, c'est un nombre entier. Même une fraction comme $\frac{2}{3}$ n'est pas considérée comme un nombre, c'est un *rapport* ; mais au moins le numérateur et le dénominateur sont deux multiples d'une même unité. Avec la diagonale du carré en revanche, on tombe sur un os : pas moyen de trouver une unité, aussi petite soit-elle, qui mesure à la fois le côté et la diagonale en nombres entiers. C'est ce qu'exprime l'adjectif incommensurable, littéralement « sans commune mesure ».

Que peut-on faire de ces grandeurs incommensurables ? Surtout pas en calculer des valeurs approchées – ce n'est pas une tâche digne d'un géomètre, aux yeux de Platon et de ses disciples. En revanche, on peut en faire l'objet de nouvelles propositions et démonstrations (cf Annexe 6 « Les proportions, ou pourquoi faire simple quand on peut faire compliqué », en fin de cet ouvrage). Puisque telle est la raison d'être de la géométrie...

Comment se mettre le compas dans l'œil

L'un des commandements de la géométrie grecque classique proclame : « Tes constructions à la règle et au compas exclusivement tu feras ».

Tracer la médiatrice d'un segment ou la bissectrice d'un angle, cela peut se faire à l'aide d'un compas en effet, comme nous l'avons tous appris au collège. Ça marche bien sur une feuille de papier, un papyrus, sur une ardoise ou une tablette d'argile, bref sur un support dont les dimensions sont du même ordre de grandeur que le compas. Sur la place publique d'une ville, c'est plus problématique, à moins de disposer d'un compas de plusieurs mètres de longueur... ou de remplacer le compas par de la ficelle. Lancelot Hogben soutient que les Égyptiens d'autrefois traçaient des bissectrices de cette manière pour déterminer la ligne méridienne[2]. C'est fort possible, bien qu'une fois encore on manque de pièces à conviction pour confirmer cette thèse (voir la figure 6-1 ci-dessous).

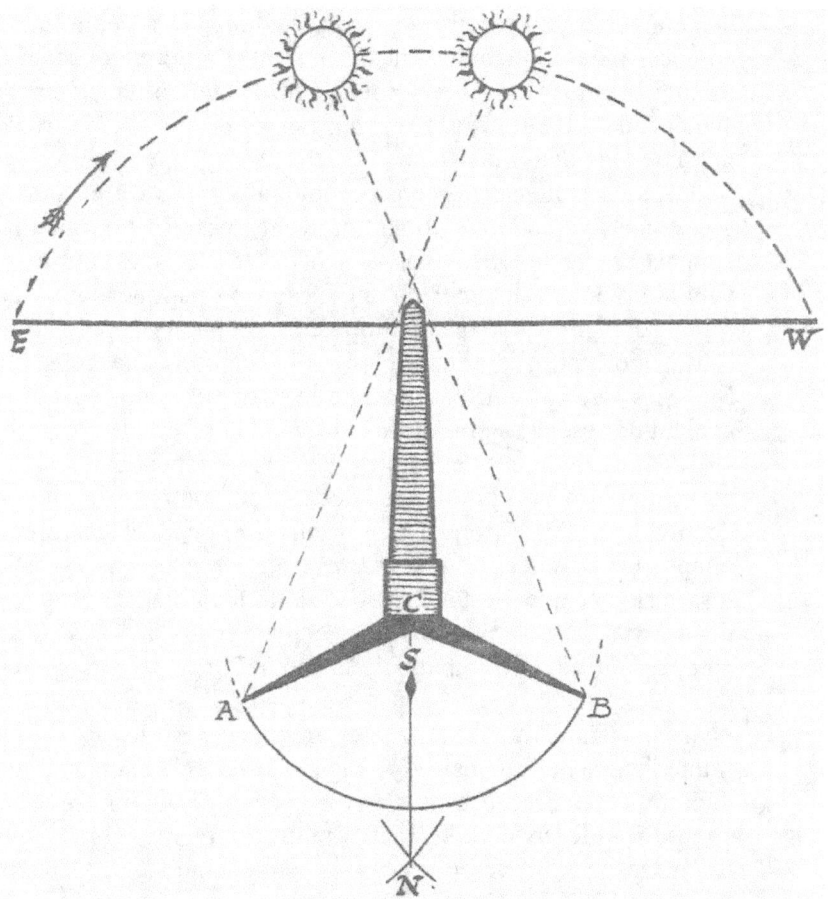

Fig. 11. — Tracé du méridien dans l'ancien temps.
On employait la méthode des hauteurs égales pour avoir exactement la direction du point nord. On marquait les points où les ombres touchaient un cercle tracé sur le sable autour du pied du cadran solaire, un peu avant et un peu après midi. Ensuite on prenait la bissectrice de l'angle ainsi délimité.

Figure 6-1 : Extrait du livre *La science pour tous* de Lancelot Hogben

Rien ne permet d'affirmer, en tout cas, que les Grecs aient « découvert » le principe des constructions à la règle et au compas. Ils en ont seulement fait l'objet d'un culte exclusif à l'époque de Platon, avec pour pendant le commandement symétrique : « De l'équerre, du rapporteur et de la règle graduée tu te détourneras. »

Dans certains cas, la construction au compas est en fait la seule possible, comme lorsqu'on veut dessiner un triangle, connaissant la longueur de ses trois côtés. Si par contre on veut simplement dessiner un angle droit ou marquer le milieu d'un segment, la construction au compas s'apparente à l'utilisation d'un marteau-pilon pour écraser une mouche. Mais les Grecs n'ont pas inventé le marteau-pilon, vu qu'ils avaient des esclaves pour faire le travail.

Il y a quelques exemples célèbres, cependant, où la construction à la règle non graduée et au compas a permis à des matheux de se trouver une occupation pendant un certain temps. Le premier est la *trisectrice de l'angle*, qui est à la bissectrice ce que 3 est à 2 (jusque-là, tout va bien). Puisqu'on peut partager un angle en deux angles égaux à l'aide d'un compas, on devrait pouvoir de la même façon le partager en trois. Archimède y est bien parvenu au III° siècle av. J.C... mais en s'aidant d'une règle graduée, ce qui lui valut immédiatement un carton rouge. Au siècle suivant, un dénommé Nicomède crut s'en tirer en utilisant une courbe auxiliaire dite conchoïde. Même punition, même motif. Tous les autres candidats ont séché lamentablement. Finalement, vingt siècles et quelques années plus tard, on s'aperçut qu'il y avait une erreur dans l'énoncé : tel qu'il était posé, le problème était impossible.

Les candidats purent heureusement se présenter à une session de rattrapage avec la *duplication du cube*. Il s'agissait de construire, toujours à la règle non graduée et au compas, l'arrête d'un cube dont le volume était le double de celui d'un cube donné. Là aussi, plusieurs fraudeurs furent pris en flagrant délit d'utilisation de courbes prohibées. Et comme l'erreur dans l'énoncé était la même, elle fut découverte en même temps.

Quand les mathématiques tournent en rond

Mais c'est la *quadrature du cercle* qui a suscité le plus de vocations, y compris *après* que son impossibilité eut été démontrée. Comme son intitulé l'indique, le problème consiste à construire un carré équivalent à un cercle donné – c'est-à-dire que les deux figures doivent avoir la même aire intérieure. On trouve déjà ce problème dans le papyrus Rhind, au XVII° siècle av. J.C., avec une solution approchée, le côté du carré mesurant les $\frac{8}{9}$ du diamètre du cercle. Or, la surface d'un tel carré serait approximativement $0{,}79\ d^2$ ou $3{,}16\ r^2$, en appelant d le diamètre et r le rayon. Tout se passe comme si le scribe égyptien utilisait 3,16 comme valeur approchée du nombre π.

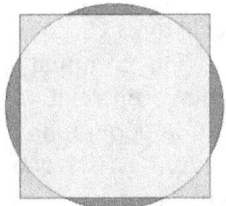

Figure 6-2 : Cercle et carré de même aire (les parties extérieures se compensent)

Chez les Grecs, à partir du V° siècle av. J.C., il n'était plus question de solution approchée, et il fallait construire le carré à l'aide de Sainte Règle et Saint Compas exclusivement. La suite, vous la connaissez, référez-vous aux deux problèmes précédents.

En fait, dans les trois cas, la construction géométrique équivaut à une équation ; mais seules les équations du premier et du deuxième degré à coefficients rationnels peuvent donner lieu à une construction à la règle et au compas. Or, la trisection de l'angle et la duplication du cube correspondent à des équations du troisième degré ; et la quadrature du cercle à une équation dont l'un des coefficients est le nombre π, qui est irrationnel. D'où l'impossibilité (démontrée définitivement en 1837) d'effectuer ces trois constructions en respectant les canons de la géométrie grecque.

Mais comme le monde est riche en génies persécutés, à l'heure actuelle des solutions à la quadrature du cercle continuent de parvenir régulièrement aux universités, académies des sciences et autres musées scientifiques d'un peu partout...

Ne servir à rien : un art qui demande des années d'études

À partir du III° siècle av. J.C., les mathématiques grecques changèrent de visage. On continua certes à développer la géométrie, mais davantage en relation avec d'autres sciences comme l'astronomie ou la géographie. Ératosthène calcula les dimensions de la Terre, Aristarque donna une première estimation des distances Terre-Lune et Terre-Soleil, Hipparque développa la trigonométrie pour les besoins de l'astronomie. Apollonius étudia des courbes qui ne pouvaient pas se construire à la règle et au compas, les coniques (intersections d'un cône avec un plan). Héron d'Alexandrie trouva une méthode pour calculer les racines carrées. On cessa peu à peu de faire de la démonstration un but en soi.

Et les mathématiques restèrent sur cette ligne chez les Arabes au Moyen Âge, puis chez les Européens jusqu'au XIX°

siècle. Mais la ligne platonicienne a effectué un retour en force depuis un siècle et demi.

> Jusqu'à la fin du XIX° siècle [reconnait Jean C. Baudet], les mathématiques trouvaient leurs objets dans le monde réel (la forme des choses comme source de la géométrie, les besoins du commerce comme source de l'arithmétique) et fournissaient aux ingénieurs et aux physiciens des « formules » leur permettant de faire progresser la technologie et la physique. Par contre, maintenant, la mathématique (unifiée) trouve ses objets en elle-même, et développe des théories tellement abstraites qu'elles ne trouvent pas d'applications dans la pratique des ingénieurs ou dans les besoins des physiciens[3].

Baudet ne semble d'ailleurs pas regretter cette évolution, et nous présente avec enthousiasme le nouveau visage des nombres les plus banals dans le cadre de la théorie des ensembles :

> Voici alors une manière de construire les nombres entiers : soit l'ensemble vide $\emptyset$, nous dirons que son cardinal est 0. Il est possible alors de construire l'ensemble qui contient l'ensemble vide : $\{\emptyset\}$, dont le cardinal est 1, puis l'ensemble qui contient l'ensemble vide et l'ensemble contenant l'ensemble vide $\{\emptyset \, \{\emptyset\}\}$, dont le cardinal est 2, et ainsi de suite. L'on construit ainsi l'ensemble de tous les nombres naturels en ne faisant appel qu'aux notions de la théorie des ensembles[4].

Définir les nombres en n'utilisant que du vide, avouez que c'est fort quand même ! Mais on peut faire beaucoup mieux, comme le notait déjà en 1908 le mathématicien et physicien Henri Poincaré :

> Nous voyons M. Burali-Forti définir le nombre 1 de la manière suivante :

C'est prouvé scientifiquement

$$1 = iT'\{Ko \cap (u, h)\epsilon(u \in Un)\},$$

définition éminemment propre à donner une idée du nombre 1 aux personnes qui n'en auraient jamais entendu parler. J'entends trop mal le Péanien pour oser risquer une critique, mais je crains bien que cette définition ne contienne une pétition de principe, attendu que j'aperçois 1 en chiffre dans le premier membre et Un en toutes lettres dans le second[5].

Le Péanien dont il est ici question fait référence au mathématicien Giuseppe Peano, qui s'est posé la question existentielle suivante : comment éviter l'usage du langage ordinaire dans les mathématiques ? Réponse :

> C'est seulement en usant d'un langage symbolique non encore envahi par ces idées vagues d'espace, de temps, de continuité, qui ont leur source dans l'intuition et tendent à obscurcir la raison pure, que nous pouvons espérer bâtir les mathématiques sur les fondations sûres de la logique[6].

C'est donc de cette façon qu'on peut définir le nombre 1 exclusivement à l'aide de symboles, comme ci-dessus.

Dans la même veine, on appréciera l'extrait ci-dessous d'un ouvrage universitaire des années 1960 :

> On a (2) ⇔ (4) et (3) ⇔ (4) d'après 8.11.3, donc (2) ⇔ (3) ⇔ (4). Il est clair que (1) ⇨ (2). Comme (2) et (3) simultanément impliquent (1), on voit que (1), (2), (3), (4) sont équivalentes. Enfin, (1) ⇨ (5) et (5) ⇨ (3) d'après 1.8.4 ; de même, (1) ⇨ (6) et (6) ⇨ (2) d'après 1.8.4. Donc (5) et (6) sont équivalentes aux deux premières conditions. Enfin, si ces conditions sont remplies, on a $v = w = u^{-1}$ d'après 2.5.16[7].

Pas mal, mais ces quelques lignes contiennent encore trop de mots ordinaires qui obscurcissent la raison pure.

Peut-être vous demandez-vous quel était l'objet de la démonstration ci-dessus ?

C'est prouvé scientifiquement

C'est une mauvaise question, et je ne vous remercie pas de me l'avoir posée. Vous devriez plutôt méditer ces paroles du mathématicien Bertrand Russel, un continuateur de Peano : « La mathématique est une science où l'on ne sait ni de quoi on parle, ni si ce qu'on dit est vrai. »

7. L'abstraction, parlons-en concrètement

> *Je rejette la théorie selon laquelle les mathématiques dérivent de l'expérience sensible. C'est l'inverse : le réel de l'expérience sensible n'est pensable que parce que le formalisme mathématique pense « à l'avance » les formes possibles de tout ce qui est.*
>
> Alain Badiou[1].

Vous l'avez sans doute deviné à la lecture de ces lignes, Alain Badiou est philosophe. Il n'est pas ce qu'on fait de pire dans le genre, j'en conviens : il ne vit pas avec une star et on ne le voit pas tout le temps à la télé.

« Comme le disait Bachelard », poursuit Badiou

> même les grands instruments qui servent dans les expériences, depuis les lunettes astronomiques jusqu'aux gigantesques accélérateurs de particules, sont de la « théorie matérialisée », et présupposent, jusque dans leur construction, des formalismes mathématiques extrêmement complexes[2].

« *Même* les grands instruments »... donc à plus forte raison tout le reste : le monde matériel est de la « théorie matérialisée ». Et les formalismes mathématiques préexistent à la réalité physique (« le réel de l'expérience sensible »). Conclusion :

C'est prouvé scientifiquement

Voilà selon moi ce qui élucide la question mystérieuse du rapport entre les sciences formelles que sont les mathématiques et les sciences expérimentales comme la physique[3].

Jean-Marc Lévy-Leblond qui, à défaut d'être philosophe, est un physicien connu, défendait sur ce sujet un point de vue opposé à celui de Badiou, dans un article rédigé il y a trente-cinq ans :

> L'idée d'une préexistence des structures mathématiques par rapport aux concepts physiques qu'elles permettent de constituer, si elle n'est pas fondée ontologiquement, ne l'est pas plus historiquement. Il n'est que de voir l'émergence simultanée et étroitement interconnectée du calcul différentiel et intégral pour prendre conscience de ce fait. C'est ici tout le chapitre du rapport inverse de la physique aux mathématiques qu'il faudrait ouvrir[4].

L'œuf et la poule, version histoire des sciences

Le calcul différentiel et intégral dont parle Lévy-Leblond dans l'extrait ci-dessus est connu des lycéens sous la forme des dérivées et des primitives. Il a été mis au point dans la deuxième moitié du XVII° siècle, et on lui associe les noms de Newton et Leibnitz, qui l'ont élaboré indépendamment l'un de l'autre et sous des formes différentes. Malgré le prestige de Newton, c'est la version de Leibnitz et ses notations qui l'ont finalement emporté et qu'on enseigne aujourd'hui dans les classes de Première et de Terminale des lycées.

Mais il importe de savoir que ces nouvelles formes de calcul étaient en gestation depuis le début du XVII° siècle, et que de nombreux scientifiques de l'époque ont participé à cette « émergence simultanée », pour reprendre l'expression de Lévy-Leblond. On trouve les premières ébauches de calcul différentiel chez Kepler et l'amorce du calcul intégral chez Cavalieri, un disciple de Galilée. On peut citer également les noms de Roberval, Fermat, Pascal, Huygens, Gregory, Barrow, Wallis : tous ces savants manipulaient des quantités évanescentes ou des infiniment petits, additionnaient des indivisibles, résolvaient ainsi des problèmes de surfaces, de tangentes à une courbe, de maximum et de minimum.

S'il en était ainsi, c'est que les sciences de l'époque étaient demandeuses de nouvelles méthodes de calcul : l'astronomie avec Kepler et ses trois lois sur le mouvement des planètes ; la mécanique avec Galilée, la loi de la chute des corps et le mouvement des projectiles ; l'optique avec l'apparition des premiers télescopes et microscopes.

C'est donc bien le « rapport inverse de la physique aux mathématiques », comme dit Lévy-Leblond, qui se manifeste ici. Le calcul infinitésimal (différentiel et intégral) est un contre-exemple flagrant par rapport à la thèse de Badiou, selon laquelle « le formalisme mathématique pense « à l'avance » les formes possibles de tout ce qui est ».

D'autant que les mathématiques du XVII° siècle, loin de tout « formalisme », ont souvent progressé à coup d'intuitions, et dans le plus grand désordre par rapport à notre logique actuelle. Pour ne citer qu'un exemple, la notion de dérivée a précédé celle de fonction !

Et le cas du calcul infinitésimal n'est pas l'exception qui confirme la règle. La géométrie analytique de Descartes n'a fait que reprendre et généraliser des systèmes de coordonnées qui étaient déjà utilisés en géographie (longitude et latitude) et en astronomie, même s'il est vrai que dans ces deux sciences, les coordonnées sont angulaires et non rectilignes. La trigonométrie a été créée et développée par et pour les astronomes, de même que les logarithmes. Au XIX° siècle encore, vecteurs, tenseurs et matrices sont des créations des physiciens.

Même au XX° siècle, malgré le retour en force de l'idéologie platonicienne, la recherche en mathématiques a continué d'être alimentée en partie par des demandes venant de l'extérieur : physique quantique, traitement du signal, imagerie médicale, etc. Et à en croire Ian Stewart dans son livre *Les mathématiques du vivant*, « Les biomathématiques – la biologie mathématique – ont explosé ces dix dernières années. [...] Les mathématiciens ont appris dans la foulée que la seule manière efficace d'intégrer leur discipline à la biologie consistait à l'adapter aux désirs des biologistes et à leurs techniques[5]. »

Il existe certes des exemples en sens inverse – en apparence du moins – que les adorateurs de la mathématique pure vous jettent systématiquement à la figure pour vous prouver que l'art abstrait a toujours précédé l'art figuratif, et que l'œuf a toujours précédé la poule.

Ces exemples sont invariablement les deux mêmes et on les ressert jusqu'à plus soif, d'un historien des sciences à l'autre et d'un Gaston Bachelard à un Alain Badiou.

« L'invention anticipée au niveau de l'être pur »

Il y a d'abord les coniques, c'est-à-dire les intersections d'un cône avec un plan. Selon l'inclinaison du plan, l'intersection peut être une ellipse, une parabole ou une hyperbole. Ces courbes ont été étudiées par Apollonius, un mathématicien grec du III° siècle av. J.C. Elles auraient été découvertes par Ménechme un siècle plus tôt, en essayant de résoudre le problème de la trisection de l'angle et celui de la duplication du cube. Elles relèveraient donc typiquement des mathématiques pures, tant par leur origine que par la façon dont Apollonius les a traitées.

Or, dix-huit siècles après la mort d'Apollonius, Galilée découvrait que la trajectoire des projectiles avait la forme d'une parabole, à peu près au même moment où Kepler, de son côté, en arrivait à la conclusion que l'orbite des planètes a une forme d'ellipse, et non de cercle comme on l'avait cru jusque-là. Moralité : vous voyez bien qu'on a raison de faire des mathématiques pures, puisqu'elles peuvent se révéler utiles longtemps après leur élaboration.

C'est prouvé scientifiquement

Mais chez les philosophes de tendance platonicienne, on va plus loin : ce serait la preuve que le monde matériel n'est que la réalisation de principes abstraits existant par eux-mêmes. Ainsi, s'enthousiasme Alain Badiou :

> Dans ce cas, la mathématique, c'est à l'évidence l'invention anticipée, au niveau de l'être pur, d'un certain nombre de dispositifs formels qui vont s'avérer plus tard, selon le devenir hasardeux et complexe des sciences de la nature, réalisés dans des modèles matériels pertinents. Ça aussi c'est une preuve, à mes yeux, que la mathématique touche un réel, mais à un niveau qui n'est pas expérimental, puisqu'il est présupposé dans toute expérience. On voit très bien qu'Apollonius de Perge a pensé ce qu'était l'être en tant qu'être d'une orbite de planète, sans pour autant savoir à l'époque qu'il s'agissait de cela[6].

Merci, docteur. Mais comment expliquez-vous qu'Apollonius, qui était lui-même astronome, n'ait pas fait la relation entre l'ellipse et l'orbite des planètes, alors que Kepler l'a faite dix-huit siècles plus tard ?

C'est qu'il ne suffit pas de « penser ce qu'est l'être en tant qu'être » pour faire avancer la science. Avant de trouver ses lois, Kepler avait été pendant des années l'assistant de Tycho Brahé, un astronome danois qui avait amélioré de façon considérable la précision des mesures dans la position des astres. Ce sont ces données nouvelles, pour la planète Mars, qui ont finalement convaincu Kepler qu'aucune orbite circulaire ne pouvait s'accorder avec l'observation, et qui l'ont poussé à chercher autre chose. Sa connaissance des coniques d'Apollonius l'a alors servi, indéniablement ; mais ce n'est qu'un élément parmi d'autres, et même pas le plus déterminant.

Ce qui a permis à Kepler de trouver ses trois lois, c'est d'abord d'avoir adhéré aux théories héliocentriques de Copernic. Dans l'astronomie géocentrique, où la Terre est le centre du monde, le mouvement apparent des planètes le long de l'écliptique, avec leurs rétrogradations, est interprété comme la composition de plusieurs mouvements élémentaires.

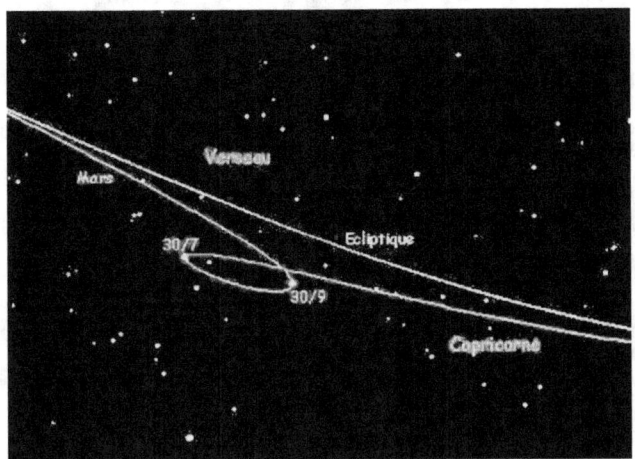

Figure 7-1 : mouvement apparent de Mars et rétrogradation

Chez Ptolémée, par exemple, chaque planète tourne sur un petit cercle, l'épicycle, dont le centre lui-même tourne autour de la Terre.

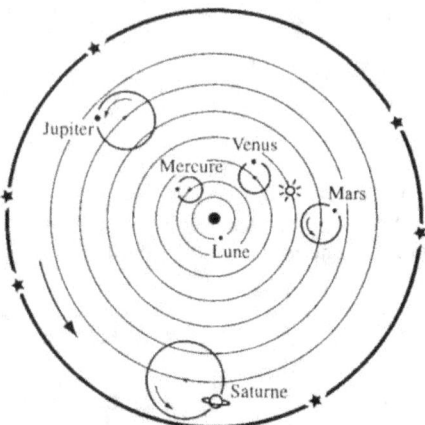

Figure 7-2 - Le système de Ptolémée

C'est prouvé scientifiquement

Le système de Copernic représentait avant tout une simplification par rapport à celui de Ptolémée : chaque planète n'avait plus qu'un mouvement unique, autour du Soleil – et dès lors sa trajectoire pouvait bien ne pas être un cercle. Il fallait y penser, certes. Mais jamais personne n'y aurait pensé dans le cadre d'un système géocentrique ; et probablement personne n'aurait même trouvé la loi des aires (voir ci-dessous).

Ironie de l'histoire, Apollonius était contemporain d'Aristarque, le premier astronome ayant affirmé que la Terre et les planètes tournaient autour du Soleil. Mais contrairement à ce qui se passera dix-huit siècles plus tard, le système d'Aristarque fut rejeté par tous les savants de son époque – dont Apollonius.

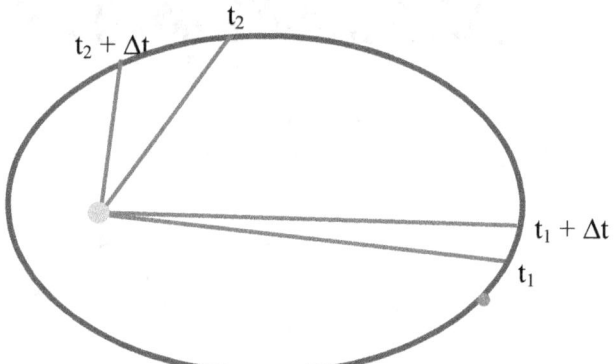

Figure 7-3 – **La loi des aires** : Dans son mouvement autour du Soleil, la planète (rouge) balaye des aires égales entre t_1 et $t_1 + \Delta t$, et entre t_2 et $t_2 + \Delta t$; ce qui implique une accélération quand elle s'approche du Soleil.

Les lois de Kepler

$1^{\text{ère}}$ loi : L'orbite de la planète est une ellipse dont le Soleil occupe l'un des foyers.

N.B. : Dans la réalité, l'ellipse est proche d'un cercle, contrairement à ce qu'on voit sur la figure 7-3.

> 2ème loi (loi des aires) : Le rayon qui joint le Soleil à la planète balaye des aires égales dans des temps égaux.
> 3ème loi : Le carré de la période sidérale d'une planète est proportionnel au cube du demi-grand axe de sa trajectoire.
> La loi des aires est en fait celle que Kepler a trouvée en premier. La troisième loi a été énoncée neuf ans après les deux premières.

Des coniques du sol au plafond

Si la connaissance du traité d'Apollonius sur les coniques a été utile à Kepler, comme à Galilée pour la trajectoire des projectiles, on ne voit pas en revanche en quoi la forme très abstraite de cet ouvrage a pu les aider en quoi que ce soit. Un ouvrage moins axiomatique, davantage tourné vers les applications pratiques, aurait aussi bien fait l'affaire – sinon mieux !

Car les coniques se rencontrent dans la vie quotidienne, contrairement à ce qu'on croit. Avec une simple lampe torche, on obtient un faisceau lumineux en forme de cône, dont l'intersection avec une surface plane (mur ou plafond) dessine un cercle, une ellipse, une parabole ou une hyperbole, en fonction de l'inclinaison du faisceau.

Évidemment, les lampes torches n'existaient pas du temps d'Apollonius. Mais une lanterne avec une ouverture circulaire peut faire l'affaire.

Une autre façon d'obtenir un cône est d'utiliser les rayons du Soleil dans son mouvement apparent au cours de la journée. Ces rayons font tourner l'ombre du cadran solaire, et comme la trajectoire apparente du Soleil dans le ciel est un arc de cercle, les rayons décrivent un cône ayant pour sommet le haut du cadran solaire. La trace de ce cône sur le sol, pour peu que celui-ci soit plat, dessine donc au cours de la journée une conique (une hyperbole en l'occurrence, ou plus exactement une moitié d'hyperbole puisque cette courbe est formée de deux branches).

C'est prouvé scientifiquement

Les Grecs de l'Antiquité ne connaissaient pas le cadran solaire moderne, orienté parallèlement à l'axe de rotation de la Terre. Mais ils étaient familiers du gnomon, cadran solaire primitif constitué d'un bâton planté verticalement, et dont l'ombre du sommet décrit une figure sur le sol. À Alexandrie, l'ombre d'un obélisque pouvait faire l'objet des mêmes observations.

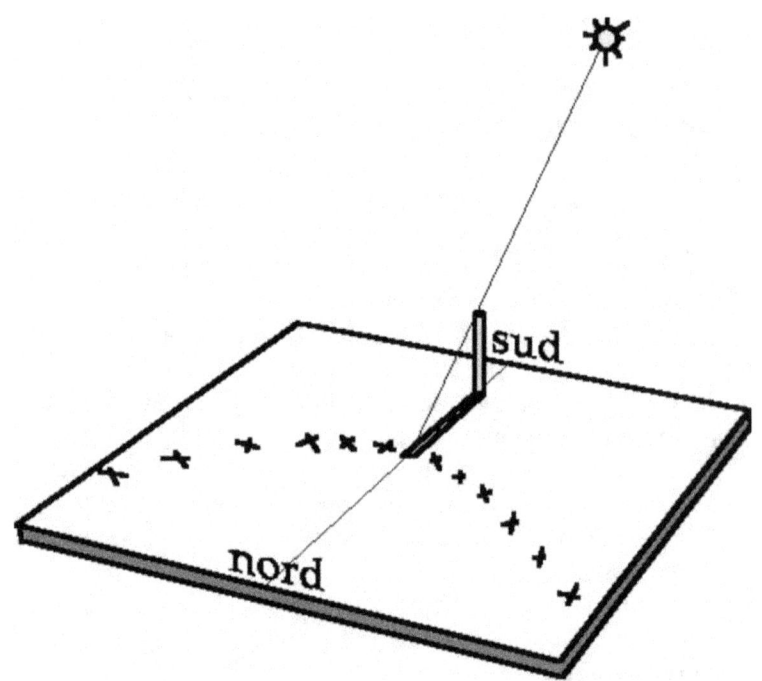

Figure 7-4 : Conique dessinée au sol par les rayons du Soleil

Et d'autre part, puisque la peinture avait atteint un certain développement en Grèce et que les peintres maîtrisaient la perspective, certains d'entre eux devaient savoir qu'un cercle est vu en perspective comme une ellipse.

C'est prouvé scientifiquement

Il y a donc de bonnes raisons de croire que les coniques étaient connues empiriquement avant que Ménechme ne les utilise pour la duplication du cube, et à plus forte raison avant qu'Apollonius ne leur consacre tout un traité.

Les géométries non euclidiennes : mythe et réalité

Le deuxième exemple qu'on nous assène pour prouver la prééminence de la pensée mathématique abstraite est celui des « géométries non euclidiennes », élaborées au XIX° siècle dans un contexte purement mathématique, mais utilisées par Einstein trois quarts de siècle plus tard pour bâtir sa théorie de la Relativité générale.

En quoi consistent ces fameuses géométries ? Elles remettent en question le cinquième postulat d'Euclide, aujourd'hui formulé de la façon suivante : « Par tout point d'un plan, on peut mener une parallèle et une seule à une droite donnée de ce plan. » Ce n'est pas vraiment ce qu'écrivait Euclide, mais il a été démontré que cette formulation est équivalente au postulat d'origine. (Cf Annexe 7 « Le cinquième postulat d'Euclide »).

C'est à contrecœur, semble-t-il, qu'Euclide a classé cette propriété dans les postulats, faute de parvenir à la démontrer. À sa suite, de nombreux mathématiciens ont tenté en vain la démonstration. La plupart de ces tentatives étaient basées sur un raisonnement par l'absurde : on supposait qu'il n'était pas possible de mener une parallèle à une droite, ou au contraire qu'il pouvait en passer plusieurs par un point donné ; et on tentait de montrer qu'on aboutissait à une contradiction... mais la contradiction n'a jamais voulu se manifester.

Au XIX° siècle, ces tentatives ont donné naissance à de véritables systèmes, répartis en deux catégories : d'un côté, les géométries « hyperboliques » admettant plusieurs parallèles à une même droite passant par un point donné ; la plus aboutie de ces géométries est celle du Russe Lobatchevski. De l'autre côté, les géométries « elliptiques », dans lesquelles la notion de parallélisme n'existe pas, et dont la principale est due à l'Allemand Bernhard Riemann.

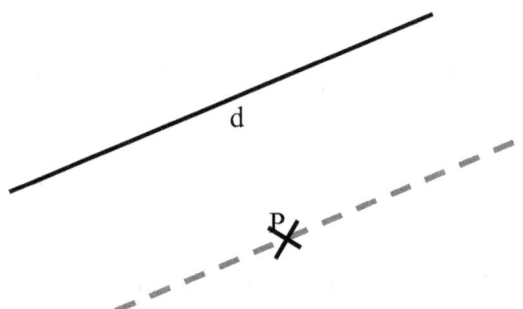

Figure 7-5 - Le V° postulat d'Euclide : par le point P, on peut mener une parallèle et une seule à la droite d

Le simple fait de rejeter le postulat des parallèles se répercute en fait sur tout l'édifice de la géométrie. Par exemple, dans une géométrie hyperbolique, la somme des angles d'un triangle est inférieure à 180° ; dans une géométrie elliptique, elle est supérieure. Dans l'une comme dans l'autre, le théorème dit de Pythagore n'est plus valide ; il n'y a plus de triangles semblables... et tout devient nettement plus compliqué, tout en restant exempt de contradictions.

Et Einstein dans tout ça ? Il a effectivement adopté l'une de ces géométries : celle de Riemann. Pas dans sa théorie de la Relativité restreinte en 1905 ($E = mc^2$). Non, c'est dans sa théorie de la Relativité générale, en 1919, qu'il a introduit la notion de courbure de l'espace (due à la présence de la matière). Cette courbure plonge l'univers dans un espace elliptique, où les propriétés géométriques sont celles développées par Riemann.

Mais les effets de la Relativité générale ne se font sentir qu'à l'échelle astronomique. À notre échelle à nous, cette théorie n'a pas d'impact. Pour les problèmes de la vie quotidienne, et même dans la plupart des questions scientifiques, nous pouvons tranquillement continuer à utiliser la physique classique – et la géométrie euclidienne qui lui sert de cadre.

Pourtant, la géométrie de Riemann (contrairement à celle de Lobatchevski) correspond à une réalité qui n'est finalement pas si éloignée de nous. Car les droites parallèles sont des droites d'un même plan. Mais nous ne vivons pas dans un plan, nous vivons sur une planète qui, abstraction faite du relief, est un ellipsoïde de révolution. Si l'on veut bien négliger l'aplatissement aux pôles, on peut assimiler la Terre à une sphère. Ce que nous appelons « droites » sur cette sphère sont en réalité des « grands cercles », comme l'équateur et les méridiens. Un grand cercle est le plus court chemin d'un point à un autre sur la surface terrestre.

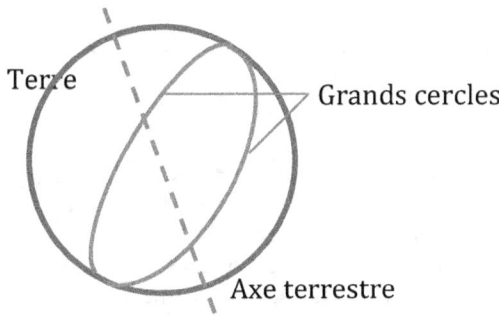

Figure 7-6 – Les droites sur la Terre : des grands cercles

Or, deux grands cercles se coupent toujours, et en deux points qui plus est, comme les méridiens qui passent tous par les deux pôles. Il n'y a donc pas de parallèles sur notre planète. Les lignes que nous avons baptisées « parallèles » (sous-entendu : à l'équateur) ne sont pas des grands cercles, leurs centres ne coïncident pas avec celui de la Terre.

À notre échelle, nous pouvons toutefois négliger la courbure de la Terre, assimiler en conséquence un arc de grand cercle à un segment de droite... et retrouver le cadre de la géométrie euclidienne.

Cette limitation de la validité de la géométrie euclidienne avait déjà été notée par Galilée en 1638 :

> Dans la pratique nos instruments et les longueurs mises en cause sont si petits en comparaison de la distance considérable qui nous sépare du centre du globe, que nous pouvons, à bon droit, assimiler une minute de degré prise sur un très grand cercle à une ligne droite, et deux perpendiculaires, abaissées par ses extrémités, à deux parallèles. Car si dans la pratique on devait tenir compte de tels détails, on devrait commencer par reprendre les architectes lorsqu'ils croient, avec un fil à plomb, élever de hautes tours avec des côtés parallèles[7].

Postulat ou axiome ?

Au début de son livre, Euclide présente cinq propositions qu'il ne démontre pas. Il les appelle *postulats*, ce qu'on peut traduire par *demandes* : il demande à ses lecteurs de les admettre. Traduits en termes modernes, les quatre premiers postulats s'énonceraient ainsi :
1. Par deux points distincts, il passe une droite et une seule.
2. On peut prolonger une droite indéfiniment de chaque côté.
3. On peut tracer un cercle de centre donné et de rayon donné.
4. Tous les angles droits sont égaux entre eux.

On ne peut pas tout démontrer, même quand on s'appelle Euclide, il faut bien admettre certaines propriétés comme points de départ d'une chaîne de démonstrations, et les quatre propositions ci-dessus semblent suffisamment évidentes pour jouer ce rôle. Ce caractère d'évidence fait défaut dans le cinquième postulat, et c'est pourquoi de nombreux mathématiciens, à la suite d'Euclide lui-même, ont cherché s'il n'était pas possible de le démontrer à partir des quatre premiers. D'autres ont tenté des démonstrations par l'absurde.

Jusqu'au XVIII° siècle, il restait admis que le postulat des parallèles correspondait à la réalité. Avec les systèmes achevés du XIX° siècle (Bolyai, Lobatchevski, Riemann), les mathématiciens ont pris l'habitude d'évacuer ce genre de question. Ils parlent désormais de *l'axiome* d'Euclide, sans se demander s'il reflète ou non la réalité physique. C'est tout à fait dans l'esprit de la boutade de Bertrand Russel : « La mathématique est une science où l'on ne sait ni de quoi on parle, ni si ce qu'on dit est vrai. »

Mais le monde physique n'a pas cessé pour autant d'exister, et la question de savoir dans quelle mesure et dans quelles limites nos modèles mathématiques s'y appliquent continue de se poser, qu'on tente d'y répondre ou qu'on préfère botter en touche.

Les maths sont-elles abstraites « par nature » ?

Les maths *abstraites par nature*, c'est l'un des lieux communs les plus répandus et les plus coriaces qui soient. Un lieu commun qui s'entretient lui-même puisqu'il sert à justifier le caractère abstrait de *l'enseignement* de cette discipline. Et comme la plupart d'entre nous n'ont jamais connu les mathématiques autrement que sous cet éclairage, nous sommes portés à croire que cette abstraction est bien un trait fondamental de leur nature.

Comme s'il y avait une « nature » des mathématiques, indépendante de l'esprit humain ! Comme si les mathématiques existaient par elles-mêmes au milieu de nulle part, avec leurs lignes sans épaisseur dont les objets sensibles ne seraient que des copies grossières ! C'est la doctrine de Platon, en effet, telle qu'il l'expose dans sa *République* :

> Tu sais aussi qu'ils se servent de figures visibles et qu'ils raisonnent sur ces figures, quoi que ce ne soit point à elles qu'ils pensent mais à d'autres, auxquelles celles-ci ressemblent. Par exemple, c'est du carré en soi, de la diagonale en soi qu'ils raisonnent, et non de la diagonale telle qu'ils la tracent, et il faut en dire autant de toutes les autres figures qu'ils modèlent ou dessinent... Elles sont pour eux des images, mais ils ne considèrent que ces autres figures dont j'ai parlé et qu'on ne peut saisir que par la pensée[8].

Un autre cliché hérité de Platon, c'est que les mathématiques n'ont pas à se soucier de leur utilité, qu'elles doivent servir avant tout à former l'esprit. Ce n'est qu'une affirmation gratuite, malheureusement. Enseignées sans lien avec le reste du monde, « au niveau de l'être pur », les mathématiques peuvent *déformer* l'esprit, irrémédiablement.

Grattez les arguments en faveur d'un enseignement abstrait des mathématiques et vous trouverez en fait, comme chez Platon, les préjugés contre le travail manuel, contre l'activité pratique et bassement utilitaire.

Les professeurs de mathématiques s'imaginent volontiers qu'ils enseignent les « vraies » maths, tout ce qui s'en écarte n'étant qu'une approximation frauduleuse. Mais s'ils consultaient les programmes ou les manuels des années 1980, ils constateraient que les vraies maths d'alors n'avaient pas tout à fait la même tête que celles d'aujourd'hui. Et s'ils daignaient s'intéresser à l'histoire de leur discipline, c'est une tout autre vue qu'ils auraient, celle d'une science diverse et variée, procédant tantôt par cas particuliers et généralisation, tantôt par raisonnement déductif ; tantôt s'appuyant sur l'expérience et la réalité concrète, tantôt s'en isolant pour se concentrer sur des propriétés abstraites ; tantôt créative et brouillonne, tantôt remettant de l'ordre et de la rigueur dans ses propres productions.

Les mathématiques malades du formalisme et de l'axiomatique

Aujourd'hui cependant, les mathématiques souffrent de deux maux, dont elles avaient plus ou moins guéri depuis Euclide, mais qui ont fait un retour en force depuis un siècle et demi.

Le formalisme consiste à ne pas s'intéresser au contenu des objets (nombres, figures géométriques, fonctions) mais à leurs propriétés formelles. Par exemple, la valeur approchée des nombres irrationnels est considérée comme sans intérêt. Ainsi dans

C'est prouvé scientifiquement

un livre de Terminale, au chapitre consacré à la fonction exponentielle e^x, c'est à peine si on mentionne la valeur approchée de e (2,718). L'exponentielle elle-même est définie comme « la fonction qui est sa propre dérivée et qui prend la valeur 1 pour x = 0 ». On se sert donc d'une propriété en guise de définition.

En Seconde, dans un autre ouvrage, on définit de même les vecteurs à partir de... l'égalité entre deux vecteurs, et de quelle manière ! Deux vecteurs $\overrightarrow{AB}$ et $\overrightarrow{CD}$ sont égaux si les segments [AD] et [BC] ont le même milieu – voilà qui tient lieu de définition ! Si avec ça vous parvenez à vous faire une idée de ce qu'est un vecteur, vous avez bien de la chance. Tout est fait pour chasser des cerveaux la représentation intuitive, aussi bien des vecteurs en Seconde que des exponentielles en Terminale.

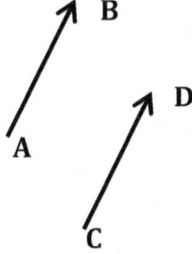

Figure 7-7 : Deux vecteurs égaux

Mais la quintessence du formalisme est la « théorie des ensembles » élaborée par l'Allemand Georg Cantor dans les années 1870. Les paradoxes sur l'infini constituent le domaine de prédilection de cette nouvelle branche des mathématiques. Cantor a ainsi pu démontrer que l'ensemble des nombres rationnels (nombres qui peuvent s'écrire sous la forme de fractions) n'a « pas plus » d'éléments que celui des entiers naturels, bien qu'il y ait une infinité de nombres rationnels entre deux nombres entiers consécutifs ; tandis que, l'ensemble des nombres réels, lui, est d'une infinité supérieure (la « puissance du continu »). La valeur des nombres, ce qui les distingue les uns des autres, n'a en revanche aucune place dans cette théorie. Et encore moins la question de savoir quelle est l'utilité de chacune de ces catégories de nombres.

Contrairement à ce qu'on croit, cette théorie des ensembles n'a jamais fait l'unanimité parmi les mathématiciens. Et du côté des ingénieurs, elle est superbement ignorée (en dehors de quelques notions basiques comme la réunion, l'intersection et le complémentaire).

Voilà pour le formalisme. L'axiomatique, elle, consiste à couper tout lien entre les mathématiques et le monde physique, et à les fonder exclusivement sur des axiomes de départ et des déductions logiques.

> On sait que la méthode axiomatique consiste à n'employer que des déductions logiques à partir d'axiomes posés *a priori*, sans jamais faire appel à l'intuition, à l'observation, à l'expérimentation et généralement au monde sensible[9].

C'était déjà le cas en grande partie chez Euclide au III° siècle av. J.C. Cependant, ses *Éléments* restent imprégnés d'un contenu physique implicite. Comme le remarquait Einstein en 1916 :

> Aux notions géométriques correspondent plus ou moins exactement des objets déterminés dans la nature, qui sont indubitablement la seule cause de leur naissance. Libre à la Géométrie, pour donner à sa construction la plus grande cohésion logique possible, de ne pas en tenir compte. L'habitude, par exemple, de nous représenter une droite par deux points marqués sur un corps pratiquement rigide est profondément enracinée dans notre esprit. Nous sommes, en outre, habitués à supposer que trois points se trouvent sur une droite si, par un choix approprié du point de vision, nous pouvons faire coïncider leurs positions apparentes[10].

C'est cette correspondance avec « des objets déterminés dans la nature » qu'a cherché à éliminer complètement David Hilbert dans ses *Fondements de la géométrie*, publiés en 1899.

C'est prouvé scientifiquement

Pas plus que Cantor, Hilbert n'a fait l'unanimité parmi les mathématiciens. L'un comme l'autre nageaient malgré tout dans le sens du courant, et il ne manquait pas de prédécesseurs ayant poussé les mathématiques vers le formalisme et l'axiomatique.

La dictature de Bourbaki

Mais si les principaux représentants de cette tendance étaient allemands à la fin du XIX° siècle, c'est en France que le flambeau a été repris à partir des années 1930. Sous le pseudonyme collectif de Nicolas Bourbaki, un groupe de mathématiciens français a entrepris de « refonder » entièrement les mathématiques sur ces bases.

C'est ce groupe (on devrait plutôt parler de secte, vu la manière dont il fonctionnait) qui a inspiré la réforme de l'enseignement des mathématiques en France dans les années 1960. C'est lui qui a imposé, au nom des « mathématiques modernes », que tout soit désormais enseigné dans le cadre de la théorie des ensembles, au lycée dans un premier temps, puis au collège et même à l'école primaire. D'une théorie dont l'intérêt était discutable même pour des mathématiciens professionnels, il a fait une caricature consistant à dessiner à tout propos et hors de propos des patatoïdes et des schémas fléchés.

Et d'une discipline qui était déjà enseignée de façon trop abstraite et coupée de la réalité, il a fait un pur outil de sélection... ce que les mathématiciens eux-mêmes dénoncent aujourd'hui.

Des mathématiciens contre Bourbaki

Voici comment Roger Apéry, professeur de mathématiques à l'université de Caen, caractérisait Bourbaki en 1982 :
« [...] Considérer comme infranchissable le fossé entre les mathématiques et les autres disciplines. Attribuer la réussite de

l'application des mathématiques aux autres sciences à l'harmonie préétablie ou à un miracle. [...] Pratiquer le double langage, d'une part en laissant croire qu'une seule école possède la « bonne mathématique » et en adoptant la terminologie des platoniciens ; d'autre part en considérant les mathématiques comme un simple jeu, où, par exemple, « les mots 'il existe' dans un texte formalisé n'ont pas plus de 'signification' que les autres » [...]. Extirper l'intuition, notamment en refusant l'usage des figures dans l'enseignement. [...] Uniformiser les esprits par l'enseignement des « mathématiques modernes », où on laisse croire aux enfants qu'entourer des petits objets par une ficelle est une activité mathématique au lieu de leur apprendre à compter, à calculer et à examiner les propriétés des figures[11]. »

René Thom écrivait de son côté en 1970 :
« Il est caractéristique que, de l'immense effort de systématisation de Nicolas Bourbaki [...], aucun théorème neuf de quelque importance ne soit sorti[12]. »

Quant à l'historien des sciences Pierre Thuillier, son jugement n'est pas plus tendre :
« La pensée mathématique n'est pas close ; ou, plus exactement, elle n'est vraiment close que quand elle est morte. Toute entreprise qui se fixe pour but majeur et quasi exclusif de (re)construire les mathématiques axiomatico-déductivement est un travestissement autoritaire et mystique de la mathématique en acte[13]. »

8. Plus fort que la chute des corps : la chute des esprits dans le vide

> *La bonne physique se fait* a priori
> Alexandre Koyré[1].
>
> *La mauvaise aussi*
> Pierre Thuillier[2].

La mathématisation de la physique, au XVII° siècle, a constitué un grand pas en avant pour cette science. Jusque-là, très peu de progrès avaient été faits depuis la physique d'Aristote, une physique purement descriptive – et fausse le plus souvent : les corps graves tombaient vers le centre de la Terre parce que c'était leur « lieu naturel » ; la vitesse acquise dans la chute des corps était proportionnelle à la fois à leur poids et à la distance déjà parcourue verticalement, et inversement proportionnelle à la résistance du milieu. Trois affirmations, trois erreurs !

Aristote n'était pas mathématicien, et de plus il avait pris le contrepied de Platon sur la prééminence des mathématiques par rapport aux autres sciences. Il aurait pu néanmoins chercher à vérifier la validité des lois qu'il énonçait. Mais il ne l'a pas fait ; ce n'était pas dans sa culture, comme l'écrit Jean Rosmorduc dans son *Histoire de la physique et de la chimie* :

Les Grecs, s'ils observaient beaucoup, n'expérimentaient pas. C'est-à-dire qu'ils n'essayaient pas, à quelques exceptions près, de reproduire les phénomènes, d'intervenir sur leur déroulement, de déterminer les effets de telle ou telle action. Ils ne l'essayaient pas, non par suite de quelconques limites intellectuelles, mais parce que leur mentalité même ne peut se prêter à cette forme d'interrogation. Cela probablement pour diverses raisons : la stricte séparation du travail manuel et du travail intellectuel, de l'activité de l'artisan et de celle du philosophe, et le mépris dans lequel le second tient le premier (un reflet de la structure sociale du monde antique), ne sont, selon toute probabilité, pas étrangers à ce comportement[3].

Or, c'est sur ces deux plans à la fois que la science de Galilée, au début du XVII° siècle, marque une rupture par rapport à la tradition aristotélicienne. D'une part, il est l'un des premiers à *quantifier* tous les phénomènes, à chercher les formules mathématiques qui expriment leurs propriétés ; mais d'autre part, il est aussi l'un des promoteurs de la méthode expérimentale prônée à la même époque par l'Anglais Francis Bacon.

La science nouvelle de Galilée

Surtout connu aujourd'hui pour sa lunette astronomique et les découvertes qu'il a faites avec (les satellites de Jupiter, les phases de Vénus, le relief de la Lune), Galilée n'était pourtant pas un astronome professionnel. Son domaine était la mécanique, de la résistance des matériaux à la trajectoire des projectiles en passant par les lois de la chute des corps. Parmi ces lois, Galilée a établi deux résultats fondamentaux qui contredisaient Aristote

1. Le temps de chute est indépendant du poids des corps.

2. La vitesse acquise lors de la chute est proportionnelle non pas à la distance parcourue verticalement, mais à sa *racine carrée*. (Mathématiquement, cela revient à dire que le mouvement est uniformément accéléré).

Il s'agit là de lois décrivant la chute des corps *dans le vide*, c'est-à-dire en faisant abstraction de la résistance de l'air. Et Galilée indique lui-même comment il en est venu à cette notion de mouvement dans le vide :

> Je commençai [...] à rechercher ce qui arrivait à des mobiles de gravités différentes placés dans des milieux de résistances différentes ; je m'aperçus alors que les écarts de vitesse étaient beaucoup plus grands dans les milieux plus résistants que dans les milieux plus aisés à pénétrer, et cela au point que deux mobiles peuvent descendre dans l'air avec des vitesses très peu différentes, alors que dans l'eau l'un se mouvra dix fois plus vite que l'autre[4].

À partir de là, en extrapolant, Galilée en déduit que dans le vide, il ne doit plus y avoir de différence du tout. C'est bien sûr un raisonnement abstrait, mais néanmoins fondé sur des observations expérimentales.

Ici s'intercale la fameuse expérience de la tour de Pise, du haut de laquelle Galilée aurait lâché simultanément deux boulets, l'un de 10 livres, l'autre d'une livre, pour démontrer à ses contradicteurs que ces deux boulets, bien que de poids différent, arrivent au sol presque en même temps, contrairement à l'enseignement d'Aristote.

Quant à la deuxième de ses lois, Galilée l'a trouvée en faisant rouler une même boule sur un plan incliné d'inclinaison variable et en mesurant les temps de parcours en fonction de la hauteur parcourue. Là encore, son résultat est le fruit d'un raisonnement abstrait (et mathématique de surcroît), mais à partir de données expérimentales.

Galilée, un imposteur ?

Or, cette présentation des choses a été rejetée, au siècle dernier, par l'historien des sciences Alexandre Koyré. Selon lui, les expériences sur le plan incliné ont peut-être bien eu lieu, mais Galilée en aurait trafiqué les résultats :

> Il est évident que les expériences de Galilée sont complètement dénuées de valeurs : la perfection même de leurs résultats est une preuve rigoureuse de leur inexactitude. Il n'est pas étonnant que Galilée, qui est sans doute pleinement conscient de tout cela, évite autant que possible [...] de donner une valeur concrète pour l'accélération ; et que, chaque fois qu'il en donne une [...], celle-ci soit radicalement fausse[5].

Dans d'autres cas, Galilée trouve des écarts entre ses résultats expérimentaux et ceux prévus par sa théorie.

> Que fait-il alors ? Il « corrige » l'expérience, la prolonge dans son imagination et supprime l'écart expérimental. A-t-il eu tort de le faire ? Nullement. Car ce n'est pas en suivant l'expérience, c'est en la devançant que progresse la pensée scientifique[6].

De même, toujours d'après Koyré, « Les expériences de Pise sont un mythe », et il noircit des dizaines de pages pour tenter d'en convaincre ses lecteurs :

> Jamais, jusqu'ici, nous n'avons été mis en présence d'une expérience réelle ; et aucune des données numériques, que Galilée avait invoquées, n'exprimait des mesures effectivement exécutées. Je ne lui en fais pas, bien entendu, reproche ; j'aimerais, tout au contraire, revendiquer pour lui la gloire et le mérite d'avoir su se passer d'expériences (nullement indispensables, ainsi que le démontre le fait même d'avoir pu s'en dispenser), et pratiquement irréalisables avec les moyens expérimentaux à sa disposition[7].

Mais alors, pourquoi Galilée aurait-il maintenu la fiction d'expériences qu'il n'aurait jamais réalisées ? C'est que, estime Koyré,

> La doctrine galiléenne de la chute simultanée des graves est tellement nouvelle et, à première vue, tellement contraire aux faits et au bon sens, que seule une confirmation expérimentale pourrait la rendre acceptable. Sans doute, pour les esprits éclairés et libres de préjugés [...] les arguments et les « expériences » déjà allégués par Galilée sont suffisants. Mais pour les autres ? Pour les autres, il faut autre chose, à savoir une expérience réelle[8].

Donc, réelles ou inventées, les expériences de Galilée n'auraient eu d'autre but que de convaincre « les autres », ceux dont les esprits ne sont ni éclairés, ni libres de préjugés. D'un point de vue scientifique, elles seraient totalement inutiles.

On est là en pleine idéologie scientiste, telle qu'elle s'est développée au XIX° siècle : la science doit sans cesse lutter contre les préjugés populaires, incapables de s'élever au-dessus de l'impression immédiate et du raisonnement terre-à-terre.

L'expérience, c'est aussi celle des autres

Affirmer que l'observation et l'expérimentation ne jouent aucun rôle dans l'œuvre de Galilée tient malgré tout de la gageure, et Koyré en est bien conscient. C'est pourquoi on le voit parfois battre en retraite, comme dans les lignes suivantes :

> Il est certain que dans les écrits de Galilée nous trouvons d'innombrables appels à l'observation et à l'expérience, et une ironie amère à l'égard d'hommes qui ne croyaient pas au témoignage de leurs yeux parce que ce qu'ils voyaient était contraire à l'enseignement des autorités ou, pire

encore, qui ne voulaient pas (comme Cremonini) regarder dans le télescope de Galilée par peur de voir quelque chose qui aurait contredit leurs théories et croyances traditionnelles. Or, c'est précisément en construisant un télescope et en l'utilisant, en observant soigneusement la Lune et les planètes, en découvrant les satellites de Jupiter, que Galilée porta un coup mortel à l'astronomie et à la cosmologie de son époque[9].

Mais ce qui vaut pour l'astronomie vaut pour l'ensemble de l'œuvre de Galilée. Tout au long de son dernier ouvrage (*Discours concernant deux sciences nouvelles*), le savant italien multiplie les exemples d'expériences qu'il dit avoir réalisées dans divers domaines (résistance des matériaux, ondes sonores, etc.) et au sujet desquelles Koyré ne trouve rien à redire. Plus même, dès le premier paragraphe de ce livre, Galilée affirme qu'il a beaucoup appris en regardant travailler les artisans de l'Arsenal de Venise :

> Quel large champ de réflexion me paraît ouvrir aux esprits spéculatifs la fréquentation assidue de votre fameux arsenal, seigneurs Vénitiens, et particulièrement le quartier des « travaux mécaniques ». Toutes sortes d'instruments et de machines y sont en effet constamment mis en œuvre par un grand nombre d'artisans dont certains, tant par les observations que leurs prédécesseurs leur ont léguées que par celles qu'ils font sans cesse eux-mêmes, allient nécessairement la plus grande habileté au jugement le plus pénétrant[10].

Loin d'être un savant enfermé dans sa tour d'ivoire, Galilée était donc ouvert à l' « expérience commune » que Koyré, pour sa part, considère comme un obstacle au progrès de la science.

C'est prouvé scientifiquement

Galilée et les maths : bon travail, mais peut mieux faire

Paradoxalement, c'est en mathématiques que Galilée était le moins en prise avec son époque. Alors que l'Italie avait brillé en algèbre au XVI° siècle avec Tartaglia, Cardan, Ferrari (résolution des équations du troisième et du quatrième degré) et Bombelli (invention des nombres complexes) ; alors que Galilée était contemporain de Viète et Descartes, les pères de l'algèbre moderne ; chez lui en revanche l'algèbre brille par son absence, de même que la trigonométrie : il en est resté à la géométrie d'Euclide, ce qui rend ses démonstrations particulièrement indigestes... et parfois carrément fausses.

Ainsi, contre l'affirmation d'Aristote selon laquelle la vitesse dans la chute des graves est proportionnelle à l'espace déjà parcouru, Galilée affirme qu'un tel mouvement devrait être instantané et donc qu'il est impossible. Or le calcul infinitésimal montrera un demi-siècle plus tard qu'il n'en est rien : un tel mouvement est décrit par une fonction exponentielle, il est donc possible... mathématiquement. Mais physiquement, ce n'est pas celui qu'utilise la nature : la chute des corps se fait selon une fonction du second degré par rapport au temps.

Sur le plan théorique, Galilée ne distingue en fait pas clairement la vitesse instantanée de la vitesse moyenne. Il utilise la notion d'*impetus*, héritage des théories médiévales où la vitesse est proportionnelle à la force exercée : tantôt l'impetus désigne cette force, tantôt c'est la vitesse instantanée acquise dans un mouvement uniformément accéléré.

On a cité des centaines de fois la phrase de Galilée sur le « grand livre de la nature qui est écrit en langage mathématique »[11]. Conformément à cette pétition de principe, Galilée a le grand mérite d'avoir fait entrer l'aspect quantitatif dans l'étude des phénomènes physiques. Mais il n'est pas le premier à utiliser le raisonnement mathématique en mécanique : dès le XIV° siècle, on trouve des lois du mouvement formulées mathématiquement chez Nicole Oresme et chez des universitaires d'Oxford.

Galilée est allé plus loin que ses prédécesseurs, il a rendu le recours aux mathématiques systématique en mécanique. Le niveau de ses mathématiques était cependant en-deçà des besoins de la physique en ce début du XVII° siècle. Et c'est bien davantage par la méthode expérimentale que Galilée a été novateur et qu'il a contribué au progrès de la science à son époque.

Un peu de théorie... sur la méthode expérimentale

Voici ce qu'on peut lire à ce propos dans le manuel de physique *HPP* (*Harvard Project Physics*) publié au Québec en 1980 :

> Le travail de Galilée sur le mouvement a introduit une nouvelle et importante méthode de recherche scientifique, méthode applicable aussi bien aujourd'hui qu'à l'époque de Galilée. L'essentiel de ce procédé est un cycle, répété autant de fois qu'il le faut, en entier ou en partie, jusqu'à ce qu'une théorie satisfaisante en découle : observation générale → hypothèse → analyse mathématique ou déduction à partir d'hypothèses → vérification expérimentale de la déduction → modification de l'hypothèse à la lumière des résultats de la vérification, et ainsi de suite[12].

Comme on le voit, le recours à l'observation et à l'expérimentation ne s'oppose nullement au travail théorique, aux hypothèses, au raisonnement mathématique. Les auteurs de cet ouvrage vont même plus loin dans ce sens :

> Bien que l'expérience tienne une place importante dans ce processus, notons qu'elle n'en constitue pas pour autant l'unique ou le principal élément. Au contraire, les

expériences ne prennent leur pleine valeur qu'en relation avec les autres étapes du processus[13].

Sans doute. Mais inversement, le raisonnement mathématique ne se suffit pas à lui-même dans cette méthode. Il prend place après une première série d'observations, il permet de construire un *modèle* du phénomène étudié. Et c'est ce modèle qui doit ensuite être validé par l'expérimentation.

Quant à la valeur des résultats :

> Il n'existe pas de règle générale précisant jusqu'à quel point les données expérimentales doivent concorder avec les prédictions théoriques. Dans certains domaines scientifiques, on attend d'une théorie une précision d'au moins un millième pour cent (1/1000%), en d'autres domaines, ou au premier stade d'un nouveau travail, on peut être très heureux de trouver une théorie qui permette de faire des prédictions avec une précision de 50 % seulement[14].

La bonne et la mauvaise physique

Voilà qui ne va guère dans le sens de Koyré, lui qui met en doute les résultats des expériences de Galilée sur la chute des corps, ou qui les juge « pratiquement irréalisables avec les moyens expérimentaux à sa disposition ».

Avec ses œillères d'historien des sciences du XX° siècle, Koyré considérait probablement qu'une expérience scientifique ne saurait être valablement mise en œuvre que dans les laboratoires de l'École Normale Supérieure. Mais les savants d'autrefois, qui n'avaient pas ce genre de préjugés, savaient se débrouiller avec les moyens du bord. Pour pallier l'imprécision de leurs instruments, ils répétaient leurs expériences un grand nombre de fois de façon à ce que les erreurs se compensent dans les valeurs moyennes qu'ils calculaient ensuite. Et Galilée, qui a monté lui-même sa lunette astronomique, n'avait aucune réticence à s'entourer d'artisans qualifiés pour l'aider à réaliser ses expériences.

Du reste, dans un article consacré à Léonard de Vinci, Koyré lui-même nous dit que la société de l'époque (fin du XV° - début du XVI° siècle) était bien plus avancée technologiquement qu'on ne le croit. Il est dommage qu'il l'oublie lorsqu'il nous parle de Galilée, qui a vécu un siècle plus tard !

Mais Koyré n'en démord pas, l'expérimentation n'aurait joué selon lui qu'un rôle secondaire dans l'œuvre de Galilée. Il va jusqu'à affirmer qu'une bonne partie des expériences décrites dans ses livres étaient de pures « expériences de pensée » et qu'elles n'en étaient que plus valables :

> Galilée, nous le savons bien, a raison. La bonne physique se fait *a priori*. Elle doit, toutefois, ainsi que je l'ai dit tout à l'heure, se garder du travers – ou de la tentation – de la concrétisation à outrance[15].

Saint Koyré, gardez-nous de cette tentation !

Hélas, il est effectivement arrivé à Galilée de s'écarter de la méthode expérimentale et de faire de la physique *a priori*. Ce fut le cas lorsqu'il attribua (sur une simple intuition) le phénomène des marées aux mouvements de la Terre. Ou encore, lors du passage de comètes en 1618 (comètes que la maladie l'a empêché d'observer), quand il interpréta ce phénomène comme des « exhalaisons terrestres ».

C'est ce qui a fait écrire à Pierre Thuillier en 1983 : « Koyré ne se lasse pas de répéter que « la bonne physique se fait *a priori* ». Mais la mauvaise aussi, bien souvent ![16] ».

La mauvaise physique d'Aristote, du reste, avait toutes les caractéristiques d'une science *a priori*. Loin d'être « empirique » comme le soutient Koyré, elle était basée sur des raisonnements purement logiques, rarement sur l'observation et jamais sur l'expérimentation.

Mais la physique n'a pas l'exclusivité en la matière. Paul Broca faisait de la mauvaise biologie au XIX° siècle, lorsqu'il savait *a priori* que le cerveau des Noirs était plus petit que celui des Blancs.

La mauvaise histoire des sciences se fait a priori

Koyré, lui, fait de la mauvaise histoire des sciences lorsqu'il cherche à « récupérer » Galilée conformément à ses propres *a priori* :

> J'ai essayé de décrire l'usage fait par Galilée de la méthode de l'expérience imaginaire, employée concurremment, et même de préférence, à l'expérience réelle. Et de le justifier. En effet, c'est une méthode extrêmement féconde qui, incarnant en quelque sorte, dans des objets imaginaires, les exigences de la théorie, permet de concrétiser cette dernière et de comprendre le réel sensible comme une déviation du modèle pur qu'elle nous offre[17].

Le réel sensible, une déviation du modèle pur : c'est du Platon tout craché, lui pour qui le monde matériel n'était qu'une copie grossière du monde des idées. Et Koyré aimerait bien nous faire croire que Galilée était platonicien dans le fond de son âme. Puisque Galilée a combattu la physique d'Aristote, lequel s'est opposé à Platon, c'est bien une preuve, non ?

L'ennui, c'est que nulle part dans son œuvre Galilée ne se réclame de Platon ; nulle part il ne professe le mépris platonicien pour le monde physique, au contraire : le monde physique le passionne, lui, Galilée, et il cherche à faire partager cette passion à ses lecteurs.

Bien sûr, il y a la fameuse phrase sur le grand livre de la nature écrit en langage mathématique. Mais Platon n'avait que faire du grand livre de la nature : pour lui, les mathématiques se suffisaient à elles-mêmes et seuls des gens de basse condition pouvaient chercher à les appliquer, même dans un but scientifique.

C'est prouvé scientifiquement

Si l'on veut à tout prix rattacher Galilée à une école philosophique grecque, ce serait plutôt celle de Pythagore qui pourrait convenir. C'est elle qui avait proclamé que « Le nombre est l'essence de toutes choses » (le nombre, et non la géométrie !). Mais derrière le nombre, cette école continuait à s'intéresser aux choses, contrairement à Platon un siècle plus tard.

Que Koyré ait été un adepte de Platon, cela ne fait aucun doute en revanche :

> La bonne physique est faite *a priori*. La théorie précède le fait. L'expérience est inutile parce qu'avant toute expérience nous possédons déjà la connaissance que nous cherchons. Les lois fondamentales du mouvement (et du repos), lois qui déterminent le comportement spatio-temporel des corps matériels, sont des lois de nature mathématique. De la même nature que celles qui gouvernent les relations et les lois des figures et des nombres. Nous les trouvons et les découvrons non pas dans la nature, mais en nous-mêmes, dans notre esprit, dans notre mémoire, comme Platon nous l'a enseigné autrefois[18].

Au nom de Platon, Koyré réduit donc les lois physiques à n'être que de pures formules mathématiques. C'est malheureusement dans ce sens que l'enseignement de la physique a évolué au XX° siècle – au grand dam de certains physiciens comme Richard Feynman ou Jean-Marc Lévy-Leblond.

Quant à la physique faite *a priori*, son inventeur est un philosophe grec du V° siècle avant J.C. Il s'appelait Zénon d'Élée, et il a démontré qu'Achille ne rattraperait jamais la tortue, et que la flèche n'atteindrait jamais sa cible. Il n'a eu besoin pour cela d'aucune expérience. « L'expérience est inutile parce qu'avant toute expérience nous possédons déjà la connaissance que nous cherchons »...

9. L'Évangile du père fouettard

Alexandre Koyré n'est pas responsable à lui seul de ce qu'est devenu l'enseignement des sciences aujourd'hui, même en se limitant à la France. Non seulement il n'a fait que caresser dans le sens du poil les préjugés du corps enseignant (au niveau lycée et université), mais dans ce rôle il a été battu à plates coutures par son aîné Gaston Bachelard.

Bachelard n'était pas historien, contrairement à Koyré. Il était bien mieux que cela, réunissant en sa personne les états de philosophe, de psychanalyste et de père fouettard. Ce qu'il résume lui-même en introduction de son livre le plus connu : « La tâche de la philosophie scientifique est très nette : psychanalyser l'intérêt, ruiner tout utilitarisme si déguisé qu'il soit, si élevé qu'il se prétende, tourner l'esprit du réel vers l'artificiel, du naturel vers l'humain, de la représentation vers l'abstraction[1]. » Vous voilà prévenu : si vous avez honte de votre utilitarisme, vous adorerez Gaston Bachelard.

La science peut-elle se dissoudre dans les maths ?

Or, quoi de mieux que les maths si l'on veut « tourner l'esprit du réel vers l'artificiel » et « de la représentation vers l'abstraction » ? En 1934, Bachelard proclamait déjà :

> On n'estime pas à sa juste valeur le rôle des mathématiques dans la pensée scientifique. [...] Dans les nouvelles doctrines, en s'éloignant des images naïves, l'esprit scientifique est devenu en quelque sorte plus homogène :

désormais, il est tout entier présent dans son effort mathématique. Ou encore, pour mieux dire, c'est l'effort mathématique qui forme l'axe de la découverte, c'est l'expression mathématique qui, seule, permet de penser le phénomène[2].

Et près d'un demi-siècle plus tard, on pouvait encore lire ceci :

> Trop souvent encore, le rôle des mathématiques dans la pensée scientifique n'est pas estimé à sa juste valeur ; c'est souvent l'effort mathématique qui forme l'axe de la découverte. C'est l'expression algébrique, l'équation du phénomène qui seule, souvent, permet de le penser, comme si l'esprit acquérait des facultés nouvelles en la maniant, rendant possible le mouvement spirituel de la découverte[3].

Ressemblant, non ? Pourtant, méfiez-vous des imitations. La deuxième citation est de Maurice Loi, organisateur d'un « séminaire de philosophie et mathématiques » à l'École Normale Supérieure. Mais revenons à l'original.

« C'est l'expression mathématique qui, seule, permet de penser le phénomène ». Cette phrase résume toute la dérive d'une certaine conception de la science, et le mot « seule » en accentue le caractère dogmatique et intégriste.

Nul ne conteste le rôle indispensable des mathématiques dans les sciences d'aujourd'hui. Mais dire, ou écrire, qu'un phénomène se ramène entièrement à une formule mathématique, c'est faire du réductionnisme de la pire espèce.

Il s'en faut de beaucoup, d'ailleurs, que tous les phénomènes physiques, chimiques ou biologiques connus aient aujourd'hui leur traduction dans une expression mathématique explicite. Voici ce qu'écrivait à ce sujet le mathématicien René Thom (médaille Fields pour ses travaux sur la théorie des catastrophes) :

> En physique macroscopique (physique du solide, mécanique des fluides), beaucoup de lois empiriques n'ont pas d'expression mathématique explicite, de même qu'en

> thermodynamique. [...] Cette baisse de rendement de l'algorithme mathématique s'accélère lorsqu'on va de la physique à la chimie. L'interaction entre deux molécules un peu complexe échappe à toute description mathématique précise. [...] En biologie, si l'on excepte la théorie des populations et la génétique formelle, l'emploi des mathématiques se réduit à modéliser quelques situations locales (propagation de l'influx nerveux, circulation du sang dans les artères, etc.) d'un intérêt théorique très réduit et d'un intérêt pratique limité. En physiologie, en éthologie, en psychologie et sciences sociales, les mathématiques n'apparaissent guère que sous la forme de recettes statistiques dont la légitimité même est suspecte[4].

Ces lignes sont une réponse directe à celles de Maurice Loï citées plus haut, puisque René Thom était l'un des participants au séminaire de l'École Normale Supérieure et que les deux textes sont publiés dans le même livre paru aux éditions du Seuil.

On ne peut donc pas tout mettre en équations. Cela dit, même lorsque l'équation ou la formule existe, elle n'est pas tout le phénomène. La formule chimique d'un parfum ne nous renseigne pas sur son odeur ; l'ADN d'un individu ne nous permet pas de savoir s'il préfère le jazz ou la java ; un aveugle de naissance peut très bien comprendre que la longueur d'onde de la couleur rouge est de 0,8 microns, il n'arrivera pas pour autant à se représenter le rouge comme le fait une personne voyante.

L'histoire des sciences oppose d'autre part un cinglant démenti à l'affirmation selon laquelle « c'est l'effort mathématique qui forme l'axe de la découverte ». Newton, selon ses propres dires, avait compris le principe de l'attraction universelle longtemps avant d'en trouver la formule mathématique. D'autres savants du XVII° siècle (Kepler, Hooke, Halley), l'avaient d'ailleurs pressenti avant lui.

L'électricité a commencé par être une science purement qualitative avant d'être quantifiée progressivement à partir de la deuxième moitié du XVIII° siècle. Au XIX° siècle, Maxwell a élaboré sa théorie des ondes électromagnétiques par un raisonnement purement physique à partir des courants induits de Faraday ; ses célèbres équations sont venues après coup.

Einstein lui-même avait les grands traits de la relativité générale dès 1907 ; là encore, la formulation mathématique est venue après coup (non sans l'aide de mathématiciens professionnels comme David Hilbert et Marcel Grossmann).

L'obstacle épistémologique (expression à placer dans la conversation entre la poire et le fromage)

Pour « psychanalyser l'intérêt et ruiner l'utilitarisme », Bachelard ne s'est toutefois pas contenté de ramener la science à sa seule dimension mathématique. Il a proclamé à la face du monde que tout ce qui n'était pas mathématique – et particulièrement l'observation – était un obstacle à la pensée scientifique : le fameux « obstacle épistémologique » auquel Bachelard doit sa célébrité.

> La première expérience ou, pour parler plus exactement, l'observation première est toujours un premier obstacle pour la culture scientifique. En effet, cette observation première se présente avec un luxe d'images ; elle est pittoresque, concrète, naturelle, facile. Il n'y a qu'à la décrire et à s'émerveiller. On croit alors la comprendre. Nous commencerons notre enquête en caractérisant cet obstacle et en montrant qu'il y a rupture et non pas continuité entre l'observation et l'expérimentation[5].

Il n'y aurait donc rien de commun, c'est Bachelard qui nous le dit, entre l'observation (par le commun des mortels) et l'expérimentation (par l'élite scientifique). D'un côté le folklore, les images concrètes, l'émerveillement naïf ; de l'autre la froide expérimentation n'ayant pour objet que de valider une formule mathématique. Une fois de plus, nous voilà en pleine idéologie scientiste.

Si l'on voulait faire du mauvais esprit, on pourrait demander à Bachelard si sa notion d'obstacle épistémologique est le fruit d'une observation ou d'une expérimentation. Mais le philosophe est mort en 1962, de même que le psychanalyste, paix à leur âme !

En réalité, l'observation première et l'expérimentation scientifique se complètent bien plus qu'elles ne s'opposent. Bachelard n'a que sarcasmes pour les salons du XVIII° siècle où les « expériences » d'électricité tenaient du spectacle davantage que de la science. Mais il se créait par ce biais, malgré tout, un climat de curiosité scientifique, et c'est ce climat qui a favorisé l'émergence d'une véritable science de l'électricité d'où sont issus la loi de Coulomb, le paratonnerre de Benjamin Franklin et la pile de Volta.

De même, ce ne sont pas les observations des artilleurs qui ont directement débouché sur les lois de la chute des corps. Mais ces artilleurs étaient demandeurs d'une base scientifique pour les aider à régler leurs tirs ; c'est ce qui a poussé des savants comme Tartaglia et plus tard Galilée à se pencher sur le problème, avec les observations des artilleurs comme premières données.

En astronomie, c'est l'écart entre l'observation et les modèles théoriques qui ont poussé Copernic et plus tard Kepler à remettre en cause ces modèles – même si dans ce cas l'observation était le fait d'astronomes et non du commun des mortels.

Il est faux d'opposer catégoriquement, comme le fait Bachelard, l'observation « première » et l'observation scientifique. L'observation n'est jamais première, elle est toujours un processus complexe. Comme l'a souligné Thomas Kuhn, « Ce que voit un sujet dépend à la fois de ce qu'il regarde et de ce que son expérience antérieure, visuelle et conceptuelle, lui a appris à voir[6]. » Un médecin verra un tassement de vertèbre sur une radiographie, là où un non-spécialiste ne verra rien de particulier. Mais inversement, un chasseur amérindien dans la forêt amazonienne verra des traces d'animaux qui échapperont totalement à l'attention d'un Européen « civilisé ».

Les gens du peuple, contrairement à l'image que s'en fait Bachelard, ont souvent un sens de l'observation plus « scientifique » que les savants... ce que certains savants ont reconnu d'ailleurs. Rappelez-vous ce passage où Galilée vantait les artisans « dont certains, tant par les observations que leurs prédécesseurs leur ont léguées que par celles qu'ils font sans cesse eux-mêmes, allient nécessairement la plus grande habileté au jugement le plus pénétrant. »

Professeur, prends garde à toi !

L'obstacle épistémologique que constituerait l'observation, et surtout la rupture avec ce prétendu obstacle, ont tôt fait de se transformer en injonctions adressées aux professeurs de sciences physiques :

> Dans l'enseignement élémentaire, les expériences trop vives, trop imagées, sont des centres de faux intérêt. On ne saurait trop conseiller au professeur d'aller sans cesse de la table d'expériences au tableau noir pour extraire aussi vite que possible l'abstrait du concret. Il reviendra à l'expérience mieux outillé pour dégager les caractères organiques du phénomène. L'expérience est faite pour illustrer un théorème. Les réformes de l'enseignement secondaire en France, dans ces dix dernières années, en diminuant la difficulté des problèmes de Physique, en instaurant même, dans certains cas, un enseignement de la Physique sans problèmes, tout en questions orales, méconnaissent le sens réel de l'esprit scientifique. Mieux

vaudrait une ignorance complète qu'une connaissance privée de son principe fondamental[7].

Mieux vaut donc ne rien enseigner du tout que de s'arrêter avant le sacro-saint principe fondamental, lequel, comme on l'a vu plus haut, est de nature purement mathématique.

Ainsi, alors que Newton a mis des années pour passer du principe de la gravitation universelle à son expression mathématique, le lycéen, lui, devra faire le parcours du combattant dans le laps de temps que met son professeur pour aller « de la table d'expérience au tableau noir ». On se demande ce que la table d'expérience vient faire dans ce cas, alors qu'elle n'a joué aucun rôle dans l'élaboration de la théorie de Newton. À l'origine de cette théorie, il y a la *deuxième* loi de Kepler (ou loi des aires), qui implique que chaque planète accélère en s'approchant du Soleil et ralentit en s'en éloignant. Ce qui suggère que le Soleil exerce une force d'attraction sur les planètes et que cette force, d'une manière qui reste à préciser, augmente quand la distance diminue et réciproquement.

C'est la façon dont la force d'attraction dépend de la distance qui a fait l'objet des recherches de Newton, et il a trouvé la solution en rapprochant la *troisième* loi de Kepler de la formule de la force centrifuge due à son contemporain Huygens. Un bon cours de physique sur ce sujet devrait donc s'appuyer sur l'histoire des sciences et non sur la table d'expérience.

Mais pour Bachelard, l'histoire des sciences sert essentiellement à dénigrer le XVIII° siècle « préscientifique » et son engouement pour la vulgarisation – alors que la science devrait rester une affaire de spécialistes. Au XVIII° siècle, le livre de science

> partait de la nature, il s'intéressait à la vie quotidienne. C'était un livre de vulgarisation pour la connaissance vulgaire, sans l'arrière-plan spirituel qui fait parfois de nos

livres de vulgarisation des livres de haute tenue. Auteur et lecteur pensaient au même niveau[8].

À cette intolérable familiarité, notre père fouettard oppose le respect des valeurs et de la hiérarchie enfin retrouvé dans la science du XX° siècle :

> Ouvrez un livre de l'enseignement scientifique moderne : la science y est présentée en rapport avec une théorie d'ensemble. Le caractère organique y est si évident qu'il serait bien difficile de sauter des chapitres. À peine les premières pages sont-elles franchies, qu'on ne laisse plus parler le sens commun ; jamais non plus on n'écoute les questions du lecteur. *Ami lecteur* y serait assez volontiers remplacé par un avertissement sévère : fais attention, élève ! Le livre pose ses propres questions. Le livre commande[9].

Transposé à la salle de classe, ce sermon préconise de faire à la fois les réponses et les questions sans écouter celles des élèves – un type de pédagogie que la plupart des professeurs sont assez grands pour pratiquer d'eux-mêmes, sans qu'on ait besoin de le leur conseiller !

Et surtout, professeur, pas de référence au sens commun ni à la vie quotidienne ! La Terre dont tu parles n'est pas celle sur laquelle tes élèves posent leurs pieds. Les planètes et les étoiles de tes cours ne sont pas celles que nous avons au-dessus de nos têtes. Ne permets jamais à tes élèves de les regarder, d'ailleurs : ça ne peut que les induire en erreur, puisqu'en apparence c'est le ciel qui bouge et la Terre qui est immobile.

Le concept de chien aboie...

Sache donc, professeur, qu'en embrassant ton sacerdoce tu as fait *vœu d'abstraction*, comme d'autres ont fait vœu de pauvreté ou de chasteté. C'est du moins ce qu'affirme Saint

Gaston à la page 237 de son Évangile : « Le premier principe de l'éducation scientifique me paraît, dans le règne intellectuel, cet ascétisme qu'est la pensée abstraite. Seul, il peut nous conduire à dominer la connaissance expérimentale[10]. »

Car Bachelard est un adorateur de l'abstrait, auquel il voue un véritable culte : « Nous nous proposons, dans ce livre, de montrer ce destin grandiose de la pensée scientifique abstraite[11]. »

Pour lui comme pour Koyré – et comme pour leur maître à penser Platon –, les abstractions (et notamment celles des mathématiques) existent indépendamment de l'esprit humain, et le monde matériel n'en est qu'une réalisation après-coup. « Nous essaierons donc de montrer au cours de cet ouvrage ce que nous appellerons la réalisation du rationnel ou plus généralement la réalisation du mathématique[12]. »

Au commencement était donc la mathématique (et non le verbe). À l'appui de cette vision, Bachelard appelle à la rescousse la physique moderne, dans une grande envolée lyrique :

> L'étude de la microénergétique nous paraît conduire à une dématérialisation du matérialisme. Un moment viendra où nous pourrons parler d'une configuration abstraite, d'une configuration sans figure ; après avoir haussé l'imagination, instruite d'abord par les formes spatiales, jusqu'à l'hypergéométrie de l'espace-temps, nous verrons la science occupée à éliminer l'espace-temps lui-même pour atteindre la structure abstraite des groupes. On sera bien là dans le domaine de l'abstrait coordonné qui donne la primauté de la relation sur l'être[13].

En opposition à cette idolâtrie de l'abstraction, on a longtemps attribué à Spinoza la phrase « Le concept de chien n'aboie pas ». Mais à en croire Wikipédia, le philosophe hollandais n'aurait jamais prononcé ni écrit cette fameuse phrase, bien que des passages de son *Éthique* aillent dans ce sens.

Avec les progrès de la science et grâce aux travaux de Gaston Bachelard, il nous faut de toute façon réviser notre opinion sur le sujet. C'est désormais prouvé scientifiquement, le concept de chien aboie.

... et le concept de caravane passe

Que la simple observation et l'expérience ordinaire ne suffisent pas pour élaborer une science, c'est une évidence que nul ne conteste, et il n'était pas nécessaire de noircir des centaines de pages pour enfoncer cette porte ouverte. Mais que l'observation et l'expérience, même ordinaires, ne jouent aucun rôle dans le progrès de l'esprit scientifique, voire qu'ils en constituent un obstacle, c'est à la fois une contre-vérité et l'expression d'un préjugé social. Un préjugé hérité de Platon d'ailleurs, au même titre que sa philosophie qui n'en est que l'expression intellectuelle.

La prééminence du monde des idées sur le monde matériel n'est que l'image que se faisait d'elle-même la classe sociale à laquelle Platon appartenait – ces propriétaires oisifs qui passaient leur temps à pérorer sur l'Agora pendant que des esclaves cultivaient leurs champs, que des artisans métèques confectionnaient leurs vêtements et que des commerçants phéniciens assuraient le ravitaillement de la cité.

Même si le cadre de vie et les relations économiques ont changé depuis Platon, c'est le même mépris du « commun » que traduit la hargne de Bachelard contre l'utilitarisme, le substantialisme, le matérialisme et d'autres « isme » que j'ai dû oublier, ou encore son dénigrement de l'expérience « commune » :

> Une expérience scientifique est alors une expérience qui contredit l'expérience commune. D'ailleurs, l'expérience

immédiate et usuelle garde toujours une sorte de caractère tautologique, elle se développe dans le règne des mots et des définitions ; elle manque précisément de cette perspective d'erreurs rectifiées qui caractérise, à notre avis, la pensée scientifique. L'expérience commune n'est pas vraiment composée ; tout au plus elle est faite d'observations juxtaposées[14].

Pour Bachelard, la pensée abstraite n'existe que dans les milieux universitaires, les autres n'ayant que des préoccupations immédiates et de bas étage. Mais sa pensé à lui ne vole pas plus haut, elle s'en tient à des catégories figées, « abstrait », « concret », en opposition binaire, comme si ce qui est abstrait n'était pas toujours abstrait *de quelque chose*.

L'idée abstraite de cercle ne préexiste pas à toute expérience dans notre esprit, elle y prend naissance à partir d'exemples concrets tels que la Lune ou le Soleil, le contour d'une assiette ou la roue d'une bicyclette. Elle devient abstraite à partir du moment où nous faisons *abstraction* de l'origine concrète pour consacrer notre attention sur la forme géométrique.

L'idée abstraite du fil à couper le beurre

En vérité, toute pensée humaine est abstraite, car la réalité est trop complexe pour que nous puissions l'appréhender dans sa totalité. Même dans nos pensées les plus terre-à-terre, nous raisonnons toujours sur un modèle simplifié de la réalité, et non sur la réalité elle-même. Ensuite, l'abstraction procède par degrés : on peut faire abstraction de plus ou moins de détails par rapport à la situation concrète.

Le langage lui-même est par nature une forme d'abstraction, en établissant une correspondance artificielle entre des sons et des objets. Mais là aussi l'abstraction peut être poussée plus ou moins loin. Le mot « poire » est abstrait dans la mesure où il fait abstraction de la variété de la poire (Conférence, William, Comice), de sa couleur, de sa grosseur, de sa maturité. Mais le mot « fruit », à son tour, est plus abstrait que « poire ». Certaines langues n'ont d'ailleurs pas ce degré d'abstraction. D'après Bill Bryson, en 1990, « Les aborigènes de Tasmanie ont un mot pour chaque type d'arbre, mais aucun mot pour signifier simplement « arbre »[15]. »

Il en va de même en ce qui concerne la numération. Certaines peuplades utilisaient il y a un siècle encore des mots différents pour dénombrer des objets plats, des objets ronds, des animaux ou des êtres humains : chez eux, la notion abstraite de nombre n'avait pas encore été isolée de son contexte. Cette étape une fois franchie, avec les nombres entiers, on reste proche du concret malgré tout ; on s'en éloigne progressivement avec les fractions, les irrationnels, les nombres négatifs et les nombres complexes.

La vie économique aussi a ses formes d'abstraction. L'argent est une forme abstraite de la richesse, comparé à la possession de valeurs d'usage (maisons, vêtements, bijoux, terres, etc.). La monnaie de papier est à son tour une abstraction par rapport aux espèces sonnantes et trébuchantes qu'elle est censée représenter, et la monnaie électronique a poussé cette abstraction encore un peu plus loin.

En bref, nous faisons constamment de l'abstraction sans nous en rendre compte, comme monsieur Jourdain faisait de la prose sans le savoir. La seule différence est qu'il n'y a pas de degrés dans la prose, alors qu'il y en a dans l'abstraction.

Mais ce n'est pas ainsi que Bachelard le philosophe conçoit la notion d'abstrait. L'abstrait est pour lui une catégorie en soi, existant indépendamment de l'esprit humain ; et un raisonnement est abstrait quand il a coupé les ponts avec la vie quotidienne, l'expérience commune, l'observation primaire et les autres abominations du même genre.

Il est vrai que Bachelard le psy laisse parfois entendre un autre son de cloche : « On en arriverait volontiers à cette doctrine qu'il faut soigner sottement les sots et que l'inconscient a besoin d'être déchargé par des procédés grossièrement matérialistes, grossièrement concrets[16]. »

Des procédés grossièrement matérialistes, grossièrement concrets, voilà donc ce qui vous attend sur le canapé de ce psychanalyste-là. Voire plus si affinités.

10. La formule qui cache la forêt

> *Les mathématiques sont devenues, pour les philosophes d'à présent, toute la philosophie, bien qu'on dise qu'on ne devrait les utiliser qu'en vue du reste.*   Aristote[1]

Ces dernières décennies, on a entendu beaucoup de critiques contre la place excessive des mathématiques dans l'enseignement scientifique, comme un écho des griefs d'Aristote vingt-quatre siècles plus tôt. Ce n'est pas qu'une question de « place » au demeurant ; c'est qu'il s'est instauré une véritable hiérarchie des disciplines scientifiques, sciences « dures » contre sciences « molles », en fonction de leur plus ou moins grande mathématisation, avec les mathématiques elles-mêmes trônant au sommet. Certains sont même allés jusqu'à parler d'« impérialisme » des maths.

Mais les questions de rivalité entre disciplines ne sont que le petit bout de la lorgnette dans cette affaire. Le côté le plus néfaste est que toutes les sciences ont fini par s'imprégner de l'esprit axiomatique qu'ont pris les mathématiques depuis la fin du XIX° siècle. « Il n'est pas rare que l'enseignement de la physique elle-même prenne une allure « axiomatique » et « déductive » qui risque de donner une idée fausse de ce qu'est la recherche effective dans les sciences de la nature », écrivait Pierre Thuillier en 1983[2].

Or, une science enseignée sous forme axiomatique sera fatalement perçue par les élèves comme une collection de formules à apprendre pour passer ses examens. La formule est tout, le phénomène qu'elle décrit n'ayant aucune importance en lui-même. N'en déplaise à Bachelard, c'est le plus sûr moyen de tuer l'esprit scientifique... au nom de la science.

De la force vive à l'énergie cinétique

Prenez la formule de l'énergie cinétique par exemple : $E_c = \frac{1}{2}mv^2$ (m désignant la masse et v la vitesse). Dans la plupart des cours de physique, cette égalité est présentée comme une définition. Une définition, ça ne se discute pas. C'est comme ça parce que c'est comme ça. Ça dispense le professeur de s'appesantir sur des futilités, comme par exemple : quand cette notion d'énergie cinétique est-elle apparue, et à partir de quels problèmes ? Ça lui épargne des explications superflues sur la signification de chaque élément de la formule : pourquoi m ? Pourquoi v^2 plutôt que v tout court ? Et pourquoi ce facteur $\frac{1}{2}$?

C'est Leibnitz, semble-t-il, qui a le premier mis l'accent sur la quantité mv^2 (sans le facteur $\frac{1}{2}$). Il a baptisé cette quantité *force vive*. À l'encontre de Descartes, il affirmait que c'est cette force vive qui se conserve (dans les chocs entre deux mobiles par exemple), et non la « quantité de mouvement » mv. En quoi il avait tort d'ailleurs : en l'absence de forces extérieures, c'est la quantité de mouvement d'un système qui se conserve ; lors d'un choc élastique, l'énergie cinétique se conserve également, mais ce n'est pas le cas dans les chocs inélastiques.

Mais l'intérêt de l'énergie cinétique se manifeste surtout *en présence* de forces extérieures. Lorsqu'on lâche un objet d'une certaine hauteur, ce corps acquiert progressivement de la vitesse sous l'action de la pesanteur. On a cru longtemps, à la suite d'Aristote, que la vitesse acquise était proportionnelle à la distance parcourue verticalement. Par ses expériences sur la chute des corps, Galilée a montré qu'il n'en était rien. Un corps qui tombe de 9 fois plus haut n'aura en arrivant au sol qu'une vitesse 3 fois plus grande. C'est le carré de la vitesse acquise qui est proportionnel à la distance parcourue, la vitesse acquise étant donc proportionnelle *à la racine carrée* de cette distance.

Trois quarts de siècle après Galilée, Newton a montré que cette propriété caractérisait en fait tous les mouvements uniformément accélérés. En appelant g l'accélération due à la pesanteur, la vitesse au sol v d'un objet lâché à la hauteur h est telle que $v^2 = 2gh$. La force vive mv^2 de Leibnitz est donc égale à $2mgh$. Mais mg, c'est le produit de la masse par l'accélération, et Newton a établi que ce produit est égal à la force qui engendre cette accélération : si m est la masse de l'objet, mg est son poids ; et mgh est le produit de la force par le déplacement : c'est le *travail* de la force, comme l'ont défini les physiciens. La force vive est donc le double de ce travail... et c'est pourquoi on a préféré la diviser par deux pour obtenir l'énergie cinétique, c'est-à-dire l'énergie de la vitesse acquise.

Présenter les choses de cette manière ne métamorphosera pas les cancres de la classe en futurs prix Nobel. Mais on peut espérer que cela changera, pour une partie des élèves au moins, leur rapport avec la science. Derrière la formule, ils verront des objets en train de tomber d'une hauteur h ou en train de rouler sur un plan incliné. La formule doit exprimer un phénomène, non le remplacer.

Sous les pavés... des pavés !

« Il semble qu'une tendance actuelle vise à « dé-mathématiser » l'enseignement de la physique dans les classes de lycée afin d'évoluer vers une démarche qui serait plus intuitive. » C'est ce qu'affirme Isabelle Desit-Ricard dans une *Histoire des sciences* parue en 2009[3].

La tendance est toute relative en vérité. Comme en maths, les livres de physique du lycée font désormais précéder chaque leçon du cours par une introduction expérimentale... qui n'empêche pas le cours lui-même de rester axiomatique (et souvent sans lien réel avec l'introduction). Les formules mathématiques continuent à recouvrir la réalité plus qu'à la faire comprendre.

L'énergie cinétique dans un livre de physique de Première S (*Physique Chimie 1re S* – 2011, éditions Belin – chapitre 12 « La conservation de l'énergie »)

Dans la partie « Cours », on introduit d'abord la notion d'énergie :
« L'énergie est une grandeur caractérisant la capacité d'un système à modifier son état, sa position ou son mouvement »,
puis celle d'énergie cinétique :
« Un mobile possède de l'énergie du simple fait de son mouvement. Cette énergie est appelée énergie cinétique. »
Suit la définition de cette énergie cinétique pour un point matériel :
« L'énergie cinétique E_c d'un point matériel de masse m et de vitesse v est toujours positive. Elle a pour expression : $E_c = \frac{1}{2}mv^2$. »
Aucune indication n'est donnée sur l'historique de cette notion ni sur les phénomènes qui en sont à l'origine.
Dans la partie « Activité » précédant le cours et servant d'introduction au chapitre, l'énergie cinétique est présentée en relation avec la distance de freinage des automobiles. À partir de trois vitesses (50, 90 et 130 km/h) et des distances de freinages

> correspondantes, on fait constater aux élèves que ces distances sont proportionnelles au carré de la vitesse... et de là on passe allègrement à $E_c = \frac{1}{2}mv^2$, comme si le lien était évident, sans la moindre explication sur la présence des facteurs m et $\frac{1}{2}$. Là non plus, aucune référence à l'histoire de la notion ni aux problèmes qui y ont conduit. Au XVII° siècle, la distance de freinage n'était pas vraiment le souci des savants...

L'enseignement secondaire n'est en fait pas seul en cause dans cet état des choses. Les articles scientifiques de Wikipédia, pourtant censés s'adresser au grand public, sont plus imbuvables encore que les manuels scolaires des classes de Première ou de Terminale. Faites vous-mêmes l'expérience : tapez « énergie cinétique » sous Google et ouvrez le lien vers Wikipédia qui vous est proposé pour ce sujet. Au bout d'une demi-page, vous êtes déjà dans un pur schéma « Définitions – Théorème – Applications », et vous baignez dans les intégrales, les Σ, les produits scalaires et vectoriels, tout cela sans la moindre explication quant aux phénomènes physiques que ces symboles mathématiques représentent.

Le tableau est le même en électricité. Prenez la loi d'Ohm par exemple, U = RI. Dans cette formule, on multiplie une résistance par une intensité pour obtenir une différence de potentiel. On n'additionne pas des choux avec des carottes, c'est bien connu, mais on multiplie des ohms par des ampères... pour obtenir des volts. Pourquoi ? Bien entendu, aucun manuel scolaire de physique ne vous dira en quoi consiste concrètement une intensité électrique, une résistance, une différence de potentiel. Vous allez donc sur Wikipédia, qui vous apprend que la différence de potentiel est $V_A - V_B = \int_A^B \vec{E} \cdot \vec{dl}$ et que l'intensité est $i = \sigma \iint_S \vec{E} \cdot \vec{dS}$. Ce qui est beaucoup plus parlant que U = RI, indéniablement !

« Sous les pavés, la plage », on se souvient de ce slogan de Mai 68. « Sous les formules, d'autres formules », tel semble être le mot d'ordre de certains rédacteurs de Wikipédia aujourd'hui. Des gens visiblement plus soucieux de purisme et d'orthodoxie que de transmettre des connaissances au grand public.

Que l'on se comprenne bien. Nul ne remet en cause l'utilité des formules en physique, pas plus que dans les autres sciences. Mais elles ne constituent pas la science à elles seules, elles n'en sont que l'aspect quantitatif.

Ne pas voir plus loin que le bout de son équation

Il y a des scientifiques de renom qui ont déjà souligné ce qu'il y avait de néfaste à réduire une science à sa formulation mathématique. C'est le cas, entre autres, de Richard Feynman, prix Nobel de physique décédé en 1988. Parlant de l'équation de Schrödinger (qui modélise le comportement des électrons dans l'atome), Feynman écrivait en 1980 :

> En résolvant cette équation, vous pouvez en effet obtenir une explication des liaisons entre atomes et de la valence chimique. Mais quand vous regardez l'équation, vous ne pouvez rien deviner de la richesse de ces phénomènes que les chimistes connaissent bien. Même chose pour les quarks qui semblent liés de façon permanente et ne pas pouvoir être obtenus à l'état libre – peut-être est-ce vrai, peut-être pas, là n'est pas la question. Le point essentiel, c'est que ça n'apparaît pas en regardant simplement les équations qui sont censées rendre compte du comportement des quarks. De même, ce n'est pas en examinant les équations qui régissent les formules moléculaires et atomiques que vous pourrez voir comment se comporte l'eau : vous n'y voyez pas la turbulence[4].

Dans un autre passage du même livre, Feynman montre qu'il a gardé intacte, tout prix Nobel qu'il est, sa capacité de s'étonner et de chercher ce qu'il y a « derrière la formule ». Dans la loi de la gravitation universelle de Newton, en effet, la force d'attraction entre deux masses est inversement proportionnelle au carré de la distance qui les sépare :

$$F = \frac{G\,mm'}{r^2}$$

(m et m' étant les masses, r la distance entre elles et G la constante de la gravitation universelle). « Inversement proportionnelle », on le comprend facilement : plus deux corps sont éloignés, moins ils s'attirent. Mais à nouveau, comme pour l'énergie cinétique avec le carré de la vitesse, pourquoi ici le carré de la distance plutôt que la distance tout court ?

Or, trois quarts de siècle après Newton, la loi de Coulomb sur l'attraction ou la répulsion électrique montrait à nouveau une force en $\frac{1}{r^2}$:

$$F = \frac{qq'}{4\pi\epsilon_0 r^2}$$

(q et q' sont les charge électriques, r la distance qui les sépare et ϵ_0 une constante physique).

Comme dit Feynman :

> Il y a quelque chose de particulièrement intéressant. La loi du carré inverse apparaît ailleurs, dans les lois de l'électricité par exemple. L'électricité aussi crée des forces inversement proportionnelles au carré de la distance, entre charges cette fois, et on peut penser que l'inverse du carré de la distance possède quelque sens profond. Personne cependant n'a réussi à faire de l'électricité et de la gravitation des aspects différents d'une même chose[5].

Personne n'a réussi cela, en effet. Mais le « sens profond » de ces lois en $\frac{1}{r^2}$ est bien connu. L'attraction (ou la répulsion) exercée par une particule chargée électriquement se propage dans toutes les directions. À une distance r de la particule, cette attraction se répartit donc sur une sphère de rayon r et de surface $4\pi r^2$. Si on multiplie la distance par 10, la surface de la sphère est multipliée par 100, donc chaque cm^2 reçoit une partie 100 fois moindre de l'action de la particule que sur la sphère de rayon r. Le même raisonnement vaut pour l'attraction exercée entre deux masses, ou pour la puissance reçue d'un signal émis à une distance r. C'est la raison pour laquelle les forces qui se propagent dans toutes les directions décroissent proportionnellement au carré de la distance parcourue.

En maths aussi, la formule peut cacher la forêt

De tout ce qui précède, Feynman tire la conclusion que les maths sont les maths et que la physique est la physique :

> La physique n'est pas les mathématiques, les mathématiques ne sont pas la physique. L'une aide l'autre. Mais en physique vous devez comprendre le lien entre les mots et le monde réel. Ce que vous avez obtenu, vous devez à la fin le traduire en français, en réel, en appareils de cuivre et de verre avec lesquels vous allez faire les expériences. Ce n'est que comme ça que vous pourrez vérifier vos résultats. Et ce problème n'est pas du tout un problème mathématique[6].

Mais qui a dit qu'en mathématiques, on ne doit pas « comprendre le lien entre les mots et le monde réel » ? C'est peut-être l'image qu'on se fait de cette discipline aujourd'hui, mais cela n'a pas toujours été le cas. Les créateurs du calcul infinitésimal, au XVII° siècle, voyaient parfaitement le lien entre ces nouvelles formes de calcul et le mouvement des planètes, la trajectoire des projectiles, la forme des lentilles dans les appareils optiques. Les inventeurs du calcul des probabilités, à la même époque, avaient en tête les gains escomptés dans les jeux de hasard, ou les prévisions des compagnies d'assurance qui commençaient alors à se développer.

En mathématiques aussi, il faut toujours se demander ce qui se cache derrière une formule. C'est la seule façon d'éviter de regrettables malentendus.

À la page 82 de sa *Brève histoire des mathématiques*, David Berlinski est ainsi victime d'une apparition semblable à celle qui toucha jadis Bernadette Soubirous dans la grotte de Lourdes.

> Une relation éblouissante entre les fonctions exponentielles et trigonométriques émerge dans la lumière colorée, car [...] $e^{iy} = \cos y + i \sin y$. C'est la fameuse formule d'Euler[7].

À première vue, cette « fameuse » formule n'a rien qui puisse vous mettre dans un tel état. Mais cette exponentielle complexe plonge Berlinski dans une véritable extase :

> Quels trésors de perspicacité révèle cette formule, quelle délicatesse et quelle précision de raisonnement elle présente ! [...] Elle dévoile le lien profond et insoupçonné qui unit les fonctions exponentielles et trigonométriques ; avec la formule d'Euler, la distinction même entre ces fonctions devient aussi évanescente qu'un mirage dans le désert[8].

Ce mirage une fois dissipé, le « lien profond » entre les fonctions exponentielles et trigonométriques réside en ce que les deux sont des outils créés par l'homme. Quant à l'introduction d'un nombre imaginaire comme exposant d'une puissance, elle est l'aboutissement d'une évolution remontant aux mathématiques de l'Antiquité.

Les mathématiciens grecs n'élevaient un nombre qu'à la puissance 2 ou 3. À la puissance 2, c'était l'aire d'un carré géométrique ; à la puissance 3, c'était le volume d'un cube. Au-delà de 3, ça n'avait plus de signification géométrique, c'était donc sans intérêt.

C'est chez les Arabes, avec le développement de l'algèbre, que la notion de puissance s'est détachée de ce cadre géométrique, et qu'on a vu dans les équations des exposants supérieurs à 3.

Les puissances à exposant négatif, elles, comme 10^{-2} pour représenter $\frac{1}{10^2}$, apparaissent chez Bombelli à la fin du XVI° siècle.

Les exposants fractionnaires, comme $5^{\frac{1}{2}}$ pour représenter $\sqrt{5}$, sont plus anciens, on les trouve chez Nicole Oresme au XIV° siècle.

L'écriture x^a, où **a** est un nombre réel quelconque, positif ou négatif, rationnel ou irrationnel, date du XVII° siècle.

Au XVIII° siècle, Leonhard Euler l'étendra aux exposants complexes, avec la convention :

$e^{ix} = \cos x + i \sin x$ (où i désigne $\sqrt{-1}$).

(Cf Annexe 10 « L'origine de l'exponentielle complexe »).

Chaque extension de la notion de puissance représentait donc une convention : un mathématicien *décidait* d'écrire 10^{-2} pour $\frac{1}{10^2}$, ou $5^{\frac{1}{2}}$ pour $\sqrt{5}$, et cette nouvelle écriture était adoptée par les autres au bout de quelques décennies... ou de quelques siècles !

Dans tout cela, on ne voit guère de relation éblouissante émergeant dans la lumière colorée. Tout au plus l'esprit humain tentant « de se regarder en train de se regarder lui-même et ainsi de suite indéfiniment »...

11. Une science bien élevée et bien propre sur elle

> À côté de l'histoire de ce qui fut, ralentie et hésitante, on doit écrire une histoire de ce qui aurait dû être, rapide et péremptoire. Cette histoire normalisée, elle est à peine inexacte. Elle est fausse socialement, dans la poussée effective de la science populaire qui réalise, comme nous avons essayé de le montrer au cours de cet ouvrage, toutes les erreurs. Elle est vraie par la lignée des génies, dans les douces sollicitations de la vérité objective.
> Gaston Bachelard[1]

Le peuple n'est pas chez Bachelard l'objet d'une sympathie excessive, on l'aura remarqué ; mais ses sentiments envers la science ne relèvent pas non plus du grand amour. Comme le montrent les lignes ci-dessus, la science dont il est l'adorateur est un fantasme, une science mythique, la science « qui aurait dû être », et non celle qui s'est construite prosaïquement tout au long de l'histoire humaine.

Quant à l'« histoire normalisée » qu'il appelle de ses vœux, point n'est besoin de l'écrire – c'est celle qu'on nous a toujours présentée : l'œuvre individuelle de « génies », la « vérité objective » qui n'a pu s'imposer qu'aux dépends de la science populaire, laquelle n'est qu'une accumulation d'erreurs, etc.

Pour Bachelard, on l'a vu, la science est synonyme d'abstraction et de mise en équation. Mais une telle définition limite de fait la science aux mathématiques et à la physique – et encore, seulement à partir du XVII° siècle pour cette dernière. Ce qui va dans le sens d'un préjugé répandu, selon lequel le prestige d'une science serait proportionnel à son degré de mathématisation.

Il n'y a pas de raison d'adhérer à ce point de vue réducteur. Les maths et la physique ne sont pas habilitées à parler au nom de *toute* la science. La médecine, la chimie, la biologie, la géologie ne sont pas moins « nobles », et surtout ne sont pas moins importantes pour l'avenir de l'humanité.

L'obstacle épistémologique des médecins de Molière

Or les vues de Bachelard, comme celles d'Alexandre Koyré, apparaissent moins fondées encore lorsqu'on passe des sciences physiques aux sciences de la vie et de la Terre. Qui oserait prétendre que l'observation est un obstacle aux progrès de la médecine, ou que l'expérience n'y a joué qu'un rôle secondaire ? Tous les historiens des sciences le soulignent, c'est le *manque* d'observations et d'expériences qui a longtemps freiné l'essor de la médecine en Occident (la médecine officielle du moins).

Au Moyen Âge, en Europe, la formation des médecins était purement livresque, purement théorique : les dissections de cadavres étaient prohibées par l'Église, et les étudiants en médecine ne faisaient presque pas d'observations cliniques. Il y avait par contre, dans les universités, d'interminables controverses (en latin) sur les mérites respectifs d'Hippocrate, de Galien et d'Aristote dans la description de telle ou telle pathologie – sans jamais rien vérifier dans la pratique. Cette médecine-là n'a pas accompli le moindre progrès, non seulement au Moyen Âge, mais jusqu'aux temps modernes – Molière ne me contredira pas !

Jusqu'au XV° siècle inclus, c'est dans le monde arabo-musulman que la médecine a progressé, avec des savants comme Rhazes, Avicenne, Avenzoar, Al Biruni, Averroès. Ces médecins-là pratiquaient non seulement des dissections sur les morts, mais la chirurgie sur les vivants, à l'encontre de l'Europe chrétienne où médecins et chirurgiens constituaient deux corporations non seulement distinctes, mais en guerre l'une contre l'autre.

Chez nous en effet, les chirurgiens d'autrefois n'étaient pas des médecins. Ils n'étaient pas formés dans les universités, ne parlaient pas le latin, ne citaient pas Hippocrate ou Galien en toute occasion – toutes choses qui leur valait un mépris hautain de la part de la caste médicale. Pire, c'étaient des travailleurs manuels, qui maniaient la scie et le scalpel et avaient les mains souillées du sang de leurs patients. Les beaux messieurs qui exerçaient la médecine n'auraient voulu pour rien au monde s'abaisser à de telles pratiques. Eux se contentaient d'ordonner saignées, sangsues, purges et autres clystères, à charge pour des subalternes de les administrer.

À la Renaissance, la chirurgie commença à être enseignée dans certaines universités, parallèlement à la médecine, et quelques chirurgiens de l'époque ont laissé leur nom dans l'histoire, comme Vésale ou Ambroise Paré. Mais la majorité des chirurgiens restaient de petites gens, barbiers de leur état pour la plupart, la chirurgie n'étant donc pour eux qu'une occupation annexe. Il n'empêche que les connaissances en anatomie et même en pathologie de ces barbiers-chirurgiens étaient souvent bien meilleures que celles des médecins attitrés.

On peut en dire autant des accoucheuses de village, ancêtres de nos sages-femmes, et des guérisseuses avec leurs « remèdes de bonnes femmes » tant décriés. Le philosophe anglais Thomas Hobbes pouvait écrire au milieu du XVII° siècle : « Je préfère suivre les conseils ou prendre les remèdes d'une bonne femme d'expérience, qui est allée au chevet de nombreux malades, que ceux du médecin le plus instruit, mais inexpérimenté[2]. »

Un obstacle nommé Aristote

Hobbes écrivait pourtant ces lignes en un temps où la médecine venait de faire un pas décisif avec la découverte de la double circulation du sang, attribuée à son compatriote William Harvey. Mais là encore, l'histoire de cette découverte (telle qu'elle s'est réellement produite et non telle qu'elle « aurait dû être ») met à mal les thèses de Bachelard, tant sur l'« obstacle épistémologique » que sur le rôle des génies dans la découverte scientifique.

Car si Harvey est celui qui a réussi à faire admettre – non sans mal – la double circulation aux sommités médicales de son époque, le principe de la « petite circulation » entre le cœur et les poumons avait déjà été décrit au siècle précédent par l'Espagnol Michel Servet, et avant lui, dès le XIII° siècle, par le médecin arabe Ibn Al Nafis. (La « grande circulation » entre le cœur et le reste du corps était connue, elle, depuis la nuit des temps). Il est vraisemblable, bien que ce ne soit pas irréfutablement établi, que cette théorie se soit transmise par divers canaux d'un auteur à l'autre en passant par des intermédiaires qui n'ont pas laissé de trace.

Chez les uns comme chez les autres, en tout cas, ce n'est pas par un effort d'abstraction ou par la recherche d'une formule que ces savants sont parvenus à ce résultat, mais par l'observation et l'expérience, en examinant le sang en entrée et en sortie du cœur, en comptant les pulsations cardiaques, en mesurant les quantités de sang brassées ou en observant les effets d'un garrot sur la qualité du sang parvenant au cœur.

Et ce n'est nullement contre les préjugés populaires que cette théorie a dû livrer bataille pour s'imposer, mais contre la science officielle, tout imprégnée de la doctrine d'Aristote et n'admettant pas la moindre remise en cause de la pensée du maître. Ainsi Harvey, dont la découverte fut publiée en 1628, a rencontré une vive résistance dans les milieux médicaux, et la double circulation était encore contestée cinquante ans plus tard. C'est qu'Aristote ne parlait que d'une seule circulation du sang – et Aristote ne pouvait pas avoir tort.

La même vénération envers Aristote se rencontre dans d'autres sciences, où elle a joué un rôle tout aussi néfaste. En astronomie, c'est la physique d'Aristote qui a été opposée au mouvement de la Terre dans les décennies qui ont suivi la publication du livre de Copernic. D'après cette physique, il n'y a pas de mouvement sans moteur. Le mouvement de la Terre implique donc un moteur, et un objet qu'on laisserait tomber du haut de la tour de Pise, séparé du moteur de la Terre, ne devrait pas tomber à la verticale de son point de départ mais loin en arrière, puisque la Terre s'est déplacée pendant sa chute.

En chimie, c'est l'hostilité d'Aristote à la théorie atomiste qui a fait barrage pendant vingt siècles et entravé les progrès de cette science jusqu'à Lavoisier et Dalton. À la place des atomes de Démocrite, c'est la théorie des *quatre éléments* (Terre, Eau, Air, Feu) qui est devenue le principe universel, une théorie qu'Aristote a empruntée à son prédécesseur Empédocle, en l'enrichissant de quatre qualités (froid, chaud, sec, humide). Les propriétés d'un corps étaient censées s'expliquer par la proportion des éléments et des qualités entrant dans sa composition. Comme rien de tout cela n'est mesurable, on pouvait discuter à perte de vue – et on l'a fait – de la composition de chaque corps matériel, sans améliorer en rien notre compréhension de la nature qui nous entoure.

Une science sans défaut, sinon rien !

Dans l'histoire de ce qui aurait dû être, chère à Gaston Bachelard, il n'est de science que celle qui est parvenue à la *vérité objective*. Ce qui élimine assurément pas mal de monde.

Ainsi, l'astronomie d'avant Copernic n'était pas une science puisqu'elle plaçait la Terre au centre du monde, en contradiction avec la vérité objective. Mais l'astronomie de Copernic ne méritait pas davantage le nom de science, puisqu'elle s'en tenait à des orbites circulaires pour les planètes, alors que la vérité objective exige des orbites elliptiques.

La chimie d'avant Lavoisier peut tout au plus être qualifiée de préscientifique, puisque ses éléments étaient ceux d'Aristote et non l'hydrogène, l'oxygène, l'azote, le carbone et tout le tableau de Mendeleïev. Même Lavoisier n'avait encore fait que la moitié du chemin puisqu'il n'avait pas mis ses réactions sous forme d'équations ni même élaboré la notion de formule chimique, comme H_2O ou CO_2. Ce ne sera fait qu'au début du $XIX°$ siècle avec Dalton, qui de plus est le premier à avoir compris le lien entre atomes et réactions chimiques.

Mais halte-là ! Même avec Dalton, ce n'est pas encore la vérité objective, ses formules étant fausses pour la plupart, de même que ses masses atomiques. S'il avait bien trouvé CO_2 pour le dioxyde de carbone, il s'était fourvoyé avec HO pour l'eau, NH pour l'ammoniac et SO_2 pour l'acide sulfurique, au lieu de H_2O, NH_3 et H_2SO_4 respectivement. Recalé, monsieur Dalton, votre chimie n'est pas encore une science.

Les choses ne se présentent pas mieux en biologie, où l'histoire de la notion de gène n'est qu'une série de tâtonnements et de théories finalement rejetées (plasma germinatif, biophores, pangermes)[3]. Avant d'en arriver là, préformationnistes et épigénéticiens s'étaient déjà opposés aux XVIII° et XIX° siècles, les uns soutenant que le futur être vivant est déjà entièrement formé en miniature dans l'œuf initial, les autres affirmant que ce dernier ne contient que de la matière informe – deux positions également erronées à la lumière de nos connaissances actuelles.

La découverte au XVII° siècle de l'ovule chez les mammifères n'était elle-même que le résultat d'une méprise : ce que le médecin néerlandais Reinier de Graaf a détecté chez une femelle lapin était une protubérance (qui porte désormais son nom). L'ovule est bien contenu dans ce follicule, mais il est beaucoup plus petit, et il ne sera vraiment observé qu'au XIX° siècle.

Dans toutes ces disciplines, la science semble donc n'avoir progressé qu'à travers une succession d'erreurs. Mais je m'égare, voilà que je vous parle de l'histoire de ce qui fut, et non de ce qui aurait dû être...

Le monde d'en haut et le monde d'en bas

L'histoire de la physique échappe partiellement à cette règle : elle ne se présente pas comme une succession d'erreurs, pour la bonne raison qu'une grande partie des erreurs s'y trouvaient dès le départ.

C'est l'un des livres d'Aristote qui portait ce titre, *Physique*, ce qui en grec signifiait « connaissance de la nature ». Mais comme les questions relatives à la biologie et à la zoologie sont abordées dans d'autres parties de son œuvre, le terme a pris son sens actuel, « étude de la matière et du mouvement ». Sur ces deux sujets, Aristote balaie à peu près toutes les questions qu'on pouvait se poser à son époque et tente d'y apporter des réponses.

Or, de ces réponses, rien ne subsiste dans la science contemporaine. Elles ont toutes été rejetées entre le XVII° et le XIX° siècle (après avoir été unanimement acceptées par les savants des vingt siècles précédents). Aux yeux de la physique moderne, le jugement est sans appel : Aristote s'est trompé sur tout.

On dira qu'il ne pouvait en être autrement au IV° siècle avant J.C. Mais ce n'est vrai qu'en partie. Les limitations d'Aristote étaient celles de son temps, bien sûr ; mais c'étaient aussi celles de ses choix idéologiques.

On sait qu'après avoir été l'élève de Platon dans son Académie, Aristote avait pris ses distances avec son maître et fondé sa propre école, le Lycée. Il rejetait l'intégrisme idéaliste de Platon, son dédain pour le monde sensible, son adoration des mathématiques pures au détriment des sciences de la nature. Mais ce rejet n'était que partiel. En même temps, Aristote s'opposait à la philosophie matérialiste de Démocrite et à ses atomes.

La philosophie d'Aristote se veut une voie moyenne entre les deux... mais elle penche davantage vers Platon que vers Démocrite. Tant qu'il nous parle des plantes ou des animaux, Aristote est un naturaliste qui s'appuie sur l'observation (celle des autres autant sinon plus que la sienne). Lorsqu'il aborde la physique en revanche, ce ne sont plus que des considérations de logique pure sans lien avec l'expérience – et encore moins avec l'expérimentation, notion qui lui est totalement étrangère.

Ce que nous décrit la physique d'Aristote est finalement le reflet de la société grecque d'alors, bien plus que des structures de la matière ou des lois de la mécanique. L'univers d'Aristote est hiérarchisé : il y a le monde d'en bas, *sublunaire* (pour reprendre son expression), un monde imparfait et chaotique, le monde de la génération et de la corruption ; et le monde d'en haut, *supralunaire*, éternel, celui des figures géométriques parfaites, rempli d'une matière subtile, l'éther.

Les lois de la mécanique diffèrent radicalement entre ces deux mondes-là. Au monde céleste, le mouvement circulaire uniforme, symbole de la perfection ; au monde sublunaire, le mouvement irrégulier des corps pour gagner leur *lieu naturel*. Car les corps physiques ont un lieu naturel, comme les individus ont une *condition* dans la société : de même qu'il y a des esclaves et des citoyens libres, il y a des corps lourds, dont le lieu naturel est le centre de la Terre, et des corps légers qui sont faits pour monter vers le ciel. Dans la théorie des quatre éléments, les corps lourds sont constitués majoritairement de terre et d'eau, les corps légers d'air et de feu.

Quant à l'affirmation selon laquelle il n'y aurait pas de mouvement sans moteur, c'est une transposition à la physique de ce qu'on pouvait voir dans les rues d'Athènes : un véhicule ne se déplaçait alors que poussé par un esclave ou tiré par un animal. La distinction entre les deux ne s'imposant pas, du reste, d'après Aristote lui-même :

> Il y a peu de différence entre se servir d'esclaves et se servir d'animaux domestiques : les deux fournissent la main d'œuvre pour faire les choses nécessaires[4].

On efface tout et on repart sur de bonnes bases

La remise en cause de la physique d'Aristote est traditionnellement associée à la personne de Galilée, qui a effectivement joué un rôle majeur dans cette révolution. Il est le seul qui ait contesté le philosophe grec explicitement et ouvertement, notamment dans ses deux ouvrages les plus connus : le *Dialogue sur les deux grands systèmes du monde* (1631) et les *Discours concernant deux sciences nouvelles* (1638). Qui plus est, pour toucher un public plus large, les livres de Galilée ont été édités en italien, et non en latin comme c'était la règle à l'époque pour ce type de publications. Mais le remplacement du système aristotélicien par la physique moderne s'est étalé sur trois siècles et il est l'œuvre d'un grand nombre de savants, entre autres Kepler, Descartes, Newton, Lavoisier et Dalton.

La première contestation implicite d'Aristote remonte d'ailleurs au III° siècle avant J.C. : c'est le système héliocentrique de l'astronome grec Aristarque, repris et perfectionné dix-huit siècles plus tard par Copernic.

À la suite de Copernic, le premier coup grave contre Aristote est venu en 1609, avec la publication par Kepler de ses deux premières lois : bien qu'elles appartiennent au monde supralunaire, les planètes ont des mouvements qui ne sont ni circulaires, ni à vitesse constante.

L'année suivante, avec sa lunette, Galilée découvrait le relief lunaire, les phases de Vénus et quatre satellites de Jupiter. La Lune, objet céleste, n'était donc pas une sphère parfaite. Les phases de Vénus prouvaient que cette planète tourne autour du Soleil et non de la Terre ; les satellites de Jupiter montraient d'autres astres qui ne tournent pas autour de la Terre : rien de tout cela n'était compatible avec la doctrine d'Aristote.

Sur la Terre elle-même, les heures d'Aristote étaient comptées. Par ses expériences, Galilée démontrait que la chute des corps s'effectuait tout autrement que ne le décrivait le philosophe d'Athènes. Il montrait aussi qu'un mouvement en ligne droite n'a pas besoin de moteur, qu'il s'entretient lui-même tant qu'une force opposée (frottement, résistance de l'air) n'intervient pas pour le freiner.

Le coup fatal fut porté par Newton, qui abolit à tout jamais l'opposition entre le monde céleste et le monde terrestre en montrant que les *mêmes* forces étaient responsables de la chute des corps sur Terre et du mouvement des planètes dans l'espace.

En chimie, la découverte de l'hydrogène par Cavendish, puis celle de l'oxygène par Priestley, et à leur suite les travaux de Lavoisier, ont définitivement détrôné la théorie des quatre éléments dès la fin du XVIII° siècle. Pour les atomes, ce sera plus long, malgré Dalton : il faudra attendre le début du XX° siècle pour que leur réalité ne fasse plus débat parmi les scientifiques.

On peut aussi se tromper sans Aristote

Avoir rejeté les erreurs d'Aristote ne garantissait pas pour autant la justesse de toutes les théories à venir. On a vu Galilée lui-même attribuer les marées au mouvement de la Terre et interpréter les comètes comme des exhalaisons terrestres. Quelques années plus tard, Descartes voyait l'univers peuplé de tourbillons dont la réalité n'a pas été observée par la suite :

> L'Univers tout entier ne peut être qu'une juxtaposition de matières différentes, dont la finesse est extrêmement variable mais dont la nature reste, au fond, identique. L'engrenage de ces différentes matières subtiles les unes dans les autres se réalise par des procédés tourbillonnaires et produit tous les phénomènes physiques[5].

À son tour, le chimiste allemand Stahl élabore une théorie de l'élément feu, considéré comme une forme de la matière et baptisé *phlogiston*. Selon lui, toute matière combustible contient de ce phlogiston, qui s'échappe lorsqu'elle brûle. Cette théorie phlogistique est adoptée par la majorité des chimistes du XVIII° siècle. Au point que le gaz découvert en 1774 par le Britannique Priestley est baptisé « air déphlogistiqué » dans un premier temps, avant d'être renommé « air vital » puis finalement « oxygène » par Lavoisier. Ce dernier terme étant tout aussi erroné, du reste, puisqu'il signifie littéralement « générateur d'acide » : Lavoisier pensait que tous les acides contiennent de l'oxygène – même les plus grands savants peuvent se tromper.

Au XVIII° siècle toujours, le Suisse Euler écrit à propos de la lumière :

> La lumière n'est autre chose qu'une agitation ou ébranlement entre particules de l'éther. Elle se propage beaucoup plus vite que le son parce que la densité de l'éther est beaucoup plus faible que celle de l'air et son élasticité beaucoup plus grande[6].

L'existence de l'éther, héritage de la physique d'Aristote, restera admise jusqu'au début du XX° siècle.

Enfin, lorsque l'Anglais Joseph Thomson, en 1897, a découvert que l'électron était un constituant de l'atome, il a d'abord pensé que les atomes avaient une structure compacte et que les électrons y étaient enfoncés comme des raisins secs dans un pudding (on est anglais ou on ne l'est pas). Le pudding était chargé d'électricité positive, et les électrons d'électricité négative, le tout étant neutre électriquement. Il faudra attendre 1911 pour qu'un assistant de Thomson, Ernest Rutherford, parvienne à la représentation actuelle, avec un noyau positif entouré d'électrons négatifs. Et comme Rutherford était natif de Nouvelle-Zélande, cette fois il n'y avait plus de pudding, rien que du vide entre le noyau et les électrons.

Comme on le voit, à partir de Galilée, la physique et la chimie sont donc devenues des sciences comme les autres, progressant malgré leurs erreurs (ou grâce à elles ?). Pour le plus grand désespoir de Gaston Bachelard.

Pour le plus grand désespoir d'Alexandre Koyré, elles sont devenues aussi des sciences expérimentales, où les raisonnements logiques ne tournent plus dans le vide comme chez Aristote, mais s'appuient constamment sur des observations, des expérimentations, des validations... ou des invalidations. Des sciences où la modélisation mathématique ne précède pas nécessairement le principe découvert, mais bien souvent ne fait que le préciser et le formaliser après coup.

De plus, la loi définitive n'y est souvent atteinte qu'à travers des étapes intermédiaires plus ou moins rigoureuses, plus ou moins approximatives.

Ainsi, Newton a d'abord établi sa loi de la gravitation universelle $F = \dfrac{G\,mm'}{r^2}$ en assimilant l'orbite d'une planète à un cercle. Il lui a fallu pour cela combiner la formule de la force centrifuge $F = m\omega^2 r$ avec la troisième loi de Kepler qui implique que $\omega^2 = \dfrac{k}{r^3}$ (r étant le rayon du cercle, ω la vitesse angulaire de la planète, m sa masse et m' celle du Soleil). Les règles du calcul ordinaire lui ont suffi jusque-là.

Mais la première loi de Kepler, elle, affirme que l'orbite d'une planète est une ellipse et non un cercle. Comment vérifier si la loi obtenue pour un cercle reste valable avec une ellipse ? C'est pour résoudre ce délicat problème que Newton a dû faire appel au calcul des fluxions qu'il avait élaboré par ailleurs, sa forme à lui du calcul différentiel et intégral. À moins qu'il n'ait mis au point cette forme de calcul précisément pour résoudre ce problème...

Même en mathématiques, l'histoire n'est pas ce qu'elle aurait dû être

On pourrait penser que les mathématiques, elles, sont restées à l'abri de ces errements et de ce bricolage. Mais il n'en est rien, comme l'écrit le mathématicien Tobias Dantzig :

> L'homme qui n'a pas creusé la question considère les mathématiques comme établies par un Dieu infaillible et non par l'esprit de l'homme, sujet à l'erreur. L'histoire des mathématiques révèle la fausseté d'une telle notion ; elle montre que les progrès des mathématiques ont été

extrêmement désordonnés et que l'intuition y a joué un rôle prédominant[7].

Jusqu'au XVIII° siècle inclus, la plupart des théorèmes ont été découverts par induction (autrement dit par généralisation de cas particuliers) et démontrés après coup. Cet empirisme a connu son comble au XVII° siècle avec l'invention du calcul infinitésimal, comme le souligne à nouveau Dantzig :

> Les méthodes tout d'une pièce inaugurées par Kepler et Cavalieri furent poursuivies, avec seulement quelques tendances au raffinement, par Newton, Leibniz, Wallis l'inventeur du symbole de l'infini, les quatre Bernoulli, Euler, d'Alembert.[...] Leurs définitions étaient assez vagues, leurs méthodes assez peu précises, la logique de leurs arguments assez souple pour se soumettre à leur intuition ; en somme, ils avaient rompu avec toutes les lois de la rigueur et des convenances mathématiques[8].

Wallis, l'un des prédécesseurs de Newton, procédait par analogies et par généralisation à partir de cas particuliers. Au sujet de Cavalieri, l'un des pionniers du nouveau calcul, Jean-Paul Collette écrit dans son *Histoire des mathématiques* : « Le *Traité des indivisibles* de Cavalieri est verbal et pas très clair. L'auteur ne dit nulle part, dans son ouvrage, ce qu'il entend par le terme « indivisible », qui caractérise les éléments infinitésimaux employés dans sa méthode[9]. »

Chez Newton et Leibnitz eux-mêmes règne le même flou artistique. Leibnitz donne ses nouvelles règles de calcul (comme $d(xy) = xdy + ydx$, ou l'interprétation de la dérivée comme la pente de la tangente) sans explications et sans démonstration. Il utilise la notion de fonction implicitement et ne la précisera que plus de dix ans après ses premiers écrits sur les différentielles. Voici en quels termes il justifie lui-même l'emploi des infiniment petits :

> Si quelqu'un n'admet point les lignes infinies et infiniment petites à la rigueur métaphysique et comme des choses réelles, il peut s'en servir surement comme de notions

> idéales, qui abrègent le raisonnement. [...] On ne saurait établir notre calcul des Transcendantes sans employer les différences qui sont sur le point d'évanouir, en prenant tout d'un coup l'incomparablement petit, au lieu de ce qu'on peut assigner toujours plus petit à l'infini[10].

Voilà qui nous éclaire, en effet ! Mais Newton ne s'en tire pas mieux de son côté :

> J'ai préféré conduire la démonstration des choses qui suivent au moyen des dernières sommes et raisons de quantités évanouissantes et aux premières sommes et raisons de quantités naissantes ; c'est-à-dire jusqu'aux limites de ces sommes et raisons. [...] Lorsque dans la suite je considérerai des quantités comme formées de particules ou que je me servirai de petites lignes courbes comme de droites, je veux que l'on comprenne toujours par là non pas des quantités indivisibles mais des quantités divisibles évanouissantes ; non les sommes et raisons de parties déterminées mais les limites des raisons extrêmes. [...] Par « dernière raison » des quantités évanouissantes, il faut comprendre la raison qu'ont des quantités, non pas avant de s'évanouir ni après mais celle avec laquelle elles s'évanouissent[11].

Si vous ne vous êtes pas évanoui vous-mêmes à la lecture de ces lignes, sachez que Newton appelle ici *dernières raisons* ce que nous appelons des dérivées, les *dernières sommes* étant nos intégrales. Même avec cette clé de lecture, le sens profond de cette citation ne saute pas aux yeux, c'est le moins qu'on puisse dire.

Un peu de rigueur au fond de la classe !

La nécessité de mettre un peu d'ordre dans le chantier que présentaient les mathématiques était pourtant perçue par certains. Ainsi, nous dit Jean-Paul Collette,

C'est prouvé scientifiquement

> Au début du XVIII° siècle, certains mathématiciens s'interrogent sur la justification des procédés et sur les difficultés rencontrées dans le développement des principes et des méthodes du calcul différentiel et intégral. Au nombre de ces difficultés de toutes sortes, on peut souligner les plus importantes : le concept de fonction est vague et imprécis ; l'usage abondant des séries infinies sans tenir compte du concept de convergence entraîne la naissance de paradoxes et de résultats incongrus ; les diverses tentatives de représenter les fonctions au moyen de séries de puissances et en particulier à l'aide de séries trigonométriques ajoutent à la confusion déjà existante ; enfin les concepts fondamentaux de limite, de dérivée et d'intégrale doivent être redéfinis avec beaucoup plus de clarté et de précision.[12].

Le mathématicien d'Alembert (collaborateur de Diderot dans la rédaction de *L'encyclopédie*), tout en étant partie prenante dans le développement du calcul infinitésimal, en critiquait le caractère brouillon et le manque de rigueur : « Une quantité est quelque chose ou rien ; si elle est quelque chose, elle n'est pas encore évanouie ; si elle n'est rien, elle est évanouie tout à fait. C'est une chimère que la supposition d'un état moyen entre ces deux-là ».

(Cf Annexe 11 « Le manque de rigueur dans les mathématiques des XVII°-XVIII° siècles »).

Certes, comme on peut le lire dans une récente *Histoire des sciences*, tout cela « n'a pas empêché le calcul infinitésimal de devenir rapidement un outil extrêmement puissant et fécond, en mathématiques comme en physique [13]. » Et Georges Barthélémy ajoute de son côté :

> Malgré l'insuffisante solidité des bases, on avançait, on mettait des techniques au point, on les appliquait à l'étude des courbes et des surfaces ainsi qu'à la mécanique et, à travers elle, à une astronomie de plus en plus précise. On les appliquait aussi avec succès à la physique : chaleur,

électricité, optique ont pu se constituer, aux alentours de 1800, en théories mathématisées[14].

Mais cette « insuffisante solidité des bases » faisait désordre malgré tout ; et pire, elle jetait le doute sur les résultats obtenus par ces nouvelles méthodes. Un plan de rigueur s'imposait donc... à condition que le remède ne soit pas pire que le mal.

Plan de rigueur ou plan d'austérité ?

Le XIX° siècle a donc corrigé les défauts de jeunesse du calcul infinitésimal. Des définitions claires ont été données, les propriétés et les conditions d'utilisation ont été précisées. On a ainsi défini les notions de limite et de continuité, les critères de convergence des séries, les conditions dans lesquelles une fonction est dérivable ou intégrable, ou celles dans lesquelles on peut la remplacer par la limite de sa série entière (lorsque cette dernière existe).

Mais dans le même temps, la nécessaire recherche de la rigueur s'est peu à peu transformée en une croisade contre tout ce qui faisait la vitalité et la créativité des sciences aux deux siècles précédents. Il faut dire que le climat avait changé : le Siècle des Lumières était mort et enterré, l'heure était au conservatisme, y compris dans les milieux intellectuels.

Les deux savants qui ont le plus œuvré à la remise en ordre des mathématiques, le Français Cauchy et l'Allemand Gauss, étaient tous deux monarchistes et ultra-conservateurs. À la suite de la révolution de 1830 qui renversa Charles X, plutôt que de se rallier à la monarchie constitutionnelle de Louis-Philippe, Cauchy préféra s'exiler avec le roi déchu, qui lui confia l'éducation scientifique du comte de Chambord. Le mathématicien accepta, déclarant qu'il ne pouvait « mieux servir les intérêts de sa patrie qu'en dévoilant à l'héritier de

C'est prouvé scientifiquement

Louis XIV tout le secret de cette haute philosophie qui a fait briller le grand siècle d'un si vif éclat[15]. »

Gauss, de son côté, « voyait en Napoléon la personnification des dangers de la révolution. [...] Ses opinions politiques et nationalistes évoluèrent de telle sorte qu'il devint un fidèle nationaliste et royaliste. » Dans les années 1830, « son aîné quitte la demeure familiale et émigre aux États-Unis à la suite d'une querelle avec son père au sujet de la jeunesse libertine, et la nation allemande connait une période de troubles que Gauss désapprouve complètement[16]. » On notera que Gauss fut aussi l'un des derniers savants à publier ses écrits en latin.

Sur le plan mathématique, Gauss et Cauchy furent ceux qui opérèrent le tournant vers l'abstraction pure et l'axiomatique (une tendance qui fut ensuite accentuée par leurs successeurs). Tout ce qui pouvait évoquer un lien avec le monde sensible fut éliminé peu à peu, entre autres la notion de mouvement utilisée jusque-là pour décrire les variations des coordonnées x et y. Comme l'exprimait l'historien des sciences François de Gandt en 1982, le XVII° siècle avait été

> l'âge d'or de la géométrie des mouvements. Dans ce contexte se sont développés l'étude des fonctions et le calcul infinitésimal. Mais les siècles suivants s'emploieront justement à dépouiller peu à peu la notion de fonction de toute imagerie cinématique ou même géométrique, et à fonder l'analyse sur d'autres bases que l'intuition du mouvement[17].

C'est aussi ce que nous dit aujourd'hui Alain Badiou, mais dans son style à lui et pour s'en émerveiller. Prenez bien votre respiration :

> On peut dire que, pour parvenir à penser la substructure ontologique de la mécanique rationnelle [...], il fallait ouvrir un véritable continent mathématique [...]. Mais dès que ce continent prend sa forme purement mathématique, il se développe selon les lois propres de l'ontologie, lesquelles

sont axiomatiques et démonstratives, mais nullement expérimentales. L'idée « intuitive » est celle d'un mobile qui se rapproche d'un point, lequel est la limite de son mouvement. Cela devient, dans le jargon ontologique, c'est-à-dire mathématique : « Soit une suite de nombres réels S_n, n variant de 0 à l'infini. On dira que le nombre L est limite de cette suite, si, pour tout nombre réel donné ε, il existe un nombre entier n tel que l'on ait $|L-S_n| < ε$. » Cette définition fait disparaître l'intuition supposée – et initialement active – dans les eaux glacées du calcul symbolique[18].

Merci, monsieur l'ontologue, de m'avoir délivré de cette intuition qui me faisait tant souffrir !

La rigueur tu honoreras, devant l'abstraction tu te prosterneras

Ce tournant des mathématiques dans le courant du XIX° siècle a eu ses répercussions sur leur enseignement. Peu à peu, la rigueur est devenue un but en soi, objet d'un véritable culte, à côté de l'abstraction élevée au rang de divinité.

Il s'est pourtant trouvé des mathématiciens connus pour protester contre cette dérive. « L'accent mis par les modernistes sur l'axiomatique est une aberration », affirmait René Thom en 1974[19]. Maurice Fréchet, lui, recommandait en 1955 :

> Pour le Calcul des Probabilités comme pour la Géométrie, la méthode axiomatique n'est pas recommandable dans l'enseignement sauf dans les cours les plus élevés de l'enseignement supérieur. Elle risque de faire perdre contact avec la réalité, aussi bien à l'étudiant qu'à l'élève. Et il serait souhaitable que, dans l'enseignement moyen, la Géométrie fût enseignée en associant résolument, comme en Physique, les preuves expérimentales et les démonstrations logiques[20].

C'est prouvé scientifiquement

Un demi-siècle plus tôt, déjà, Henri Poincaré écrivait ces lignes marquées au coin du bon sens :

> Les débutants ne sont pas préparés à la véritable rigueur mathématique ; ils n'y verraient que de vaines et fastidieuses subtilités ; on perdrait son temps à vouloir trop tôt les rendre plus exigeants ; il faut qu'ils refassent rapidement, mais sans brûler d'étapes, le chemin qu'ont parcouru lentement les fondateurs de la science[21].

N.B. : Les « fondateurs » qu'évoque Poincaré sont ceux de la science qui fut. Ceux de la science qui aurait dû être, on peut les oublier.

TROISIÈME PARTIE

SCIENCE IMPIE

À L'USAGE DES MÉCRÉANTS

12. Mathématiques impures pour le commun des mortels

> *Les mathématiques n'existent que dans la pensée du mathématicien et non dans un monde platonicien indépendant de l'esprit humain.*
> Roger Apéry[1]

Je suis entièrement d'accord avec la deuxième partie de la phrase ci-dessus. Les mathématiques n'existent pas indépendamment de l'esprit humain, comme l'écrivait le mathématicien Roger Apéry en 1982. Dire qu'elles n'existent que dans la pensée du mathématicien me semble en revanche trop restrictif : on en trouve aussi dans la pensée de monsieur et de madame tout-le-monde.

Oh bien sûr, la plupart d'entre nous ne vivent pas dans des espaces vectoriels de dimension infinie, n'utilisent pas le calcul matriciel et ne manipulent pas les équations aux dérivées partielles. Mais ils se rappellent vaguement la propriété de l'hypoténuse, ils savent calculer le périmètre d'un cercle ou son aire intérieure, manier des pourcentages, voire résoudre une équation ordinaire du premier degré. C'est déjà bien plus que n'en connaissait le commun des mortels il y a un siècle – sans parler des siècles antérieurs, où compter sur ses doigts était le seul bagage mathématique d'une grande majorité de la population.

Et surtout, la vie moderne se déroule dans un univers rempli de chiffres, de statistiques, de graphiques, d'appareils de mesure, de fréquences et de longueurs d'onde, de vélos elliptiques et d'antennes paraboliques, de milliards d'euros et de centièmes de secondes. Les mathématiques, nous baignons dedans – même les moins matheux d'entre nous –, et notre rapport avec elles devrait s'en trouver grandement modifié.

Des maths comme dans la vraie vie

La plupart des notions mathématiques enseignées aujourd'hui au collège pourraient l'être à partir de cas concrets rencontrés dans la vie quotidienne.

Commençons par les nombres négatifs. Tous les collégiens les connaissent en fait avant même de les aborder en classe, sous deux formes au moins : les températures négatives et les étages en sous-sol dans les immeubles. Et dans les deux cas, ils savent les manipuler sans trop de problème. Quand on est au quatrième étage et qu'on descend au deuxième sous-sol, on est descendu de 6 étages ; c'est la même chose avec les températures, si on passe de 4 degrés au-dessus de zéro à 2 degrés en dessous. Donc $4 - (-2) = 6$, pour soustraire un nombre négatif, on additionne son opposé. Et alors, mais alors seulement, on peut substituer des lettres aux nombres et écrire que dans le cas général $a - (-b) = a + b$.

Un élève qui a abordé de cette manière le chapitre des nombres relatifs aura moins tendance à faire des fautes de signe dans les calculs avec des lettres. Les lettres ne seront pas pour lui des symboles mystérieux, il verra derrière elles des nombres, et derrière ces nombres des étages d'ascenseurs ou des degrés sur le thermomètre. Il ne pensera pas que cette

C'est prouvé scientifiquement

règle des signes, « c'est parce que le prof l'a dit », mais que c'est ce qui se passe dans la vraie vie.

Ce qui vaut pour les nombres relatifs vaut pareillement pour les nombres fractionnaires. Dans la vraie vie, une demi-heure + un quart d'heure = trois quarts d'heure, donc avant d'additionner deux fractions, on doit les réduire au même dénominateur ; et une demi-heure = deux quarts d'heure. $\frac{1}{2} = \frac{2}{4}$, c'est le même nombre écrit de deux façons différentes.

Mais il n'y a pas que les demi-heures et les quarts d'heure, il y a aussi les soixantièmes d'heure, que nous appelons des minutes, et les soixantièmes de soixantième, que nous appelons des secondes. 7 secondes représentent donc 7 soixantièmes de soixantième d'heure, et comme il y a 3600 secondes dans une heure, on voit par-là que $\frac{7}{60} * \frac{1}{60} = \frac{7}{3600} = \frac{7*1}{60 \times 60}$: pour multiplier deux fractions, on multiplie entre eux les numérateurs et on multiplie entre eux les dénominateurs. Ce qu'on peut ensuite, mais ensuite seulement, généraliser en l'écrivant avec des lettres. Généraliser à partir de cas particuliers est la voie normale en mathématiques. Même les plus grands mathématiciens l'ont d'ailleurs pratiquée plus souvent qu'à leur tour.

En sortant du cours de maths, les collégiens retrouveront les fractions s'ils rentrent chez eux en vélo. Si le pédalier a 48 dents et le pignon arrière 13, chaque tour de pédale entraine $\frac{48}{13}$ tours de roue, à multiplier par le périmètre de la roue pour obtenir la distance parcourue (que les cyclistes appellent le développement). Dans une montée, on diminue le développement, soit en diminuant le numérateur (en passant par exemple de 48 à 42 dents), soit en augmentant le dénominateur (de 13 à 15 dents par exemple). Dans les deux cas, on parcourt moins de mètres à chaque tour de pédales, mais on économise ses forces en contrepartie.

C'est prouvé scientifiquement

Pour calculer le périmètre de leur roue, nos collégiens ont bien entendu utilisé le nombre π. Leur professeur de mathématiques, pendant ce temps, a utilisé $\sqrt{2}$ à son insu en imprimant le prochain devoir en classe. Le format A4 des feuilles d'imprimante est en effet de 21 cm en largeur et 29,7 cm en longueur. Le quotient du deuxième nombre par le premier est de 1,4142 et des poussières, qui est une valeur approchée de $\sqrt{2}$. Et comme vous vous en doutez, ce n'est pas tout à fait par hasard que nous rencontrons ici notre vieil ami $\sqrt{2}$. Lorsque vous faites un agrandissement sur votre imprimante (ou celle de votre patron si vous avez la même mentalité que moi), vous utilisez le format A3 qui est de 42 cm sur 29,7 cm. Si vous faites le quotient $\frac{\text{longueur}}{\text{largeur}}$, vous aurez $\frac{42}{29,7}$... ce qui donne 1,4141, encore une valeur approchée de $\sqrt{2}$. L'agrandissement a les mêmes proportions que l'original, les dessins et photos ne seront donc pas déformés. Il en irait de même dans l'autre sens, dans une réduction du format A3 vers le format A4. Mais si le rapport $\frac{\text{longueur}}{\text{largeur}}$ était autre que $\sqrt{2}$, il ne serait conservé ni dans l'agrandissement, ni dans la réduction.

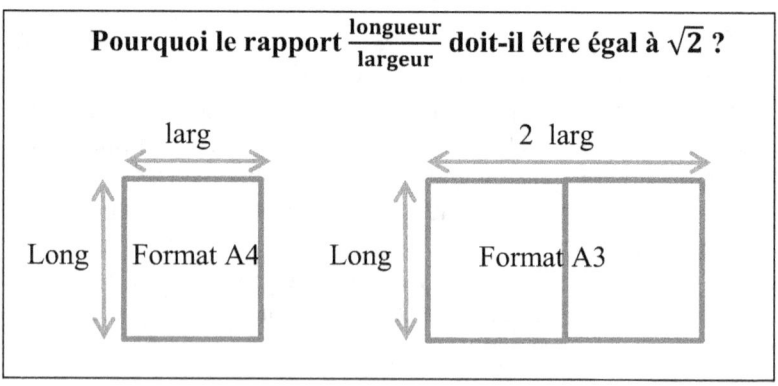

C'est prouvé scientifiquement

> En passant du format A4 au format A3, la longueur devient largeur, et la nouvelle longueur est l'ancienne largeur multipliée par 2.
> Pour que la proportion soit conservée en passant de A4 à A3, on doit donc avoir :
>
> $$\frac{\text{Long}}{\text{larg}} = \frac{2\,\text{larg}}{\text{Long}} \Leftrightarrow \frac{\text{Long}^2}{\text{larg}^2} = 2 \Leftrightarrow \frac{\text{Long}}{\text{larg}} = \sqrt{2}$$

Les équations, c'est pas sorcier

Il y a aussi les équations du premier degré à une inconnue, pour lesquels on trouve facilement des exemples dans la vie réelle. Une compagnie d'autocars applique le tarif suivant : 5 € de prise en charge + 0,2 €/km. J'ai 15 € en poche, combien de km pourrai-je faire ? (0,2 x + 5 = 15, x étant le nombre de km.) Ou encore : Je roule à la vitesse constante de 120 km/h, j'ai un trajet de 400 km à effectuer et j'ai prévu de faire une pause d'une demi-heure, combien de temps me faut-il au total ? (120 (t - 0,5) = 400, t étant le temps mesuré en heures).

On peut bien sûr présenter de tels exercices comme une application du cours. Mais on peut aussi se servir de ces problèmes pour introduire la notion d'équation, et encore une fois c'est le meilleur moyen de démystifier les mathématiques, de leur donner un visage plus humain, de montrer qu'elles ne servent pas qu'à avoir des notes au contrôle.

C'est aussi l'occasion de sensibiliser les élèves sur un point qui leur passe généralement au-dessus de la tête : à savoir que dans les problèmes mathématiques, on simplifie le plus souvent la situation par rapport à ce qui se passe réellement. Aucune compagnie d'autocars n'est prête à arrêter ses véhicules en rase campagne sous prétexte qu'un des voyageurs avait juste 15 euros en poche. Et aucun automobiliste ne roule vraiment à vitesse constante, et encore moins ne passe instantanément de 120 km/h à 0 km/h pour faire une pause. Ou alors si, mais ça risque fort d'être une pause définitive.

Ça marche aussi pour les grands

Même à un niveau plus avancé, certaines notions peuvent être présentées à partir d'exemples pris dans la vie de tous les jours. Le sinus trigonométrique nous est familier, puisqu'il figure sur des panneaux routiers. Une pente de 8 %, cela veut dire que l'on monte (ou descend) de 8 mètres quand on en parcourt 100. C'est le sinus de l'angle entre la route et l'horizontale.

La notion de fonction nous est bien connue également, ne serait-ce qu'à travers les graphiques dont les médias nous abreuvent régulièrement. La courbe du chômage représente une fonction (dont on se passerait bien), tout comme la courbe de température d'un malade dans un hôpital. Dans ces deux exemples, la variable indépendante est le temps, et on ne connaît la valeur de la fonction qu'à certains moments. Ces fonctions n'ont pas d'expression « analytique », elles sont trop irrégulières pour qu'une formule mathématique puisse décrire leur comportement. Mais ce sont des fonctions quand même.

La dérivée d'une fonction est encore une notion dont nous avons au moins un exemple concret sous les yeux : c'est la vitesse de notre voiture, telle qu'elle nous apparaît affichée sur le tableau de bord. On peut très bien présenter aux élèves la dérivée comme une généralisation de la notion de vitesse instantanée. C'est d'ailleurs bien ce que Newton avait en tête quand il a élaboré sa version à lui de la dérivée (les « fluxions »), comme le souligne l'historien des sciences François de Gand :

> On pourrait dire, en forçant à peine : ce n'est pas la dérivée qui a permis la définition de la vitesse, mais le contraire.

C'est prouvé scientifiquement

Dans un grand nombre de textes, la vitesse instantanée est une notion considérée comme admise, ce qui sert de base aux raisonnements infinitésimaux. L'exemple de Newton est très net : son calcul des « fluxions » est une comparaison entre des vitesses de variation[2].

Et quand ça ne marche plus, ça marche quand même

Il faut reconnaître, cependant, que plus on avance dans l'étude des mathématiques, moins les notions à introduire peuvent l'être à partir de la vie quotidienne ; et plus elles viennent des besoins d'autres sciences – la physique tout particulièrement – ou même du développement des mathématiques elles-mêmes. Dès lors, il ne s'agit pas de chercher dans la vraie vie des exemples qui n'existent pas. Mais cela ne dispense pas de présenter les concepts mathématiques en montrant pourquoi on les a créés et dans quels domaines on les utilise.

Les vecteurs, par exemple, sont nés au XIX° siècle des besoins de la physique pour représenter diverses grandeurs (déplacements, vitesses, forces, champs électriques ou magnétiques). Dans un premier temps, ils ont été boudés par les mathématiciens « purs ». Ce n'est qu'à la fin du siècle que ces derniers ont commencé à s'y intéresser et à élargir la notion, créant des espaces vectoriels à plus de 3 dimensions, des espaces dont les vecteurs sont des fonctions, etc.

Les équations du second degré, elles, sont bien plus anciennes. Les historiens des sciences les font remonter à Diophante d'Alexandrie, voire aux Babyloniens. Dans ce deuxième cas, il s'agit en fait de calculs de surfaces, que nous traduisons *aujourd'hui* en équations du second degré, mais dont la résolution se faisait à l'époque par des méthodes géométriques, comme le feront les mathématiciens grecs dix siècles plus tard.

(Cf Annexe 12 « Équation du 2° degré babylonienne » & « Équation du 2° degré au IX° siècle »).

Ça reste à démontrer... mais on verra ça plus tard

Enseigner les mathématiques de cette manière ne signifie pas qu'il n'y ait plus de place pour les définitions générales ni pour les démonstrations. Ces dernières restent nécessaires pour s'assurer de la validité des formules et des théorèmes, comme le rappelait Laplace au début du XIX° siècle :

> L'induction, en faisant découvrir les principes généraux des sciences, ne suffit pas pour les établir en rigueur. Il faut toujours les confirmer par des démonstrations, ou par des expériences décisives, car l'histoire des sciences nous montre que l'induction a quelquefois conduit à des résultats inexacts. [...] La méthode la plus sûre qui puisse nous guider dans la recherche de la vérité, consiste à s'élever par induction des phénomènes aux lois, et des lois aux forces[3].

Quand on procède par induction, c'est-à-dire en allant du particulier au général, on risque toujours de prendre pour le cas général ce qui n'est vrai que dans des cas particuliers. Ce n'est pas propre aux mathématiques d'ailleurs. Mais dans le monde physique, c'est l'expérience qui est le juge en dernière instance. Personne n'a jamais « démontré » que tous les hommes sont mortels : ce ne sera « prouvé scientifiquement » que lorsqu'il n'y aura plus un seul homme vivant sur Terre.

Les mathématiques, elles, sont un outil pour les autres sciences et pour diverses activités humaines comme l'architecture, l'ingénierie, la réalisation de cartes géographiques, et bien d'autres. Cet outil n'est fiable que s'il peut garantir ses propriétés. C'est pourquoi la démonstration y est nécessaire. Mais jusqu'à une époque récente, les démonstrations sont le plus souvent venues après coup, pour valider des propriétés déjà utilisées empiriquement. Il n'y a aucune raison que cet ordre ne soit pas respecté dans l'enseignement. Le mathématicien Maurice Fréchet le disait avec insistance en 1947 :

> Le détail des programmes de mathématiques devrait être dominé par la nécessité de mettre ceux-ci à la portée des enfants qu'ils concernent. En particulier, dans les classes de ce qu'on appelait le Premier Cycle, l'enseignement des Mathématiques devrait être concret et expérimental. Il est difficile pour un enfant de comprendre la nécessité de démontrer que deux triangles qui ont leurs trois côtés égaux sont égaux. Cette proposition lui paraissant évidente, il vaut mieux, au début, l'admettre purement et simplement. Au contraire, l'élève n'aura aucune hésitation à admettre que le théorème de Pythagore a besoin d'être prouvé ; mais, au début encore, il se contentera très bien d'une vérification expérimentale[4].

La vraie vie, vue par des profs de collège

De timides progrès ont été faits dans ce sens ces derniers temps. Dans un manuel scolaire de Quatrième, on fait constater visuellement aux élèves que la droite qui joint les milieux de deux côtés d'un triangle est parallèle au troisième côté. On a pensé aux températures pour illustrer la soustraction des nombres relatifs. Dans les exercices d'application, une part est faite aux problèmes liés à la vie quotidienne ou aux autres sciences.

Mais le plus souvent, dans cet ouvrage comme dans les autres, le changement a porté sur la présentation plus que sur le contenu. Les équations du premier degré sont ainsi introduites par le dialogue imaginaire suivant entre deux élèves :

> Coline et Nicolas choisissent un nombre entier, puis lui appliquent mentalement un programme de calcul. Coline :

C'est prouvé scientifiquement

> « Je multiplie mon nombre par 5, puis je soustrais 1 ».
> Nicolas : « Je multiplie mon nombre par 3, puis j'ajoute 7 ».
> Après ce dialogue, ils constatent qu'ils ont choisi le même nombre et trouvé le même résultat. Trouver le nombre que Coline et Nicolas ont choisi en commun[5].

Le lien avec la vraie vie est ici incarné par « Coline et Nicolas ». À part ça, c'est un problème du plus haut intérêt, qui aboutit à 5 x − 1 = 3 x + 7 sans correspondre à rien. Vous voyez bien que les équations sont très utiles dans la vie !

Et même quand ce livre de maths propose des problèmes d'application en prise avec la vie de tous les jours, on marche souvent sur la tête. Exemple :

> Dans un magasin de jouets, Jordan achète 4 voitures de course au même prix et une voiture à 5 € ; Pierre achète deux de ces voitures et un camion à 20 €. À la caisse, ils paient la même somme. On se propose de trouver le prix p, en euros, de l'une de ces voitures de course[6].

Vous connaissez beaucoup de clients qui, à la sortie d'un magasin, se proposent de trouver par équation le prix p, en euros, qui figure sur leur ticket de caisse ?

Mais la vraie vie s'invite quand même dans cet ouvrage, à l'insu de ses auteurs sans doute. Ainsi, dans l'exercice 86 p. 64, « Renaud est un grand sportif, le mercredi il nage trois quarts d'heure, puis il s'adonne à la voltige équestre, etc. ». Dans le n° 113 p. 66, « Laura a récolté des pommes puis elle a préparé une cuve de jus de pomme, etc. ». P. 103, n° 52, « Cyrielle fait des bracelets qui comportent tous le même nombre de perles, etc. » N° 101 p. 109, « Pour s'entraîner sur la distance du marathon, Yannick court à la vitesse de 15 km par heure, etc. » Activité 2 p. 130 : « Louise veut acheter des sachets d'élastiques pour réaliser des bracelets, etc. »

Donc, les garçons font du sport et achètent des voitures de course pendant que les filles font des bracelets et du jus de pomme. Dans mon enfance, c'était « papa lit, maman coud ». On mesure le chemin qui a été parcouru en deux générations…

C'est prouvé scientifiquement

Le même produit sous un nouvel emballage

Il s'agissait là d'un manuel de Quatrième, mais le tableau est le même dans les classes ultérieures. Tous les ouvrages scolaires, dans les disciplines scientifiques, sont aujourd'hui bâtis sur un même modèle : le cours proprement dit est toujours précédé d'une séance de travaux pratiques ou d'observation aux noms divers et variés, « Découvrir », « Je découvre », « Activités d'introduction », où la notion centrale du chapitre est présentée à travers des exemples, parfois pris dans la vie quotidienne.

Je devrais donc être content, qu'est-ce que je réclame de plus ?

Hélas, l'enfer est pavé de bonnes intentions, et dans le cadre formel de cette approche pédagogique, on peut mettre tout et son contraire. On peut mettre du concret version « Coline et Nicolas jouent avec l'inconnue » ; ou encore des cas particuliers tout aussi abstraits que la formule générale et sans lien aucun avec l'économie, les sciences physiques ou la vie de tous les jours. Ainsi, dans *Déclic Mathématiques 2de* (éditions Hachette), le chapitre sur les vecteurs est introduit sans aucun lien avec la physique, alors que ce sont les physiciens qui ont créé cette notion comme on l'a vu plus haut. Le chapitre sur la trigonométrie, lui, fait bien le lien avec l'astronomie... mais en sens inverse puisqu'il s'ouvre sur un paragraphe intitulé « Appliquer la trigonométrie à l'astronomie ». Comme s'il y avait eu *d'abord* la trigonométrie, et ensuite seulement des astronomes qui l'auraient appliquée. Comme si astronomes et mathématiciens, jusqu'à une époque récente, n'étaient pas les mêmes personnes le plus souvent.

Dans d'autres cas, l'introduction fait bien le lien entre la notion à étudier et le monde réel... mais c'est alors le cours lui-même, dans les pages suivantes, qui semble n'avoir aucun rapport avec l'introduction. Ainsi, toujours dans le même livre de Seconde, le chapitre sur les fonctions s'ouvre avec des graphiques, l'un représentant la distance parcourue pendant le temps de réaction du conducteur, en fonction de la vitesse, un autre la production d'une entreprise entre 1960 et 2005.

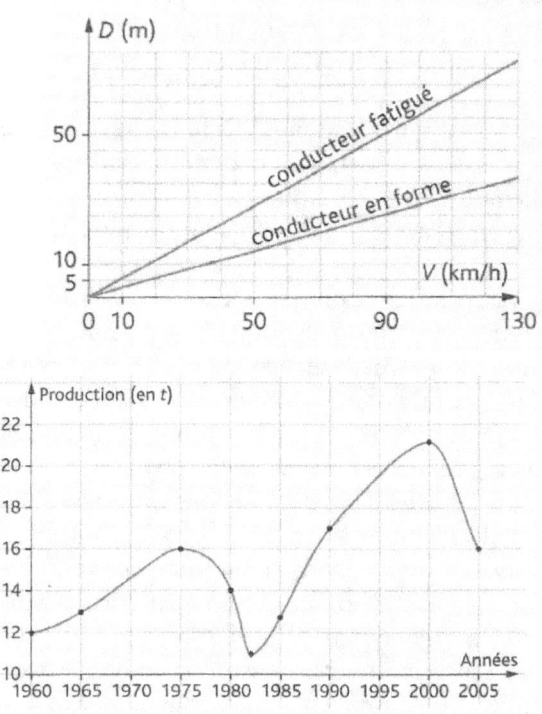

Puis sans transition, à la page suivante, le cours enchaîne sur les différents ensembles de nombres, les intervalles, l'intersection et la réunion, tout cela pour aboutir à la définition suivante :

Soit un ensemble de nombre D de R

C'est prouvé scientifiquement

On définit une fonction f sur D lorsque à chaque réel x de D, on associe un unique réel y.

On note f : x → y ou y = f(x), etc.

Quel rapport entre les ensembles de nombres et les graphiques de la page précédente ? Aucun apparemment. Tout se passe comme si l'on voulait montrer aux élèves qu'il y a deux catégories de fonctions : les vulgaires fonctions de la vie de tous les jours, qui servent surtout à faire des introductions aux chapitres des manuels scolaires ; et puis les vraies fonctions, les pures et dures, qui servent à faire le cours proprement dit.

Certes, les élèves ne lisent jamais leur livre de maths, sauf sous la torture. Mais leurs professeurs, eux, les lisent et s'en inspirent pour faire leurs propres cours. Et dans le cas présent, la présentation du livre a toute les chances de les faire passer à côté de l'essentiel.

Chassez les naturels, ils reviennent au galop

Car paradoxalement, il y a bien un lien entre les fonctions présentées en introduction et les différents ensembles de nombres dont il est question à la page suivante. La première de ces fonctions, qui donne la distance parcourue avant la réaction du conducteur, est basée sur une formule mathématique : distance = vitesse * temps de réaction, ce dernier étant supposé égal à une seconde pour un conducteur en forme et deux secondes pour un conducteur fatigué. Cette formule permet de connaître la distance correspondant à n'importe quelle vitesse, et tous les points des deux droites tracées sont à leur position véritable.

Le deuxième graphique ci-dessus, par contre, n'a pas été obtenu à partir d'une formule, mais de relevés de production effectués à certains moments précis (en 1960, 1965, 1975,

1982, 1985, 1990, 2000 et 2005). Les points correspondants sont marqués en noir sur la courbe, et ce sont les seuls qu'on connaisse vraiment. En joignant ces points entre eux, on a supposé qu'il n'y avait pas d'oscillations entre deux points successifs, que par exemple la production avait augmenté sans discontinuer de 1990 à 2000. Mais faute d'informations intermédiaires entre ces deux dates, on n'en sait rien en réalité, et la courbe tracée n'a qu'une valeur purement indicative.

Il y a donc bel et bien deux catégories de fonctions : celles qui ne sont connues que pour un ensemble *discret* de valeurs de départ, comme dans le second cas ; et celles qui sont connues sur un ensemble *continu*, comme dans le premier exemple.

Ce qui nous amène finalement à distinguer pareillement les deux principaux ensembles de nombres : L'ensemble R des nombres réels, dans lequel x varie de façon continue ; et l'ensemble N des entiers positifs (les fameux entiers « naturels »), qui est un ensemble discret, où l'on doit sauter d'un élément au suivant.

L'ensemble N est plus simple que l'ensemble R, bien évidemment. Mais les fonctions, elles, sont plus faciles à étudier en milieu continu qu'en milieu discret. Dans la vraie vie, cependant, les fonctions relevées sur le terrain ne sont connues que par un ensemble discret de valeurs, que l'on peut numéroter à l'aide des entiers naturels. Des fonctions numérotées de la sorte s'appellent des suites, et toute une branche des mathématiques leur est consacrée.

En présentant les choses de cette façon, les ensembles de nombres peuvent trouver leur place dans un cours de Seconde sur les fonctions.

Dans l'ouvrage en question, ils tombent seulement comme un cheveu sur la soupe.

Ou comme un concept dans un monde platonicien indépendant de l'esprit humain.

13. Mathématiques encore plus impures pour les bouseux et les pue-la-sueur

N'en déplaise à Platon, la géométrie a une origine tout ce qu'il y a de plus terre à terre... puisque ce nom grec signifie littéralement « mesure de la terre ». Non pas de la planète Terre (il faudra pour cela attendre Ératosthène), mais la mesure de la terre cultivée par les paysans – l'arpentage en d'autres termes.

Mais si le mot est grec, c'est en Égypte que la géométrie a vu le jour et les Grecs eux-mêmes (jusqu'à Platon tout du moins) reconnaissaient leur dette en ce domaine à l'égard des Égyptiens[1].

Chez ces derniers, les impôts étaient basés sur la surface des champs. Et comme chaque crue du Nil effaçait tout sur son passage, il fallait chaque année reformer les parcelles et recalculer leurs aires. C'est ainsi que naquit cet art de mesurer la terre : en somme la géométrie, comme l'Égypte, est un don du Nil.

En ce temps-là, ils avaient des pieds carrés

Déterminer la surface d'un champ nous paraît simple lorsque ce champ a une forme régulière. Un champ rectangulaire de 3 coudées sur 5 coudées peut être découpé en 15 carrés d'une coudée carrée chacun.

C'est prouvé scientifiquement

Figure 13-1 - Arpenteurs égyptiens (Tombeau de Menna)

Sur le terrain, il est vrai, les côtés des champs ne mesurent pas toujours un nombre entier de coudées. Mais il existe des unités de longueur plus petites, comme le pied ou le pouce, avec lesquelles on obtient les surfaces élémentaires correspondantes, pieds carrés et pouces carrés. Comme on n'a pas besoin d'une précision infinie pour l'arpentage des champs, on trouvera toujours une unité dans laquelle les côtés peuvent être représentés par des nombres entiers, et les aires également... tant que le champ a une forme rectangulaire.

Quand le champ a une forme irrégulière, c'est-à-dire la plupart du temps, on peut le subdiviser à l'aide de cordes tendues entre ses sommets. Mais les subdivisions ainsi obtenues sont des triangles, et non des carrés ou des rectangles. L'aire du triangle est ainsi l'un des premiers problèmes de géométrie auxquels l'arpentage conduit tout naturellement.

C'est prouvé scientifiquement

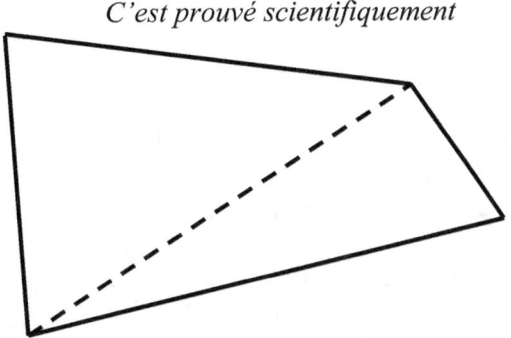

Figure 13-2 - **Champ découpé en deux triangles**

Il est un cas où l'aire du triangle est facile à calculer : c'est celui du triangle obtenu en partageant un rectangle en deux par une de ses diagonales. Son aire est la moitié de celle du rectangle, c'est donc le demi-produit des longueurs des deux côtés de l'angle droit.

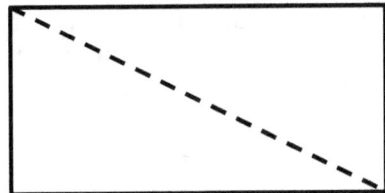

Figure 13-3 - **Triangles rectangles**

En fait, tout triangle est la moitié d'un rectangle, mais ce rectangle demande un peu d'imagination pour le tracer.

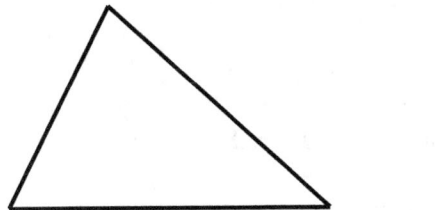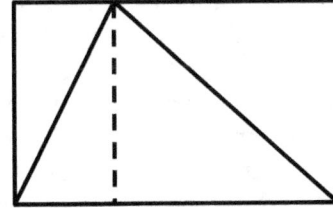

Figure 13-4 – **Un triangle quelconque et le rectangle dont il est la moitié**

L'aire du triangle est à nouveau la moitié de celle du rectangle. C'est donc le demi-produit de la base par la hauteur (cette dernière, tracée en pointillés, est égale à l'un des côtés du rectangle).

Mais ce résultat pose un nouveau problème : comment s'y prendre pour tracer la hauteur ? Si l'on part du sommet, on risque de ne pas avoir un angle droit à la base ; si l'on part de la base, la perpendiculaire que l'on trace risque de ne pas passer par le sommet.

D'autre part, un triangle a trois côtés, et chaque côté peut servir de base. L'aire obtenue est-elle la même quel que soit le côté choisi comme base ?

Comme on le voit, de fil en aiguille, la surface des champs nous amène à étudier les propriétés du triangle – et c'est sans doute ainsi qu'une partie au moins de ces propriétés ont été trouvées. D'autres ont peut-être été découvertes par des architectes ou des astronomes, mais de façon tout aussi empirique. Les démonstrations sont venues plus tard... beaucoup plus tard.

Multiplication à l'ancienne

L'aire d'un rectangle est pour nous la chose la plus triviale du monde à calculer : il suffit de multiplier la longueur par la largeur. Nous n'imaginons pas la difficulté que ces « simples » opérations représentaient autrefois, avant l'adoption des chiffres arabes (chiffres d'origine indienne en réalité, mais ce sont les Arabes qui les ont introduits en Occident). Essayez de faire une bête multiplication comme 37 * 54 en chiffres romains : XXXVII * LIV. Faites-le sans tricher, sans passer par nos chiffres à nous...

Or les Égyptiens écrivaient leurs nombres avec un système analogue à celui des Romains : ils avaient un symbole pour l'unité, un deuxième pour la dizaine, un troisième pour la centaine et ainsi de suite, symboles qu'ils dessinaient autant de fois que nécessaire. La seule différence avec les chiffres romains est qu'il n'avaient pas de symbole pour 5, 50 et 500.

Figure 13-5 - Les chiffres égyptiens : unité, dizaine, centaine, millier

Comment donc les arpenteurs égyptiens s'y prenaient-ils pour calculer la surface d'un champ rectangulaire de 37 coudées sur 54 coudées ? D'après ce que nous savons de leurs mathématiques à l'époque du papyrus Rhind, il ne savaient multiplier que par 2 (une multiplication par 2 revient à additionner un nombre à lui-même). Mais cette multiplication par 2 peut être réitérée, ce qui revient à multiplier par 4, par 8, par 16, bref par les puissances de 2 comme nous les appelons aujourd'hui. Les Égyptiens possédaient des tables de ces puissances de 2.

Pour multiplier 37 par 54, ils regardaient quelle est la plus grande puissance de 2 contenue dans 37 : c'est 32. 37 = 32 + 5. Mais à son tour, 5 = 4 +1, 4 étant la plus grande puissance de 2 contenue dans 5. Finalement, 37 = 32 + 4 + 1. Et pour multiplier 37 par 54, un scribe égyptien calculait en fait (transcrit en chiffres arabes) :

C'est prouvé scientifiquement

37 * 54 = 32 * 54 + 4 * 54 + 1 * 54	→	= (16 * 2) * 54 + (2 * 2) * 54 + 54	→	= 16 * (2 * 54) + 2 * (2 * 54) + 54	
= 16 * 108 + 2 * 108 + 54	→	= (8*2) * 108 + 2 * 108 + 54	→	= 8 * (2 * 108) + 2 * 108 + 54	
= 8 * 216 + 216 + 54	→	= (4 * 2) * 216 + 216 + 54	→	= 4 * (2 * 216) + 216 + 54	
= 4 * 432 + 216 + 54	→	= (2 * 2) 432 + 216 + 54	→	= 2 * (2 * 432) + 216 + 54	
= 2 * 864 + 216 + 54	→	= 1728 + 216 + 54	→	= 1998	

L'intérêt du calcul ci-dessus (que certains trouveront sans doute fastidieux) est qu'il utilise toutes les propriétés des opérations qu'on enseigne aujourd'hui dans les collèges ; notamment l'associativité de la multiplication :

(16 * 2) * 54 = 16 * (2 * 54) ; et sa distributivité par rapport à l'addition

(32 + 4 + 1) * 54 = 32 * 54 + 4 * 54 + 1 * 54.

À vrai dire, nous ne procédons pas autrement aujourdhui. Les seules différences sont, d'une part que nous décomposons les nombres selon les puissances de 10 au lieu de les décomposer selon les puissances de 2 ; et que d'autre part nous décomposons chacun des deux facteurs du produit alors que les Égyptiens ne décomposaient que le premier. Lorsque nous multiplions 37 par 54, nous effectuons en réalité le calcul suivant :

37 * 54   = (30 + 7) * (50 + 4)
             = 30 * (50 + 4) + 7 * (50 + 4)
             = 30 * 50 + 30 * 4 + 7 * 50 + 7 * 4

C'est prouvé scientifiquement

= (3 * 10) * (5 * 10) + (3 * 10) * 4 + 7 * (5 * 10) + 7 * 4
= (3 * 5) * (10 * 10) + (3 * 4) * 10 + (7 * 5) * 10 + 7 * 4
= 15 * 100 + 12 * 10 + 35 * 10 + 28
= 1500 + 120 + 350 + 28
= 1998

Finalement, il en va de l'arithmétique comme de la géométrie : ses propriétés ont dans bien des cas été utilisées empiriquement, longtemps avant de faire l'objet de démonstrations. Le plus souvent d'ailleurs, ces règles n'avaient pas de nom et étaient appliquées implicitement. Le style d'un scribe égyptien était à peu près le suivant : « Tu veux multiplier 37 par 54. 37, c'est 32 plus 4 plus 1. 2 fois 54, c'est 108. 2 fois 108, c'est 216. 2 fois 216, c'est 432. 2 fois 432, c'est 864. 2 fois 864, c'est 1728. Tu dois additionner 1728 à 216, puis le tout à 54. 1998, c'est le résultat. »

D'après le mathématicien Tobias Dantzig, la multiplication à l'égyptienne, par duplications successives, était encore pratiquée en Europe à la fin du Moyen Âge[2].

Le petit triangle qui ressemble à son papa

Les scribes égyptiens reportaient les résultats de leurs calculs sur des papyrus. Sans doute y reportaient-ils aussi des reproductions à échelle réduite des champs qui étaient sous leur administration, une longueur de dix coudées sur le terrain étant par exemple représentée par une longueur d'un pouce sur le document. De même, les architectes qui dessinaient les plans de monuments à construire appliquaient eux aussi une échelle de réduction. C'est vraisemblablement sous cette forme que la notion mathématique de proportion a vu le jour et a commencé à être étudiée.

Pour que deux objets de même nature, deux triangles par exemple, se ressemblent parfaitement à la taille près, il faut

C'est prouvé scientifiquement

que l'échelle de réduction soit la même pour tous leurs éléments. C'est le cas pour les deux triangles *semblables* de la figure 13-6 : chacun des côtés du plus petit est les deux-tiers du côté correspondant du plus grand.

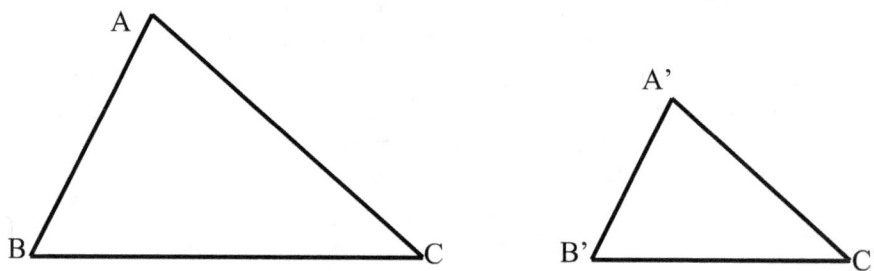

Figure 13-6 - Deux triangles semblables

Il suffit en revanche que l'un des trois côtés du deuxième triangle ne respecte pas la proportion pour que les deux triangles ne se ressemblent plus, comme ci-dessous : A'B' est les deux-tiers de AB, A'C' est les deux-tiers de AC, mais B'C' n'est pas les deux-tiers de BC.

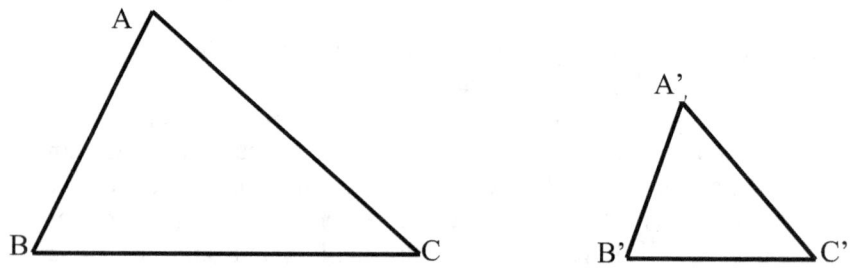

Figure 13-7 - Deux triangles non semblables

Pour deux triangles semblables, la proportion ne fonctionne pas seulement entre côtés correspondants des deux triangles ;

elle fonctionne aussi entre côtés d'un même triangle. Dans la figure 13-6 ci-dessus, les côtés AB et AC sont entre eux dans un rapport 0,56 ; et ce rapport est conservé quand on passe du triangle ABC au triangle A'B'C'.

Mais un rapport de 0,56, c'est une notion qui n'existait pas pour les scribes égyptiens. Non seulement ils ne disposaient pas des nombres décimaux, mais les seules fractions qu'ils utilisaient étaient celles dont le numérateur est égal à 1. Ainsi, $\frac{3}{4}$ s'écrivait $\frac{1}{2} + \frac{1}{4}$; 0,56 correspondait pour eux à $\frac{1}{2} + \frac{1}{25} + \frac{1}{50}$.

Les Babyloniens, eux, manipulaient des fractions sans restriction sur le numérateur ; mais comme leur système de numération utilisait la base 60, leurs fractions étaient des soixantièmes, ou des soixantièmes de soixantième. Chez eux, 0,56 s'exprimait donc comme $\frac{33}{60} + \frac{36}{3600}$: 33 minutes et 36 secondes en quelque sorte.

C'est aux Babyloniens (et non à Thalès, comme le prétend Jean C. Baudet) qu'on attribue l'invention de la notion d'angle. Ce sont eux qui ont inventé le degré d'angle, peut-être en divisant en 360 parties un cercle qui représentait la course annuelle du Soleil dans le Zodiaque.

Une fois la mesure des angles rendue possible, de nombreuses propriétés peuvent être remarquées aisément : que tous les angles droits mesurent 90 degrés ; que la somme des angles d'un triangle en mesure 180 ; qu'un triangle isocèle a deux angles égaux ; et qu'enfin deux triangles semblables ont leurs angles correspondants respectivement égaux (c'est d'ailleurs cette égalité des angles qui crée leur ressemblance visuelle). Réciproquement, deux triangles dont les angles correspondants sont égaux deux à deux sont semblables, leurs côtés sont deux à deux proportionnels.

Et une fois encore, toutes ces propriétés ont été découvertes empiriquement, leur démonstration n'étant venue que longtemps après.

Les triangles semblables sont très utiles pour les ingénieurs et les architectes. Ils ont ainsi été utilisés par un ingénieur grec pour la construction d'un tunnel au VI° siècle av. J.C. Il y avait donc bel et bien des Grecs qui faisaient des mathématiques appliquées. Il est vrai que c'était un siècle et demi avant Platon... (Cf Annexe 13 « Le tunnel de Samos »).

Ce que tu ne peux pas mesurer, calcule-le !

Si la géométrie est à l'origine la « mesure de la terre », la trigonométrie n'est rien d'autre que la « mesure du triangle ». Mais, alors que le but recherché dans le premier cas était le calcul des surfaces, la trigonométrie a été développée pour déterminer par le calcul des longueurs, des largeurs ou des hauteurs qu'on ne peut pas mesurer directement.

C'est typiquement le cas lorsqu'on veut construire un pont sur une rivière. On a besoin pour cela de connaître la largeur de celle-ci. Mais pour la mesurer directement... il faudrait qu'il y ait déjà un pont. Pour sortir de ce cercle vicieux, on procède de la manière suivante : on mesure la longueur d'une base sur l'une des deux rives ; puis, en se plaçant à chaque extrémité de cette base, on vise sur la rive opposée le point choisi pour l'arrivée du pont, et on mesure l'angle entre la base et la ligne de visée. On obtient ainsi un triangle dont on connaît l'un des côtés et les deux angles adjacents.

On peut ensuite reproduire ce triangle à échelle réduite sur le papier, en utilisant un rapporteur pour que les angles aient la même valeur que sur le terrain. Sur le papier, on peut mesurer les deux autres côtés du triangle, ce qui permet de retrouver leur valeur réelle sur le terrain en appliquant la proportion entre le terrain et le papier. Car le triangle du papier et celui du terrain sont des triangles semblables.

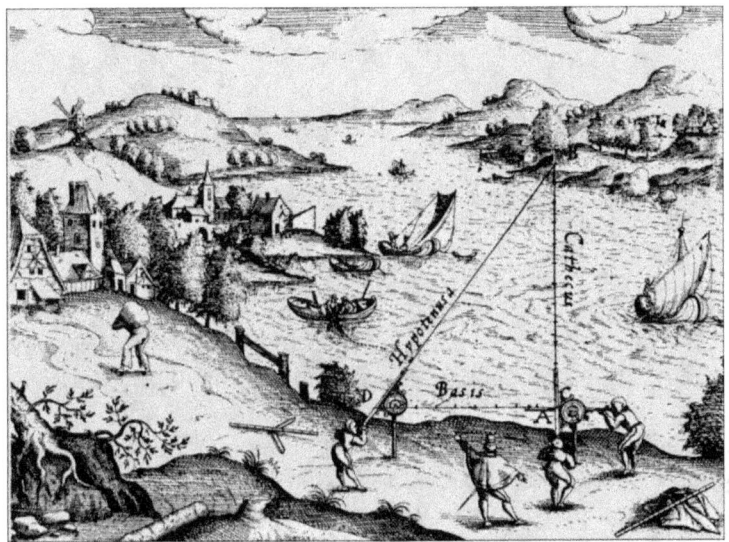

Figure 13-8 - Calcul de la largeur d'une rivière (XVI° siècle)

Mais ce n'est pas de cette manière qu'on procède en réalité. D'abord, on fait en sorte que le triangle sur le terrain ait un angle droit à l'une des extrémités de la base, comme c'est le cas dans la figure 13-8. Et pour les triangles rectangles, on utilise des tables numériques qui donnent le rapport entre les côtés en fonction de l'angle : sinus, cosinus et tangente (que l'on trouve aujourd'hui sur des calculatrices de poche).

Sur la figure 13-8, le triangle s'appelle ADB (B est sur la rive opposée), $\widehat{A}$ est l'angle droit, $\widehat{D}$ est l'autre angle adjacent à la base et on a $AB = AD \tan \widehat{D}$: la longueur du pont à construire est égale à la base AD multipliée par la tangente de l'angle $\widehat{D}$. Si l'on change d'avis et qu'on décide de construire le pont sur l'hypoténuse BD, sa longueur sera $BD = \dfrac{AD}{\cos \widehat{D}}$.

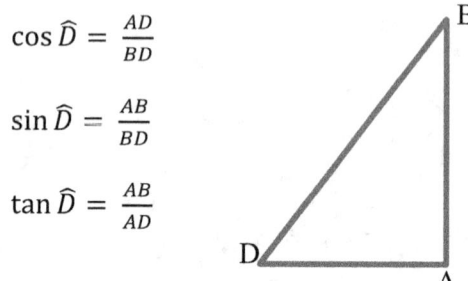

$$\cos \widehat{D} = \frac{AD}{BD}$$

$$\sin \widehat{D} = \frac{AB}{BD}$$

$$\tan \widehat{D} = \frac{AB}{AD}$$

Si l'on ne peut pas obtenir sur le terrain un triangle ayant un angle droit (parce que le point correspondant est au bord d'un précipice ou au milieu d'un champ d'orties), un triangle ordinaire fera l'affaire malgré tout, pourvu qu'on puisse en mesurer un côté et les deux angles adjacents. (Cf Annexe 13 « Triangulation avec un triangle non rectangle »).

En résumé, pour déterminer une distance inaccessible, on en fait le côté d'un triangle dont un autre côté et deux angles sont mesurables directement : c'est ce qu'on appelle la triangulation.

Docteur, je vois des triangles partout

La triangulation est utilisée dans de nombreux domaines. Pour réaliser une carte géographique par exemple, on découpe le territoire en triangles que l'on « résout » l'un après l'autre : chaque côté calculé dans un triangle devient la base du triangle suivant. Les angles sont mesurés à l'aide d'instruments qui ont varié au fil du temps : bâton de Jacob, quadrant (rapporteur associé à une lunette astronomique), théodolite…

C'est prouvé scientifiquement

Figure 13-9 - Bâton de Jacob (XVII° siècle)

La hauteur des montagnes, elle aussi, était obtenue autrefois par triangulation. Elle l'est toujours aujourd'hui d'ailleurs, mais par l'intermédiaire d'un GPS. La localisation par GPS utilise quatre triangles, pour chacun desquels l'un des sommets est situé à bord d'un satellite (il faut donc quatre satellites). Les calculs sont plus complexes que dans la triangulation classique.

Mais c'est en astronomie que la triangulation est le plus utilisée... pour la bonne et simple raison qu'aucune distance n'est mesurable directement dans l'espace.

Au III° siècle av. J.C., l'astronome grec Aristarque avait ainsi tenté d'évaluer la distance Terre-Lune en mesurant l'angle sous lequel on voit notre satellite. Il en avait déduit que la distance était égale à 57 fois le rayon lunaire. Comme il avait préalablement estimé le rayon lunaire au tiers du rayon terrestre (par l'observation des éclipses de Lune), cela mettait notre satellite à 19 rayons terrestres de nous – alors que la valeur connue aujourd'hui correspond à 60 rayons terrestres environ.

On ne sait pas trop d'où vient l'erreur dans le résultat d'Aristarque. Aujourd'hui, nous écririons le calcul sous la forme suivante :

C'est prouvé scientifiquement

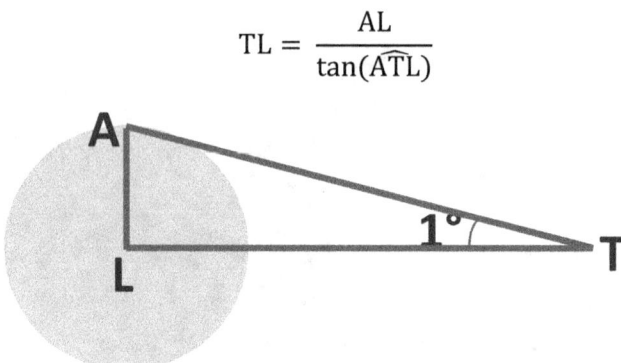

Figure 13-10 - **Le rayon lunaire vu de la Terre**

Et pour trouver que TL = 57 AL, il faudrait que l'angle $\widehat{ATL}$ soit égal à 1 degré. Dans la réalité, la Lune est vue à partir de la Terre sous un angle de 0,5 degré, et son rayon sous un angle de 0,25 degré. Nos télescopes nous permettent de mesurer des angles bien plus petits ; mais avec les moyens dont il disposait, Aristarque a très bien pu surestimer l'angle d'un facteur 4.

Mais d'un autre côté, la trigonométrie n'en était alors qu'à ses débuts et on ne sait pas vraiment comment Aristarque a obtenu son résultat de 57 rayons lunaires. C'est précisément pour faciliter les calculs de ce type qu'ont été créées les tables trigonométriques, mais la plus ancienne connue date du II° siècle av. J.C. et elle est l'œuvre d'Hipparque. Ce n'est pas une table de tangentes, ni de sinus ni de cosinus. C'est une table des cordes prises sur un cercle en fonction de l'angle au centre, le rayon du cercle étant pris comme unité de longueur.

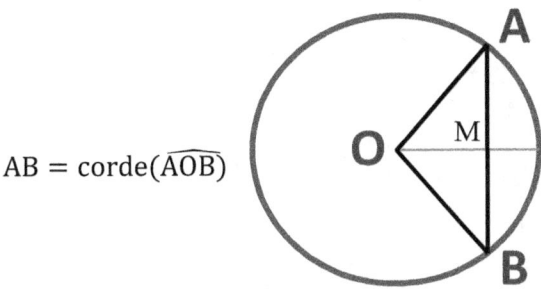

Figure 13-11 - Corde AB et angle au centre $\widehat{AOB}$

La corde n'est plus utilisée depuis longtemps, les mathématiciens arabes lui ayant substitué le sinus. On trouve même une table des sinus chez le mathématicien indien Aryabhata, dès la fin du V° siècle. Corde et sinus sont liés par une relation simple : $\text{corde}(\theta) = 2\sin(\frac{\theta}{2})$.

Avec sa table de cordes, et peut-être avec des mesures d'angles plus précises, Hipparque refit les calculs d'Aristarque, et il trouva une distance Terre-Lune de 67 rayons terrestres au lieu de 19, résultat un peu trop grand cette fois mais plus très éloigné des valeurs actuelles.

La tête dans les étoiles

Au II° siècle de notre ère, l'astronome Ptolémée améliora la table des cordes d'Hipparque. La nouvelle table de Ptolémée donnait les cordes demi-degré par demi-degré.

À l'aide de sa table de cordes améliorée, Ptolémée repartit à l'assaut de la Lune par triangulation, mais en inaugurant une nouvelle méthode. Au lieu de baser son triangle sur le rayon lunaire, qu'on ne pouvait qu'estimer approximativement à

C'est prouvé scientifiquement

l'époque, il mit la base sur Terre et calcula la distance avec la Lune comme on calcule la largeur d'une rivière.

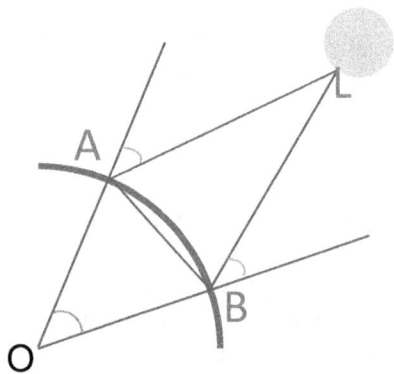

Figure 13-12 - Distance Terre-Lune par la méthode de Ptolémée

Pour cela, deux observateurs doivent observer la Lune au même moment, de deux positions différentes sur Terre, par exemple de deux points A et B situés sur un même méridien, mais à des latitudes différentes. Ces deux observateurs mesurent l'inclinaison des droites LA et LB par rapport à la verticale du lieu (OA et OB sur la figure, O étant le centre de la Terre). Connaissant la différence de latitude entre A et B (qui n'est autre que l'angle au centre $\widehat{AOB}$), on peut en déduire les angles $\widehat{LAB}$ et $\widehat{LBA}$. Quant à la distance en ligne droite AB, c'est la corde de l'angle au centre $\widehat{AOB}$, multipliée par le rayon terrestre. On a donc tous les éléments nécessaires pour calculer les distances LA et LB.

Ptolémée est ainsi parvenu à une estimation de 59 rayons terrestres pour la distance Terre-Lune : moins de 2 % d'écart avec les chiffres d'aujourd'hui, sachant par ailleurs que la distance Terre-Lune subit des fluctuations de $\pm$ 5 %.

Au XVII° siècle, après l'invention de la lunette astronomique, cette méthode fut utilisée pour calculer la distance entre la Terre et les autres planètes. Étant donné l'éloignement de ces dernières, le triangle LAB n'avait plus du tout l'allure qui est la sienne sur la figure 13-12. LA et LB se mesurent en dizaines ou en centaines de millions de kilomètres, alors qu'AB en fait tout au plus quelques milliers. En conséquence de quoi l'angle $\widehat{ALB}$ était voisin de zéro (toujours inférieur à une minute d'angle, c'est-à-dire un degré divisé par 60). Le calcul des distances dans le système solaire demandait donc une très grande précision dans la mesure des angles.

Et pour les étoiles, c'était bien pire. Quelle que soit la puissance du télescope (et la précision qui en résulte dans la mesure des angles), il n'y avait pas moyen de détecter la moindre différence de direction pour une étoile donnée, même en l'observant de deux points diamétralement opposés sur la Terre.

Les astronomes changèrent donc leur fusil d'épaule et prirent comme base de leurs triangles le diamètre de l'orbite terrestre, puisque la Terre faisait désormais le tour du Soleil chaque année.

En observant une même étoile à six mois d'intervalle, on devait logiquement trouver un triangle AEB dont la base mesurait 300 millions de kilomètres (le double de la distance Terre-Soleil) et dont les angles $\widehat{A}$ et $\widehat{B}$ permettaient de calculer les côté EA et EB.

C'est prouvé scientifiquement

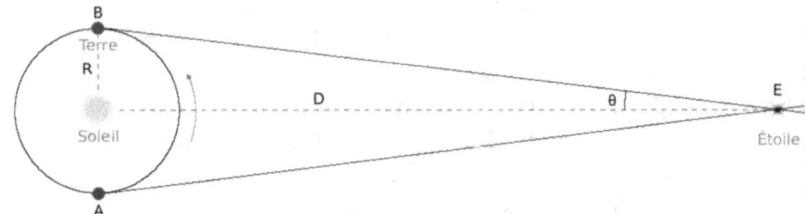

Figure 13-13 - Observation d'une étoile à six mois d'intervalle

On pouvait même faire plus simple en utilisant l'angle $\widehat{AEB}$ = 180° - $\widehat{A}$ - $\widehat{B}$, ou mieux encore sa moitié θ, qu'on appelle la *parallaxe* de l'étoile, et qui donne directement la distance cherchée (en kilomètres) par la formule $d = \frac{150\,000\,000}{\sin θ}$.

Mais même avec une base de 150 millions de kilomètres, les valeurs trouvées pour θ étaient tellement petites... que la marge d'erreur était dix à cent fois plus grande que l'angle lui-même, avec les télescopes du XVII° et même du XVIII° siècle. Il a fallu attendre la fin du XIX° siècle pour obtenir des résultats fiables, qui plaçaient l'étoile la plus « proche », si l'on peut dire, à 40 000 milliards de kilomètres, avec une parallaxe inférieure à la seconde d'angle (un degré divisé par 3600).

La trigonométrie peut aussi ne servir à rien (ou presque)

Voilà donc quelques exemples de ce qu'on peut faire avec la trigonométrie – et il y en a bien d'autres car les sinus, cosinus et autres tangentes interviennent en mécanique, en optique, en électricité, dans le traitement du signal, l'imagerie médicale et une foule d'autres applications.

Mais on peut aussi faire de la trigonométrie autrement, pour l'élévation de son âme, dans la tradition platonicienne qui a toujours ses adeptes de nos jours. C'est ce à quoi nous exhorte David Berlinski dans sa *Brève histoire des maths* (qui a au moins le mérite d'être brève) :

> Dans les manuels élémentaires, la trigonométrie se présente comme une série de formules sur les propriétés des triangles rectangles. Prises sous cet angle, celles-ci sont largement incompréhensibles pour la simple raison qu'elles sont en partie infondées. Il convient d'oublier et d'adjurer ces textes et les souvenirs qu'ils évoquent. Les fonctions trigonométriques servent à transporter virilement [sic] les nombres réels vers les nombres réels. Leur secteur d'activité est celui des relations[3].

Si donc vous avez une virilité qui ne trouve pas à s'employer par ailleurs, les fonctions trigonométriques peuvent lui servir d'exutoire dans le secteur d'activité susmentionné.

Personnellement, je n'ai jamais essayé. Mais je respecte toutes les cultures.

14. Tous les nombres sont imaginaires

> *Dieu a créé les nombres entiers, le reste est l'œuvre de l'homme.*
> Leopold Kronecker[1]

Ce doit être une manie chez moi, mais je ne suis tout à fait d'accord avec Kronecker (mathématicien de la fin du XIX° siècle) que pour la deuxième partie de sa phrase. Concernant les nombres entiers en revanche, je crains que la contribution du personnage en question ne soit surestimée.

Au XX° siècle, il existait encore, dans des contrées reculées, des tribus dont le dialecte ne possédait pas de nombres au sens strict du terme, la notion de nombre ne s'étant pas détachée de la nature des objets à compter. « Une des tribus indiennes de Colombie britannique dispose de sept mots pour désigner chaque nombre suivant qu'il s'agit de dénombrer des objets ronds, des objets plats, des animaux, des canoés, le temps, des mesures, ou autre chose »[2].

Dans d'autres peuplades, la langue comportait des nombres indépendants de la nature des objets… mais trois seulement : un, deux, beaucoup. La langue française garde d'ailleurs des traces d'un passé où nos ancêtres en étaient à ce stade : les mots *très* et *trois* sont chez nous presque identiques !

C'est prouvé scientifiquement

Je me permettrai donc de modifier légèrement la formule de Kronecker. Dieu a créé « un, deux, beaucoup », le reste est l'œuvre de l'homme.

Le reste, c'est-à-dire les nombres irrationnels comme π ou $\sqrt{2}$, les nombres imaginaires comme $\sqrt{-1}$, mais aussi les fractions ou les nombres décimaux : rien de tout cela n'existerait si l'esprit humain ne l'avait conçu.

Les ouvrages d'histoire des mathématiques sont remplis de contresens comme la « découverte » des nombres complexes (nombres qui ont une partie imaginaire) ; ou la diagonale du carré qui aurait « révélé l'existence » de nombres irrationnels. Mais $\sqrt{2}$ n'a pas d'existence en soi, et $\sqrt{-1}$ n'a pas été découvert un beau matin en ratissant son jardin.

Les adjectifs utilisés pour désigner les différentes catégories de nombres sont d'ailleurs souvent une source de confusion et d'idées fausses. Les nombres *irrationnels* ne sont pas plus « contraires à la raison » que $\frac{5}{7}$ ou $-3,8$. Les nombres *réels* (rationnels ou irrationnels mais sans partie imaginaire) ne sont pas plus « réels » que $\sqrt{-1}$.

Et nos braves nombres entiers positifs eux-mêmes, rebaptisés « entiers naturels », ne poussent pas pour autant dans les arbres : comme les autres nombres, ils sont une abstraction, une création de notre cerveau. Dans la nature, il n'y a pas un, deux, trois, quatre, cinq, six – mais un peuplier, quatre cailloux, six abeilles. Il a fallu toute une évolution dans les sociétés humaines pour qu'émerge la notion de nombre abstrait. Il a fallu que la vie des hommes les mette dans des situations où il y avait une correspondance entre cinq moutons et cinq cailloux par exemple. Ce fut le cas chez les peuples qui commencèrent à pratiquer l'élevage, et où les bergers se servaient de cailloux pour compter les moutons.

Et quand on n'a plus assez de doigts, on fait comment ?

Il a fallu aussi trouver un système pour désigner les nombres au-delà de un, deux, beaucoup. L'homme s'est servi pour cela de ce qu'il avait sous la main, si l'on peut dire, à savoir ses doigts. Dans certaines tribus d'Indiens d'Amérique, il y avait des nombres de un à cinq, et ensuite on disait littéralement « un sur l'autre main, deux sur l'autre main ». Onze, c'était « un sur la main d'un autre homme », et ainsi de suite.

Dans les langues occidentales, on trouve dix mots différents pour aller de 1 à 10, et ensuite on recommence en ajoutant ces nombres à 10. Treize se dit *dreizehn* en allemand, littéralement « trois dix » ; en anglais, *thirteen* est construit sur le même principe. En français, il faut attendre dix-sept pour voir ce principe entrer en jeu ; mais on reconnaît malgré tout deux dans douze, trois dans treize, quatre dans quatorze, cinq dans quinze et six dans seize. Pour un et onze, la parenté est moins évidente mais elle existe néanmoins.

Ces mêmes mots se retrouvent ensuite dans les dizaines : trois dans trente, quatre dans quarante, etc. Vingt fait exception, héritage des langues celtes qui utilisaient la base vingt au lieu de la base dix, sans doute parce qu'on a aussi compté sur ses orteils autrefois, quand on n'avait plus assez de doigts. C'est cette base vingt que l'on retrouve dans quatre-vingts, sauf chez les Suisses francophones qui disent octante.

Le livre de Georges Ifrah *Histoire universelle des chiffres* contient une riche et passionnante documentation sur ces systèmes de numération[3]. Qu'ils soient à base cinq, dix ou vingt, ces systèmes sont des produits de l'histoire humaine, et non des entités indépendantes que l'homme aurait trouvées toutes faites en arrivant sur terre au sixième jour de la création.

Des fractions pour remplir les trous entre les nombres

Pour être un produit de l'esprit humain, les nombres n'en sont pas moins le reflet dans notre cerveau de propriétés du monde extérieur.

Les nombres entiers sont les premiers que l'esprit humain ait conçus, non pas en vertu d'une logique préexistante, mais parce que le monde dans lequel nous évoluons l'exigeait. La vie s'est développée sur une planète où la matière existe en partie à l'état solide. La matière solide se présente à nos sens sous la forme d'objets séparés les uns des autres, ce qui nous permet de les dénombrer. Si nous étions nous-mêmes des êtres constitués de gaz, sur une planète gazeuse comme Jupiter ou Saturne, nos mathématiques se seraient développées à partir d'autres concepts de base (mais bien malin qui pourrait les imaginer !)

Cela dit, tout n'est pas solide sur Terre, et même ce qui est solide ne se présente pas uniquement sous la forme d'objets distincts et séparés. L'homme s'est ainsi trouvé confronté (surtout avec l'agriculture et l'artisanat) à un autre besoin que celui de compter : il lui a fallu apprendre à *mesurer*. Mesurer la longueur d'une planche, la surface d'un champ, le volume de grain ou d'huile dans un récipient. Il s'est servi pour cela des mêmes nombres qu'il utilisait pour compter les objets. Mais comme le note fort justement Lancelot Hogben : « Les nombres avaient été inventés pour compter des choses séparées et ils étaient exactement adaptés à cette opération. Ceci ne peut jamais être vrai quand il s'agit de mesures[4]. »

Les mesures tombent rarement juste en effet. Mesurer une longueur, c'est en effet la comparer à une autre longueur prise comme unité. Si l'on prend comme unité la longueur de mon avant-bras (c'est la définition de la coudée), on ne s'attend pas à ce que la longueur de ma salle à manger soit égale *exactement* à douze fois cette unité. Ce sera entre onze et douze par exemple. On peut se contenter de cette approximation dans certains cas, mais dans d'autres on voudra davantage de précision.

Pour cela, le besoin se manifeste d'avoir des intermédiaires entre les nombres entiers. C'est ainsi qu'on commença à utiliser des fractions. Des fractions simples dans un premier temps, comme la moitié, le tiers ou le quart. Mais peu à peu cette pratique s'est étendue à tous les quantièmes, c'est-à-dire à l'unité divisée par n'importe quel nombre entier ; puis aux fractions généralisées avec un numérateur et un dénominateur, le numérateur pouvant même être supérieur au dénominateur.

Certaines de ces fractions peuvent s'incarner sous la forme d'unités sous-multiples, comme par exemple le pouce égal au sixième du pied, ce dernier étant à son tour la moitié d'une coudée. La taille d'une personne de 5 pieds 2 pouces équivaut donc à 5 pieds $+ \frac{2}{6}$, ou $5 + \frac{1}{3}$, ou encore $\frac{16}{3}$. Les monnaies d'autrefois étaient subdivisées de façon analogue. Un denier valait le douzième d'un sou, et un sou le vingtième d'une livre.

Le statut mathématique des fractions a varié dans le temps et dans l'espace. Chez les Grecs jusqu'au III° siècle av. J.C., il n'y avait de nombres que les entiers. Euclide ne parle pas de fractions (division d'un entier par un autre) mais de rapport entre deux grandeurs (sous-entendu : des grandeurs géométriques, éventuellement incommensurables comme le côté et la diagonale d'un carré). L'aspect numérique de ces rapports ne l'intéressait pas. Il faut attendre Archimède et l'école d'Alexandrie pour que le calcul redevienne une activité digne du mathématicien ; et c'est chez les mathématiciens arabes que les fractions commenceront à être considérées comme des nombres au même titre que les entiers.

Et si on coupait les cheveux en dix ?

Les Babyloniens, on l'a vu, utilisaient comme fractions les soixantièmes et les soixantièmes de soixantième, qui sont restés en usage aujourd'hui pour la mesure du temps et des angles.

On peut s'étonner, en revanche, de ce que pendant très longtemps personne n'ait eu l'idée de privilégier les dixièmes, centièmes, millièmes, autrement dit d'étendre aux nombres fractionnaires le principe de la base 10 utilisée pour les nombres entiers. Mais la base 10 vient du nombre de nos doigts, qui est un nombre entier jusqu'à preuve du contraire. Il n'y a pas d'équivalent du côté des nombres fractionnaires, rien de naturel qui se présente à notre vue fractionné en dix parties égales. C'est nous qui fractionnons les objets, en deux le plus souvent, quitte à partager à nouveau les deux moitiés : on coupe la poire en deux et les cheveux en quatre.

Un autre obstacle a retardé l'émergence des nombres décimaux : c'est que l'écriture des nombres ne se prêtait pas à une application de la base dix en dessous de l'unité. On ne risquait pas d'inventer les nombres à virgule à partir des chiffres romains. Il a fallu d'abord inventer le *principe de position*, qui est celui des chiffres arabes, et qui associe à chaque chiffre une valeur différente (unités, dizaines, centaines) en fonction de sa position dans le nombre. Les nombres décimaux sont nés d'une extension de ce principe aux nombres fractionnaires.

C'est d'ailleurs chez des mathématiciens arabes, Al Uqlidisi dès le X° siècle, puis Al Kashi en 1525, que l'on trouve les premières formes de nombres décimaux. En Europe, c'est le Flamand Simon Stevin qui en a lancé l'usage, dans son livre *La disme* publié en 1585.

Quand les fractions doivent se pousser pour faire de la place aux irrationnels

C'est chez les mathématiciens arabes – encore eux ! – que les incommensurables se transformèrent en irrationnels et furent intégrés dans la famille des nombres, aux côtés des entiers et des fractions. Comme le relate l'*Histoire générale des sciences* :

> Aux yeux des mathématiciens arabes, le nombre irrationnel devint une entité plus simple que les segments incommensurables de l'Antiquité. Ce fait apparait, par exemple, dans les nombreux commentaires au X° livre des *Éléments* d'Euclide, consacré à la théorie des grandeurs irrationnelles quadratiques, où ces grandeurs et leurs transformations sont expliquées au moyen des irrationnelles arithmétiques correspondantes[5].

Les grandeurs irrationnelles *quadratiques* sont des racines carrées combinées avec des nombres entiers, comme dans $\frac{5+7\sqrt{2}}{3}$. Elles correspondent aux fameux problèmes de construction à la règle et au compas, éventuellement à partir d'une surface donnée – puisqu'un carré est une surface et qu'une racine carrée représente le côté d'une telle surface.

De façon analogue, une racine cubique comme $\sqrt[3]{2}$ représente l'arrête d'un cube de volume égal à 2 ; c'est un nombre irrationnel, on peut le combiner avec des nombres entiers, mais la combinaison obtenue n'est pas une grandeur quadratique... et on ne peut pas la construire à la règle et au compas.

Un nombre élevé à la puissance 2, c'est une surface ; élevé à la puissance 3, c'est un volume. Comme on ne peut pas aller plus loin en géométrie, les Grecs n'allèrent pas plus loin en arithmétique non plus et n'élevèrent jamais un nombre à une puissance supérieure à 3. De plus, ils ne cherchaient pas à calculer des valeurs approchées des racines carrées – du moins jusqu'à Archimède qui en eut besoin dans son traité intitulé *De la mesure du cercle*.

À leur décharge, on doit reconnaître que le calcul était à leur époque quelque chose de particulièrement rebutant. Avant l'introduction des chiffres arabes, la moindre multiplication avait déjà de quoi vous donner la migraine. La division se faisait par soustractions successives. Quant aux racines carrées, le seul moyen d'en obtenir des valeurs approchées était de procéder en sens inverse, d'élever au carré des nombres en regardant à chaque fois si le résultat était trop petit ou trop grand.

Traduit en symboles actuels, le calcul de $\sqrt{2}$ à l'ancienne donnerait à peu près ceci :

$1^2 = 1$, trop petit ; $2^2 = 4$, trop grand, donc $1 < \sqrt{2} < 2$

$1,4^2 = 1,96$, trop petit, $1,5^2 = 2,25$, trop grand, donc $1,4 < \sqrt{2} < 1,5$

$1,41^2 = 1,9881$, trop petit, $1,42^2 = 2,0164$, trop grand, donc $1,41 < \sqrt{2} < 1,42$, etc.

Mais les symboles actuels n'existaient pas justement : non seulement les nombres à virgule, mais les chiffres arabes non plus. Essayez donc de faire les calculs ci-dessus avec des fractions et en remplaçant 1 par α, 2 par β, 10 par κ, 20 par λ…

Pour les Grecs à l'époque d'Euclide, construire $\sqrt{2}$ à la règle et au compas était finalement plus simple que d'en calculer une valeur approchée : il suffisait de tracer la diagonale d'un carré et de la rabattre au compas sur la droite qui porte l'un des côtés.

C'est prouvé scientifiquement

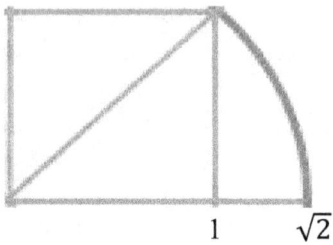

1    $\sqrt{2}$

Trois siècles après Euclide, Héron d'Alexandrie inventa une méthode permettant d'obtenir plus rapidement des approximations de racines carrées. Pour $\sqrt{2}$ par exemple, on calcule une première valeur approchée, appelons-la x ; on calcule alors $\frac{2}{x}$. Il est facile de montrer que si x est trop petit, $\frac{2}{x}$ est trop grand, et réciproquement. On prend alors la moyenne arithmétique des deux : $\frac{x+\frac{2}{x}}{2}$; c'est une nouvelle valeur approchée, meilleure que la première, appelons-la y. On refait le même calcul avec y, ce qui donne une troisième valeur approchée encore meilleure, et ainsi de suite. Calculer $\frac{2}{x}$ n'était certes pas une mince affaire du temps de Héron, mais sa méthode permettait d'éviter les tâtonnements et d'obtenir une bonne approximation avec un minimum de calculs. On peut montrer aujourd'hui qu'au bout de trois itérations, on a l'équivalent de 5 chiffres exacts après la virgule.

Au XVI° siècle, une formule équivalente fut trouvée par l'Italien Rafaele Bombelli. Elle utilise les fractions continues (fractions à étages illimitées). Pour $\sqrt{2}$, Bombelli obtient :

$$1 + \cfrac{1}{2 + \cfrac{1}{2 + \cfrac{1}{2 + \cfrac{1}{2 + \cdots}}}}$$

Cette écriture fournit des valeurs successives de plus en plus approchées de $\sqrt{2}$:

$$1$$
$$1 + \frac{1}{2}$$
$$1 + \frac{1}{2 + \frac{1}{2}}$$
etc.

Une vieille connaissance... pas si vieille que ça

Si $\sqrt{2}$ est lié à la diagonale du carré, π, l'autre vedette des nombres irrationnels, nous vient tout droit... du cercle.

Mais c'est un anachronisme (qu'on trouve hélas dans de nombreux ouvrages) de parler de la « valeur de π » chez les Égyptiens, les Babyloniens, ou même chez Archimède. Ce n'est qu'au XVIII° siècle qu'on voit apparaître cette lettre grecque pour désigner le rapport entre le périmètre du cercle et son diamètre.

On ne sait ni où ni quand ce rapport a commencé à être traité comme un nombre. Ce qui est sûr, c'est que la constance de ce rapport dans tous les cercles est connue depuis la plus haute Antiquité. On trouve des calculs sur la circonférence du cercle dans des tablettes mésopotamiennes, où ce rapport est de $3 + \frac{7}{60} + \frac{30}{3600}$, ce qui équivaut à 3,125. Dans un papyrus égyptien datant de 1800 av. J.C., on calcule l'aire intérieure à un cercle et tout se passe comme si le scribe utilisait un rapport de 3,16. Dans son traité sur la *mesure du cercle*, Archimède établit que ce rapport est compris entre $\frac{223}{71}$ et $\frac{22}{7}$. L'Indien Aryabhata obtient l'équivalent de 3,1416, le Chinois Tsu Chung Chih 3,141592, et Al Kashi 3,14159265358979.

Il y eut ensuite une véritable « course aux décimales » de π. Au XVIII° siècle, en utilisant les développements en série nouvellement inventés, on put en calculer 500. Les premiers ordinateurs en fournirent 2000. Le milliard de décimales a été atteint en 1989, le millier de milliards dès le début du XXI° siècle.

Supprimer les irrationnels, est-ce bien raisonnable ?

C'est au XVIII° siècle seulement qu'on a pu démontrer l'irrationalité de π (ou l'incommensurabilité entre le périmètre du cercle et son diamètre, en ancien style). On le soupçonnait depuis des siècles, mais sans pouvoir le prouver.

Mais dans la pratique, que nous importe que π soit irrationnel et que 3,1415926535 n'en soit qu'une valeur approchée ? L'erreur relative y est inférieure à 10^{-10}, et cette approximation suffirait pour calculer la longueur de l'équateur terrestre au centimètre près, si la Terre était une sphère parfaite dont on connaissait exactement le rayon.

Il en va de même pour les racines carrées, et pour les nombres irrationnels en général. Comme le souligne le mathématicien Didier Nordon, « Les physiciens n'ont que faire des nombres réels pour effectuer leurs mesures et leurs calculs : les approximations par des nombres rationnels leur suffisent[6]. » Et Tobias Dantzig allait dans le même sens quelques années plus tôt : « Les hommes ont arpenté leurs champs, ont édifié leurs constructions, creusé leurs tunnels et bâti leurs ponts, organisé leurs machines, tout cela en se basant sur des approximations rationnelles, sans s'inquiéter de savoir si les principes de ces calculs étaient plus ou moins solidement assis[7]. »

On peut dès lors se demander s'il est bien utile de s'encombrer de ces nombres irrationnels, plutôt que de les remplacer une fois pour toutes par des approximations décimales. Mais ce serait une sottise de vouloir les mettre à la porte purement et simplement. D'une part, parce qu'ils reviendraient par la fenêtre, sous la forme de sinus et de cosinus notamment (voir ci-dessous). D'autre part, parce que dans certains calculs il est plus rapide et plus simple de manipuler des racines carrées que leurs valeurs approchées. Il est plus simple d'écrire $\sqrt{2} * \sqrt{3} = \sqrt{6}$ que 1,414 * 1,732 = 2,449048. La même remarque vaut pour les nombres fractionnaires. Il est plus facile d'additionner les nombres à virgule que les fractions (c'est même pour cela que les nombres décimaux ont été inventés) ; mais pour les multiplications, c'est souvent le contraire. $\frac{2}{3} * \frac{3}{4} = \frac{2}{4} = \frac{1}{2}$, alors que le même calcul en nombres décimaux donne 0,666 * 0,75 = 0,4995, résultat non seulement inexact mais plus compliqué.

Enfin, le remplacement d'irrationnels ou de fractions par des valeurs approchées décimales est possible dans les calculs particuliers ; mais quand une formule scientifique comporte des racines carrées ou des sinus, il n'y a rien qu'on puisse leur substituer.

Il reste qu'avec les calculatrices de poche et les programmes informatiques, tous les calculs s'effectuent en nombre décimaux, et qu'on ne peut rien contre le progrès...

N'en jetez plus, la cour est pleine

En dehors de π et des racines (carrées, cubiques ou autres), les mathématiciens ont créé une grande variété de nombres qui se sont révélés irrationnels. Ainsi des rapports trigonométriques (sinus, cosinus, tangente). Si la mesure d'un angle en degrés est un nombre entier ou fractionnaire, son sinus est irrationnel (à l'exception des angles de 0 et 30 degrés). Inversement, si le sinus est rationnel, c'est l'angle en degrés qui ne l'est pas. Il en va de même pour le cosinus et la tangente.

Il y a aussi les logarithmes, créés par John Napier en 1614 (logarithmes népériens), supplantés dix ans plus tard par les logarithmes décimaux de Henry Briggs. Le but recherché était d'alléger les calculs des astronomes, en remplaçant les multiplications par des additions et les divisions par des soustractions. Au lieu de multiplier deux nombres, on additionne leurs logarithmes.

Là encore, sauf cas exceptionnels, le logarithme d'un nombre rationnel est irrationnel. Napier et Briggs fournissaient des tables de correspondance entre des nombres fractionnaires et leurs logarithmes. Aujourd'hui, ce sont les calculatrices qui permettent de passer d'un nombre à son logarithme et vice-versa.

Ces mêmes calculatrices rendent d'ailleurs les logarithmes obsolètes dans leur rôle d'origine : quand on ne calcule plus rien soi-même, il ne reste rien à alléger. Mais entre-temps, les logarithmes ont trouvé d'autres utilisations qui n'étaient pas prévues au départ. On les retrouve dans de nombreuses sciences, par exemple dans la désintégration radioactive en physique, le ph des solutions acides en chimie, ou encore dans les décibels qui mesurent les niveaux sonores ou la puissance des signaux.

C'est du reste un sort commun, dans l'histoire des mathématiques, que le problème à l'origine d'une nouvelle catégorie d'objets passe ensuite à l'arrière-plan et que la nouvelle notion finisse par servir à tout autre chose. Les mathématiques ne font en l'occurrence qu'imiter la nature, qui est une grande machine à recycler, comme nous l'explique Darwin :

> L'exemple de la vessie natatoire chez les poissons est excellent, en ce sens qu'il nous démontre clairement le fait important qu'un organe primitivement construit dans un but distinct, c'est-à-dire pour faire flotter l'animal, peut se convertir en un organe ayant une fonction très différente, c'est-à-dire la respiration. [...] La vessie natatoire a été réellement convertie en poumon, c'est-à-dire en un organe exclusivement destiné à la respiration[8].

De façon analogue, les racines carrées, liées initialement à l'hypoténuse du triangle rectangle, figurent aujourd'hui dans un grand nombre de lois physiques où il n'y a pas la moindre hypoténuse (ou alors vraiment bien cachée), comme par exemple l'une des formules de la relativité restreinte : $m = \dfrac{m_0}{\sqrt{1-\dfrac{v^2}{c^2}}}$ (m désignant la masse de l'objet, m_0 sa masse au repos, v sa vitesse et c la vitesse de la lumière) ; ou encore dans la période du pendule pour les faibles oscillations : $T = 2\pi\sqrt{\dfrac{l}{g}}$ (l étant la longueur du pendule et g = 9,81 l'accélération due à la pesanteur). Dans cette dernière formule figure également le nombre π, alors qu'il n'y a pas de cercle, en apparence du moins. Le physicien américain Richard Feynman décrit lui-même son étonnement de rencontrer ce nombre à tous les coins de rue :

> Un beau jour, dans l'un de ces manuels, je suis tombé sur la formule qui donne la fréquence propre d'un circuit oscillant : $f = \dfrac{\pi}{2}\sqrt{LC}$, où L est l'inductance du circuit et C sa capacité. Mais *pi* ? De quel cercle s'agissait-il ?[9]

Il aurait pu tout aussi bien s'étonner du reste de la formule : Mais *racine carrée* ? De quelle hypoténuse s'agissait-il ?

Les petits derniers de la famille

Les nombres complexes sont un autre exemple d'outil mathématique créé dans un but spécifique, mais ayant trouvé de nombreuses autres applications par la suite. On s'en sert aujourd'hui dans les circuits électriques, en traitement du signal, en géométrie. À l'origine, au XVI° siècle, ils n'étaient qu'un artifice de calcul introduit pour résoudre les équations du troisième degré – une question fondamentale dans le développement mathématique à cette époque, mais qui a perdu une grande partie de son intérêt aujourd'hui avec les ordinateurs.

Un nombre complexe se présente comme $5 + \sqrt{-64}$, qu'on peut aussi écrire $5 + 8\sqrt{-1}$, ou encore $5 + 8i$, où par convention i représente $\sqrt{-1}$. 5 est sa partie réelle, 8i sa partie imaginaire.

Mais on aurait bien tort de prendre pour argent comptant les mots « réel » et « imaginaire ». $\sqrt{-1}$ est qualifié d'imaginaire parce qu'il n'y a pas de nombre réel dont le carré soit égal à -1. Mais il n'y a pas non plus de nombre fractionnaire dont le carré soit égal à 2, en vertu de quoi $\sqrt{2}$ est aussi imaginaire que $\sqrt{-1}$. Certes, $\sqrt{2}$ mètres représentent la diagonale d'un carré ; mais on a du mal à se représenter $\sqrt{2}$ kilogrammes ou $\sqrt{2}$ heures.

(Cf Annexe 14 « L'origine des nombres complexes »).

Les nombres négatifs eux-mêmes peuvent être considérés comme imaginaires – et l'ont été de fait jusqu'au XVII° siècle. Ces nombres, d'origine indienne comme les chiffres arabes, représentaient à l'origine des dettes, ce qui explique les règles de l'addition et de la soustraction lorsqu'on les utilise : ajouter une dette de 50 euros revient à soustraire 50 euros ; soustraire une dette de 50 euros revient à les ajouter.

La règle des signes de la multiplication, en revanche, pose problème. 3 dettes de 15 euros équivalent à une dette de 45 euros, donc $(+3) * (-15) = -45$.

Mais à quoi peut bien correspondre $(-3) * (-15)$? En termes de dette, une telle écriture, n'a aucune signification. C'est par *convention* que cette écriture a été décrétée équivalente à +45. Mais ce choix était le seul compatible avec les règles de calcul lorsqu'on multiplie des nombres positifs.

Quand nous multiplions 11 par lui-même, nous calculons en fait

$(10 + 1) * (10 + 1) = 100 + 10 + 10 + 1$. Si nous remplaçons 1 par (-1), nous aurons

$[10 + (-1)] * [10 + (-1)] = 100 - 10 - 10 + (-1) * (-1)$,
et comme ce calcul représente $9 * 9 = 81$, $(-1) * (-1) = +1$ est bien le seul choix possible.

Voilà pourquoi il n'y a pas de nombre réel dont le carré soit égal à -1 : ce n'est pas une loi de la nature, c'est la conséquence d'une convention adoptée par les mathématiciens – même si cette convention était la seule possible.

Les nombres sont des créatures de l'homme, nous ne devrions jamais l'oublier. Et même $\sqrt{-1}$ n'a pas de quoi nous donner de... complexe.

15. La revanche de Démocrite

La notion de vitesse nous semble aujourd'hui intuitive, pour ne pas dire évidente, habitués que nous sommes aux compteurs de vitesse dans nos voitures (et aux radars sur le bord des routes). Même la vitesse de la lumière, 300 000 kilomètres par seconde, ne parvient plus à nous étonner, comme si c'était la chose au monde la plus facile à mesurer : il doit suffire, en effet, de courir à côté de la lumière pendant une seconde et de constater quelle distance on a parcourue...

Ce faux sentiment d'évidence masque pourtant un paradoxe, car il est impossible de mesurer une vitesse, dans le sens que nous donnons ici au mot vitesse : celui de vitesse *instantanée*.

Ce que l'on mesure est toujours en fait une vitesse *moyenne*. Vous parcourez 100 kilomètres en une heure, votre vitesse moyenne est de 100 km/h – mais rien ne dit que vous avez roulé à vitesse constante d'un bout à l'autre. Admettons que vous ayez franchi 40 kilomètres pendant la première demi-heure et 60 pendant la deuxième : votre vitesse était donc de 80 km/h, puis de 120 km/h, ce qui fait une moyenne de 100. Mais à leur tour, 80 et 120 sont des vitesses moyennes, pendant des intervalles de temps deux fois plus courts. On peut subdiviser encore ces intervalles et mesurer la distance parcourue quart d'heure par quart d'heure, minute par minute et même seconde par seconde... mais on obtiendra toujours des vitesses moyennes.

Pour déterminer une vitesse instantanée, il faudrait mesurer la distance parcourue pendant un intervalle de temps nul...

mais cette distance serait elle-même nulle, et la vitesse correspondante serait un quotient $\frac{0}{0}$, ce qui n'a pas de sens mathématiquement.

Alors, comment votre indicateur de vitesse s'y prend-il pour afficher malgré tout la vitesse instantanée ? La réponse est qu'en fait ce qu'il affiche est une vitesse moyenne calculée sur un temps très bref. Si l'affichage est analogique, les variations de la position de l'aiguille se font sur des laps de temps assez petits pour que l'œil ait une impression de continuité, comme au cinéma lorsque la pellicule déroule 24 images par seconde. Si c'est un affichage numérique, le nombre affiché n'est que la valeur entière la plus proche du résultat calculé, lequel n'est déjà qu'une vitesse moyenne. Du reste, ce que calcule votre indicateur de vitesse est en réalité une intensité électrique moyenne, qui est convertie en vitesse par l'afficheur.

De la vitesse à la dérivée

Mais s'il est impossible de mesurer physiquement une vitesse instantanée, cela n'empêche pas d'en avoir une idée intuitive, ne serait-ce que dans le cas d'un mouvement à vitesse constante : dans ce cas, vitesse instantanée et vitesse moyenne coïncident.

Dans le cas d'un mouvement uniformément accéléré, la vitesse moyenne est égale à la vitesse instantanée atteinte au milieu de l'intervalle de temps, résultat énoncé au XIV° siècle par Nicole Oresme.

Les choses en sont restées là pendant trois siècles, et Galilée lui-même ne distingue pas toujours clairement la vitesse instantanée de la vitesse moyenne.

Il faudra attendre Newton et ses fluxions pour avoir une définition mathématique de la notion de vitesse instantanée. Une vitesse étant le quotient d'une distance par un temps, la vitesse instantanée est la valeur de ce quotient lorsque ces quantités deviennent *évanouissantes*, pour reprendre l'expression de Newton. Traduit en langage d'aujourd'hui, c'est la *limite* de ce quotient lorsque l'intervalle temporel devient infiniment petit.

Au même moment, Leibnitz parvient à un résultat équivalent dans le domaine de la géométrie. La pente d'une sécante à une courbe est le quotient $\frac{\Delta y}{\Delta x}$ de l'accroissement des ordonnées par l'accroissement des abscisses. Lorsque ces quantités deviennent évanouissantes (Leibnitz utilise le même terme que Newton), la sécante devient tangente à la courbe (au point A sur la figure 15-1). Leibnitz remplace alors le quotient $\frac{\Delta y}{\Delta x}$ par $\frac{dy}{dx}$, qui est la limite de $\frac{\Delta y}{\Delta x}$ lorsque Δx tend vers zéro. dx et dy sont des accroissements infiniment petits des variables x et y, que Leibnitz appelle des différentielles.

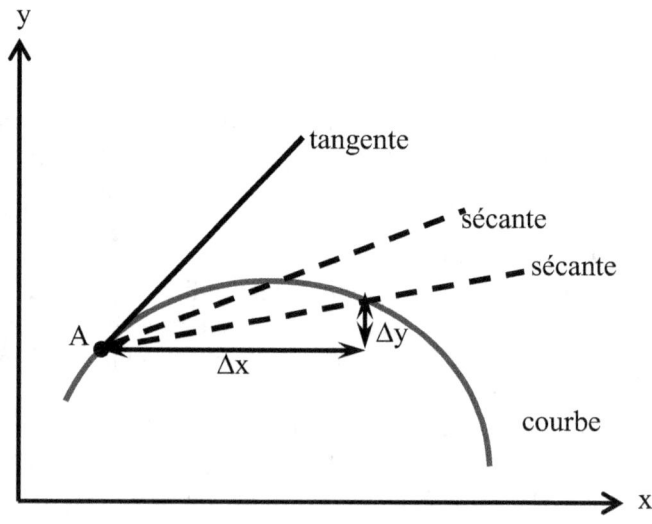

Figure 15-1 - Sécantes et tangente à une courbe

Pas plus que Newton, Leibnitz ne fait intervenir ici la notion de fonction, qu'on apprend aujourd'hui dès le collège. x et y sont pour lui des variables indépendantes ; même si elles sont liées par l'équation de la courbe, elles jouent des rôles parfaitement symétriques. Ce n'est que bien plus tard que Leibnitz fera de y une fonction de x, notion qui sera reprise et approfondie par ses disciples, les frères Bernoulli et Leonhard Euler. Et le quotient des différentielles deviendra alors la dérivée de la fonction.

(Cf Annexe 15 « Les subtilités de la notion de dérivée »).

La dérivée a ses limites

Puisqu'il est impossible de *mesurer* la vitesse instantanée d'un mobile comme on l'a vu plus haut, on peut penser qu'en revanche la dérivée permet de tourner la difficulté en *calculant* ce qu'on ne peut pas mesurer.

En effet, Newton et Leibnitz ont établi des formules donnant la « fonction dérivée » de toutes les fonctions classiques : polynômes, fractions rationnelles, fonctions trigonométriques, logarithmes et exponentielles, ainsi que toutes les combinaisons possibles de ces types de fonction. Ces formules permettent effectivement de calculer la vitesse instantanée des objets dont le mouvement se conforme à l'un de ces types.

Mais les fonctions sont des êtres mathématiques, et un être mathématique est toujours un modèle simplifié de la réalité. En vertu de quoi aucun objet n'a l'obligeance de se déplacer *exactement* selon une loi mathématique élémentaire : la nature ne nous a pas fait ce cadeau.

Les lois de Kepler sur le mouvement des planètes sont des approximations, qui ne tiennent pas compte de l'attraction réciproque entre ces astres. Cette attraction est faible comparée

C'est prouvé scientifiquement

à celle du Soleil, mais suffisante pour perturber leur trajectoire.

De même la loi de la chute des corps, assimilée à une fonction du second degré par rapport au temps, fait abstraction de la résistance de l'air, ce que Galilée lui-même soulignait. Si l'on tient compte de cette force, la loi de la chute des corps est bien moins simple – d'autant que la résistance de l'air est elle-même un phénomène complexe variant non seulement en fonction de la vitesse du mobile, mais aussi en fonction de la température et de la pression.

Et même sans la résistance de l'air, la chute des corps ne serait une loi du second degré que si l'attraction terrestre restait constante ; or elle augmente au fur et à mesure que l'objet en chute libre se rapproche de la Terre. Cette augmentation peut être négligée dans les chutes de faible hauteur, mais pas pour la chute d'un astéroïde par exemple.

Quant à la vitesse de la lumière, elle est de 300 000 km/s dans le vide, mais diminue dans les milieux matériels. Sa valeur est en proportion inverse de l'indice de réfraction. Elle n'est plus que de 225 000 km/s dans l'eau et 198 000 km/s dans le verre. De plus, les différentes couleurs qui composent la lumière se déplacent à la même vitesse dans le vide mais à des vitesses légèrement différentes dans un milieu matériel. C'est ce qui provoque leur dispersion dans un prisme ou dans les gouttes d'eau d'un arc-en-ciel.

Sur le plan théorique, ce n'est d'ailleurs pas une dérivée qui donne la vitesse de la lumière dans le vide, mais la résolution des « équations de Maxwell ». On y trouve bien des dérivées, mais elles portent sur des phénomènes électriques et magnétiques, et non sur le mouvement d'un corps. La lumière n'est pas un corps matériel dans ces équations, c'est une onde électromagnétique, et c'est la vitesse de propagation de cette onde qui est calculée.

Ce calcul n'a fait du reste que confirmer et préciser des chiffres obtenus précédemment par la voie expérimentale. Au

XVII° siècle, l'astronome danois Roemer avait obtenu une première estimation de 227 000 km/s environ en étudiant les éclipses d'un satellite de Jupiter. Au XIX° siècle, des expériences de physique réalisées par les Français Fizeau et Foucault ont fourni des valeurs de 315 000 km/s et 300 000 km/s respectivement pour la vitesse de la lumière.

Comment calculer la dérivée dans la vraie vie ?

Dans la vraie vie, les mouvements ne se présentent pas en disant « bonjour, je suis un mouvement du second degré par rapport au temps » ou « salut, moi, je suis un mouvement sinusoïdal ». On ne dispose donc pas d'une formule explicite comme $h = h_0 - \frac{1}{2} gt^2$, ou $y = \sin(2x - 3)$, à laquelle on pourrait appliquer les règles de la dérivation. Tout ce qu'on a, c'est un ensemble discret et fini de valeurs de x, avec pour chacune la valeur correspondante de y ; ou de valeurs de t avec la valeur associée de h.

À partir de ces valeurs, on peut calculer la variation Δx qui sépare deux valeurs successives de x, et la variation Δy correspondante. Leur quotient $\frac{\Delta y}{\Delta x}$ indiquera le taux de variation entre ces deux x consécutifs. Mais ici, il est impossible de faire tendre Δx vers zéro, parce qu'entre deux valeurs successives de x, il n'y a rien, contrairement à ce qui se passe quand on étudie une fonction donnée par une formule.

Certes, des dispositifs expérimentaux permettent parfois de ruser et d'obtenir une trace continue du mouvement, comme sur un électrocardiogramme par exemple. Mais il s'agit d'une illusion d'optique en réalité. Examinée au microscope, la trace « continue » apparaîtra comme un ensemble de taches d'encre, de même qu'une ligne droite sur un écran d'ordinateur est en fait une succession de pixels.

C'est prouvé scientifiquement

Ce qu'on peut faire dans la vraie vie, c'est augmenter le nombre d'échantillons observés et diminuer l'intervalle entre deux x successifs. Mais un intervalle plus petit demeure un intervalle, et un Δx ne deviendra jamais infiniment petit par ce procédé. Ce qu'on calcule sera toujours un $\frac{\Delta y}{\Delta x}$ et jamais un $\frac{dy}{dx}$ – toujours une vitesse moyenne et jamais une vitesse instantanée.

Le livre de physique de Première S déjà cité au chapitre 10 le mentionne d'ailleurs explicitement dans son cours sur l'énergie cinétique : « On estime la vitesse instantanée v de ce point à un instant précis, noté t, en calculant la vitesse moyenne de ce point sur une durée Δt la plus courte possible autour de l'instant t considéré[1]. »

Il n'y a donc pas de dérivée dans le monde physique. Cela peut paraître contradictoire avec le fait que les physiciens utilisent cet outil toutes les trois minutes. Mais ils l'appliquent à leurs modèles mathématiques, pas aux phénomènes physiques eux-mêmes.

La diminution de la taille des intervalles se heurte d'ailleurs à une barrière physique : la structure de la matière elle-même. Ce qui permet de faire tendre Δx vers zéro dans le monde mathématique, c'est qu'entre deux nombres réels il y a toujours d'autres nombres réels (c'est même vrai en se limitant aux nombres rationnels). De même, entre deux points d'une droite, il y a toujours d'autres points. Mais il s'agit d'une droite sans épaisseur et de points sans dimension – des créations de l'esprit humain. Dans le monde matériel, une droite est formée d'atomes. Et même si les atomes ne sont pas de simples petites boules, même si leurs propriétés ne reproduisent pas celles du monde à notre échelle, on ne dira jamais qu'entre deux atomes, il y a obligatoirement d'autres atomes.

C'est prouvé scientifiquement

Ne pas mélanger les atomes et les serviettes

Qu'on ne puisse diviser indéfiniment la matière, qu'on aboutisse au bout d'un moment à une limite, c'est le fondement de la théorie atomiste depuis ses origines dans l'Antiquité. On associe cette théorie à Démocrite (V° siècle avant J.C.), mais Démocrite l'a reprise de son aîné Leucippe ; et ces deux philosophes grecs ont même un prédécesseur au siècle précédent, le philosophe indien Kanada.

L'école pythagoricienne elle-même avait une conception du monde implicitement atomiste, sans utiliser le mot. Comme l'explique Tobias Dantzig :

> « Le point est l'unité de position » : telle était la base de la géométrie pythagoricienne. Derrière ce langage imagé, nous découvrons l'idée simpliste de la ligne constituée par une succession d'atomes, exactement comme un chapelet fait d'une série de grains ; pour si petits que soient les atomes, l'homogénéité de leur substance, leur égalité de poids peuvent bien les faire adopter comme l'ultime unité de mesure ; par conséquent, étant donné deux segments de droite, le rapport de leurs longueurs n'était autre chose, pour les Pythagoriciens, que le rapport de leur nombre d'atomes[2].

On sait que cette conception fut mise à mal par la découverte du caractère incommensurable de la diagonale du carré. Si cette diagonale est constituée d'atomes identiques, et s'il en va de même pour le côté du carré, leur rapport est celui de deux nombres entiers :

$$\frac{\text{nombre d'atomes de la diagonale}}{\text{nombre d'atomes du côté}}$$

Or le carré de ce rapport doit être égal à 2 ; mais il est impossible d'obtenir 2 en multipliant une fraction par elle-même. Deux voies étaient possibles pour sortir de cette contradiction : soit affiner la conception atomiste rudimentaire des pythagoriciens, soit rejeter la notion d'atome. Leucippe et Démocrite choisirent la première option, comme nous le relate Lancelot Hogben :

> Pour représenter un espace comme une collection d'atomes distincts, ils s'aperçurent qu'il faut les séparer par un vide et, puisque vous ne pouvez pas faire une figure convenable avec des atomes espacés également les uns des autres, des nombres d'atomes, comptés dans des directions différentes, se rapportent à des échelles de mesures différentes[3].

Mais la majorité des philosophes grecs prit une orientation opposée. Puisque la matière ne semblait pas vouloir se conformer à leurs idées, ils se détournèrent de la matière et se réfugièrent dans le monde du raisonnement abstrait se suffisant à lui-même.

La crise provoquée par les incommensurables était pourtant due en grande partie à une confusion entre les points et les atomes. Dans le monde matériel, un carré est constitué d'atomes et non de points. À l'époque de Pythagore, ces atomes (qui ne portaient pas encore ce nom) étaient assimilés plus ou moins consciemment à des grains de sable. Le rapport entre la diagonale et le côté était un rapport entre deux nombres de grains de sables – des nombres très grands, mais finis. Alors que la diagonale « incommensurable avec le côté » est une ligne sans épaisseur constituée de points sans dimension... et en nombre infini.

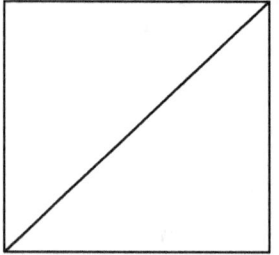 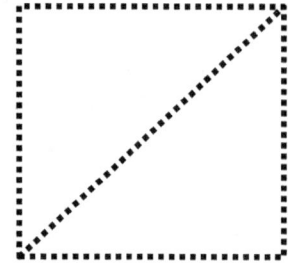

Figure 15-2 : carré mathématique et carré physique

Dans le carré mathématique, les extrémités de la diagonale coïncident *exactement* avec les extrémités des côtés ; dans le carré physique, ce ne sera pas le cas, ou alors les atomes de la diagonale ne seront pas tout à fait alignés. De même, dans le carré mathématique, l'aire de chacun des deux triangles découpés par la diagonale est *exactement* la moitié de celle du carré ; dans le carré physique, il faut retrancher de cette moitié l'épaisseur de la diagonale. Le carré construit en prenant la diagonale comme côté aura donc une aire légèrement inférieure à 2, et le problème de l'irrationalité de $\sqrt{2}$ ne se posera pas.

Ce qui vaut pour le carré vaut également pour les autres figures géométriques. Le rapport entre le périmètre et le diamètre n'est égal à π que dans un cercle idéal, formé de points. Dans un cercle matériel, ce rapport est une valeur approchée de π, le rapport de leurs nombres d'atomes respectifs. Là aussi, les extrémités du diamètre physique ne coïncideront pas exactement avec des atomes du cercle physique, ou alors les atomes de ce diamètre ne seront pas tout à fait alignés, ou ils seront espacés de façon irrégulière. Et la nature quantique des atomes, l'impossibilité de les localiser exactement au sens de la physique classique, ne fait qu'éloigner davantage le cercle réel de son modèle mathématique.

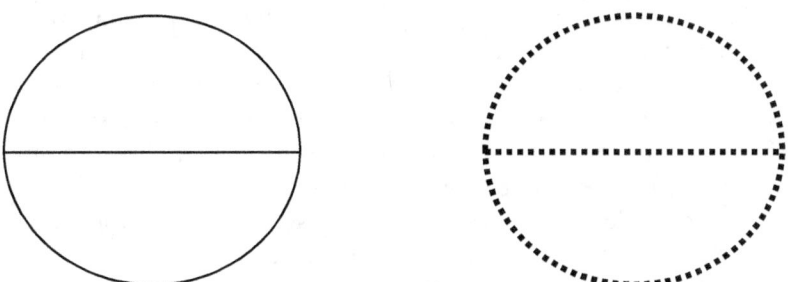

Figure 15-3 : cercle mathématique et cercle physique

La nature n'a horreur de rien

L'atomisme de Démocrite n'était qu'une hypothèse, que rien ne permettait de vérifier à l'époque. L'idée qu'on pouvait s'en faire, par analogie avec les objets physiques à notre échelle, était bien éloignée de la notion d'atome telle que la physique moderne l'a développée. Mais c'était une piste qui méritait d'être explorée. Et c'était la seule théorie qui distinguait clairement la réalité physique d'un côté, et de l'autre les modèles mathématiques formés de lignes imaginaires, de surfaces sans épaisseur, de points sans dimension.

C'est contre cette théorie atomiste que s'est dressé Aristote dans sa *Physique*. Avec un argument célèbre passé à la postérité : « La nature a horreur du vide[4]. » Selon lui, le vide séparant les atomes rendrait impossible le mouvement, celui-ci ayant besoin d'un milieu matériel pour se propager. C'est pourquoi Aristote remplissait l'espace supralunaire avec l'éther, un gaz subtil censé permettre la révolution des astres autour de la Terre. Quant aux mouvements sublunaires, ils se produisaient dans une matière continue, que ce soit l'air, l'eau ou la terre.

Que la matière soit continue, c'était le fruit d'un pur raisonnement abstrait : puisqu'on peut diviser indéfiniment un segment de droite mathématique, rien n'empêche d'en faire autant avec un objet matériel. Ici, comme dans toute sa *Physique*, Aristote redevenait un disciple de Platon – malgré tout ce qui les opposait : il considérait le monde réel comme une *réalisation* (imparfaite) du monde des idées. Démocrite, lui, considérait les idées comme des images (plus ou moins fidèles) du monde réel dans notre esprit.

Sur le vide comme sur les atomes, c'est Démocrite qui avait raison contre Aristote. Les atomes sont toutefois bien plus petits que les esprits les plus audacieux n'auraient pu le concevoir. Et le vide n'existe pas seulement *entre* les atomes : les atomes eux-mêmes sont faits principalement de vide, leur masse étant concentrée dans un noyau de dimension encore plus infime.

On dira qu'il est facile, vingt-quatre siècles après Aristote, d'accabler ce dernier au nom de connaissances scientifiques qu'il ne pouvait avoir de son temps. Certes. Mais on ne saurait oublier l'obstacle considérable qu'a constitué la doctrine aristotélicienne dans l'histoire des sciences, que ce soit en physique, en chimie, en médecine ou en astronomie : dans toutes ces disciplines, l'autorité d'Aristote a été opposée aux idées nouvelles dont la science moderne est issue. Et il n'était pas sans risque, pour les savants d'autrefois, de prendre le contrepied d'un système qui, à partir du XIII° siècle, est devenue partie intégrante du dogme catholique !

La continuité, une vue de l'esprit ?

Quant à la notion de continu, elle est tout à fait légitime en mathématiques, mais tout à fait hors-sujet dans le monde matériel. Comme l'écrit Marcus du Sautoy dans *Le mystère des nombres* :

> La physique nous empêche de diviser une chose au-delà d'une certaine limite, déterminée par ce qu'on appelle la constante de Planck. En effet, selon les physiciens, il est impossible de mesurer une distance plus petite que 10^{-34} m sans créer un trou noir qui avalerait l'appareil de mesure. [...] Mais les mathématiciens ne sont pas des physiciens – nous, nous vivons dans un monde où l'on peut diviser une droite infiniment de fois sans risquer pour autant de disparaître dans un trou noir[5].

C'est prouvé scientifiquement

La notion de continuité ne nous est pas pour autant tombée du ciel, elle correspond d'une certaine façon aux propriétés du monde extérieur. Mais tout est dans cette « certaine façon ».

Il y a en fait deux aspects dans ce concept de continuité, l'un spatial, l'autre temporel.

Sur le plan spatial, le sentiment de continuité provient de notre incapacité à distinguer des détails en dessous d'une certaine échelle (disons un dixième de millimètre pour fixer les idées). Il est donc le fruit non pas de nos perceptions, mais des *limites* de ces perceptions, elles-mêmes liées aux structures de l'œil, de la rétine et de ses cellules optiques. Quand nous parvenons à repousser ces limites, la discontinuité de la matière peut alors être observée. Une feuille de papier qui semble parfaitement compacte à l'œil nu ne l'est plus du tout, vue au microscope électronique.

Sur le plan temporel, le mécanisme de la vision n'est ni continu, ni fluide. Il se déroule par séquences d'environ $1/40^{\text{ème}}$ de seconde, durant lesquelles la rétine transforme la lumière reçue en impulsions électriques que le cerveau traduit à son tour en images persistantes. C'est donc le cerveau, en dernière instance, qui fabrique du continu à partir d'une série de flashs, comme le projecteur cinématographique fabrique (en apparence) du continu à partir d'images séparées.

Il en va donc de la continuité comme des figures géométriques, des nombres irrationnels ou des équations : toutes ces notions traduisent des propriétés du monde extérieur, mais sont néanmoins des produits de l'esprit humain et non des concepts existant par eux-mêmes en dehors de notre cerveau. Ce qui ne remet nullement en cause leur bien-fondé, au contraire. Pour étudier un mouvement à partir d'un ensemble de données expérimentales, un physicien cherchera le modèle mathématique (continu) qui s'adapte le mieux à ces données (discrètes), et il utilisera les dérivées pour en calculer la vitesse et l'accélération ; ou au contraire les intégrales pour remonter de l'accélération à la vitesse et de la vitesse à la position du mobile. Tout en restant conscient qu'un modèle n'est qu'un modèle – et non le phénomène lui-même.

Ce type de transition d'une réalité discrète à un modèle continu [écrit Ian Stewart dans son livre *Les mathématiques du vivant*] est aujourd'hui une stratégie couramment utilisée en mathématiques appliquées, car elle permet d'aborder le problème avec la puissante théorie des équations différentielles. [...] Le système réel est constitué d'atomes discrets, très petits mais non divisibles à l'infini, ce dont s'affranchissent les modèles mathématiques correspondants. L'expérience montre que les modèles continus fonctionnent très bien pourvu que les dimensions des composantes discrètes soient très petites devant l'échelle des phénomènes étudiés[6].

La matière est discrète... et la lutte continue

Aristote ayant réussi à imposer ses vues hostiles à l'atomisme, celui-ci eut bien du mal à se maintenir dans les siècles suivants. On en trouve des échos chez Épicure et Lucrèce, ou de façon plus folklorique chez certains alchimistes du Moyen Âge. Au XIV° siècle, l'hypothèse atomiste est discutée par les universitaires d'Oxford dont le plus connu est Thomas Brawardine. Au XVI° siècle, elle est ouvertement défendue par Giordano Bruno (qui finira sur le bûcher en 1600).

À son tour, Galilée prend parti pour les *indivisibles* (ce qui est le sens du mot grec *atomos*). C'est le terme que reprend son disciple Cavalieri dans sa nouvelle méthode de calcul, ancêtre du calcul intégral. En France, c'est Pierre Gassendi qui est le principal théoricien de l'atomisme au XVII° siècle. Chez tous ces auteurs persiste cependant l'ambiguïté sur le statut de ces indivisibles, qui sont à la fois des points géométriques et des atomes physiques.

Les opinions divergent d'ailleurs parmi les promoteurs du nouveau calcul, entre atomistes plus ou moins déclarés (Cavalieri, Barrow, Newton) et défenseurs du continu (Roberval, Leibnitz).

Il faudra finalement attendre le début du XX° siècle pour que la réalité des atomes ne fasse plus débat parmi les scientifiques. La matière est bien de nature discrète, formée d'éléments séparés les uns des autres par le vide, et non d'un continuum comme le voulait Aristote.

Mais la revanche de Démocrite est allée plus loin encore, car cette nature discrète ne se limite pas à la matière. Elle est aussi celle de l'électricité, ainsi que le soulignent Einstein et Léopold Infeld :

> L'électricité a été regardée au début come une quantité continue. On pouvait, d'après ces anciennes conceptions, faire varier l'intensité de la charge par degrés arbitrairement petits. Il n'était pas nécessaire de supposer des quanta électriques élémentaires. [...] La question importante qui se pose ensuite est de savoir si la nature de ce fluide négatif est « granulaire », si, oui ou non, il est composé de quanta électriques. De nombreuses expériences indépendantes les unes des autres montrent que l'existence d'un quantum élémentaire d'électricité négative est hors de doute. Le fluide électrique négatif est constitué par des grains, exactement comme la plage est composée de grains de sable, ou une maison est constituée de briques[7].

Et finalement, l'énergie elle-même, dans laquelle le continu semblait avoir trouvé son dernier refuge, s'est avérée constituée de quanta élémentaires. « Toute la physique se trouve placée sous le primat du discontinu », résume Léna Soler dans *Histoire et philosophie des sciences*. « Il n'y plus que des quanta : quanta de lumière, quanta de matière (atomes), et quanta d'électricité (électrons)[8]. »

Chassée du monde matériel, la notion de continu pourrait bien se révéler être en vérité un attribut du vide – ce fameux vide dont la nature est réputée avoir horreur. Les temps sont décidément durs pour ce pauvre Aristote !

16. Que la science soit !

> Si on vous dit : « La science montre que... », répondez : « Comment la science le montre-t-elle ? Comment les savants ont-ils trouvé ça ? »
> Richard Feynman[1]

Que faut-il répondre à un enfant lorsqu'il demande à ses parents : « C'est quoi, un atome ? ». « C'est très simple, lui direz-vous, $\frac{\hat{p}}{2m} |\Psi(t)\rangle + V(\hat{r},t) |\Psi(t)\rangle = i \frac{h}{2\pi} \frac{\partial}{\partial t} |\Psi(t)\rangle$ ». C'est la seule réponse scientifiquement exacte, et nous devons la vérité à nos enfants.

(Tous les lecteurs ont évidemment reconnu ci-dessus l'équation de Schrödinger et la fonction d'onde $\Psi(t)$).

D'autres présentations du sujet sont néanmoins possibles, mais sachez que si vous y recourrez, le père Bachelard viendra vous fouetter. Vous pouvez dire à votre enfant, s'il est encore jeune, que les atomes sont de minuscules grains de matière, si petits qu'on ne peut pas les voir et qu'on ne peut pas les couper en deux.

Si votre enfant est en fin d'école primaire ou en début de collège, vous pouvez rectifier le tir et lui montrer le modèle de Rutherford avec les électrons tournant autour du noyau.

S'il est au lycée, ça fait longtemps que votre enfant ne vous écoute plus, mais son professeur de physique ne manquera pas de le remettre dans le droit chemin en lui parlant des couches électroniques et de l'atome de Bohr.

Et si votre enfant fait lui-même des études de physique, il faudra de toute façon qu'il en vienne à l'équation de Schrödinger. Alors qu'il aurait été tellement plus logique de commencer par là…

Il y a encore une troisième façon de parler de l'atome, qui n'est pas contradictoire avec la précédente mais complémentaire au contraire : c'est de retracer l'histoire de cette notion, de l'Antiquité à nos jours en passant par les indivisibles de Galilée, les masses atomiques de Dalton, le pudding de Thomson et les expériences de Rutherford.

Et pourtant, elle n'a pas l'air de tourner

Ce qui est vrai pour l'atome ne l'est pas moins pour le reste de la science. On enseigne aujourd'hui aux élèves que c'est la Terre qui tourne autour d'elle-même en une journée, et non le Soleil et les étoiles, comme le croyaient nos stupides ancêtres. Mais nos stupides ancêtres voyaient bel et bien le Soleil se déplacer dans le ciel au cours de la journée pendant qu'ils labouraient leur champ, ou les étoiles bouger au cours de la nuit quand ils se levaient pour aller uriner au fond de leur jardin. Alors que nos brillants élèves d'aujourd'hui, quand il leur arrive de lever les yeux de leur smartphone, ne voient que du béton et des lampadaires. La première chose qu'il faudrait donc leur enseigner, c'est qu'il existe un Soleil et des étoiles – et même une Terre, sur laquelle ils posent leurs pieds.

Après cette découverte stupéfiante, il faudrait emmener les élèves sur le terrain pour qu'ils constatent de leurs propres yeux le mouvement apparent du Soleil et des étoiles. Cette *expérience commune* ne manquera pas de créer chez eux un *obstacle épistémologique* et vaudra à l'enseignant la venue du père fouettard. Mais pendant ce temps, le premier de la classe aura consulté son smartphone et lancera hardiment à son prof : « M'sieur, la science montre qu'en fait c'est la Terre qui tourne autour d'elle-même ». Ayant lu et retenu l'exergue en tête de ce chapitre, le professeur répondra : « Comment la science le montre-t-elle ? Comment les savants ont-ils trouvé ça ? » Il pourra alors briller en parlant de la tache de Jupiter que Galilée a vu tourner dans sa lunette (cf chapitre suivant, partie encadrée), ou du pendule de Foucault sous le dôme du Panthéon.

La semaine suivante, quand, revenu en salle de classe, notre éminent pédagogue fera copier à ses élèves que l'âge de la Terre est de 4,5 milliards d'années, un autre élève ne manquera pas de lui demander d'un air sournois, deux points ouvrez les guillemets :

Comment les savants ont-ils trouvé ça ?

Oui, justement, comment les savants ont-ils trouvé ça, vu qu'il y a 4,5 milliards d'années personne n'était là pour filmer la scène ?

La réponse est que les savants n'ont pas trouvé ça d'un seul coup, que ça leur a pris deux bons siècles, pendant lesquels ils se sont beaucoup disputés.

Il y a eu d'abord les calculs sur le temps nécessaire au refroidissement d'une Terre initialement en fusion. Buffon, au XVIII° siècle, est arrivé à une première estimation de 75000 ans ; un siècle plus tard, Kelvin en était à 24 millions d'années, ce qui est encore loin de 4,5 milliards. En fait, la Terre s'est refroidie bien plus lentement à cause de la radioactivité qui règne dans ses couches internes, un phénomène dont on ignorait tout jusqu'à la fin du XIX° siècle.

C'est prouvé scientifiquement

Figure 16-1 : L'expérience du pendule de Foucault (1851)

Cette expérience consistait à faire osciller un pendule de 67 mètres de long sous le dôme du Panthéon pendant plus d'une journée. On a pu vérifier que le plan vertical des oscillations tournait en sens inverse de celui de la Terre, comme le prévoyait la théorie.

C'est la radioactivité qui a permis finalement de déterminer l'âge de la Terre. Chaque corps radioactif a une période de désintégration, une « demi-vie », au terme de laquelle la moitié de ses atomes se sont transformés en un autre élément. La proportion entre l'élément radioactif et l'élément transformé permet de calculer depuis combien de temps la désintégration est à l'œuvre. Pour l'uranium 238, la demi-vie est de 4,5 milliards d'années ; et il existe un minéral, le zircon, dans lequel des traces d'uranium sont mélangées à 50 % avec du plomb, qui est le produit de désintégration de l'uranium. Comme on n'a jamais trouvé de zircon contenant des traces de plomb sans uranium, la totalité du plomb dans un zircon provient de la désintégration, et la proportion de 50 % correspond donc à un âge de 4,5 milliards d'années.

La radioactivité permet aussi de dater les fossiles, et les plus anciennes traces de vie que l'on ait retrouvées remontent à 3,8 milliards d'années, ce qui est cohérent avec l'âge de notre planète.

Mais dès le début du XIX° siècle, certains savants défendaient l'idée d'une Terre vieille de plusieurs milliards d'années. C'était le cas de Lamarck notamment, comme ce sera celui de Darwin un demi-siècle plus tard. Les deux estimaient que l'évolution avait eu besoin de telles durées pour aboutir aux espèces actuelles à partir des espèces disparues les plus anciennes révélées par leurs fossiles.

Car si l'on ne savait pas encore dater les fossiles au XIX° siècle, on savait en revanche classer les couches géologiques qui les contiennent, des plus récentes aux plus anciennes à mesure qu'on s'enfonce plus profondément dans le sol. Ces couches correspondent à autant d'époques géologiques, et les naturalistes sont ainsi parvenus à reconstituer l'histoire de la vie avec ses ères (Primaire, Secondaire, Tertiaire, Quaternaire) et leurs subdivisions (Carbonifère, Jurassique, Crétacé, etc.). Tout cela constituait une datation relative, en attendant la datation absolue qui sera obtenue au XX° siècle.

Il est intéressant de noter que d'autres sciences ont procédé de façon analogue, calculant des données relatives en fonction d'une donnée de base qui serait déterminée plus tard. Les premières estimations de la distance Terre-Lune furent données en prenant comme unité le rayon terrestre, qu'on connaissait mal à l'époque. De même Copernic, au XVI° siècle, calcula la distance relative des planètes au Soleil, en prenant pour unité la distance Terre-Soleil. Un siècle plus tard, les télescopes donnèrent de premières estimations des distances Terre-Mars et Terre-Vénus, ce qui permit d'en déduire la distance Terre-Soleil et de résoudre l'ensemble du Système.

En chimie, les masses atomiques de tous les éléments ont été calculées dès le XIX° siècle en prenant comme unité la masse de l'atome d'hydrogène... laquelle ne sera connue qu'au XX° siècle.

De l'histoire des sciences ? Et puis quoi encore !

Que l'histoire des sciences n'ait pas sa place dans l'enseignement est une aberration qui a été dénoncée à de multiples reprises. « Au cours de ma carrière, j'ai entendu maintes fois réclamer sans succès l'introduction de l'histoire des sciences dans l'enseignement », écrivait Maurice Fréchet en 1947[2]. Soixante-dix ans plus tard, hélas, rien ou presque n'a changé en la matière.

L'histoire des sciences a certes droit de cité désormais dans les manuels scolaires, au niveau collège ou lycée. Mais elle se résume à des anecdotes en introduction de chapitre, ou à cinq lignes consacrées à la figure d'un mathématicien, le cours lui-même étant présenté ensuite sans aucune perspective historique. Les futurs professeurs de maths, physique-chimie ou SVT ne reçoivent aucune formation dans ce domaine. Ceux qui veulent introduire de l'histoire des sciences dans leur enseignement ne peuvent compter que sur leur propre initiative, et ce sera pour eux une course d'obstacles : leurs collègues les regarderont de travers, le chef d'établissement ne prodiguera aucun encouragement, les parents d'élèves s'inquièteront de savoir « si on terminera le programme », etc.

Et puis, où trouver la documentation adéquate ? On peut, comme tout le monde le fait aujourd'hui, aller sur Wikipédia, dont les articles scientifiques comportent souvent une brève introduction historique. C'est mieux que rien, ça a le mérite d'exister, mais ça ne permet pas à un enseignant de construire un cours en y donnant toute sa place à l'aspect historique.

Les livres d'histoire des sciences, quant à eux, sont le plus souvent écrits par des universitaires. Comme l'opinion dominante dans ce milieu-là est que la science doit se mériter, ce sont donc des livres qui se méritent. Rares sont ceux qui essaient de donner une vue d'ensemble et de se mettre au niveau du grand public. Parfois abordables au début, ils deviennent généralement inaccessibles (y compris pour des enseignants de la discipline correspondante) lorsqu'on aborde le XIX° siècle, parfois même dès le XVII°.

C'est encore pire lorsqu'on veut lire dans le texte les écrits des savants eux-mêmes. Galilée, l'un des rares pourtant qui ait essayé de se mettre à la portée de non-spécialistes, saute constamment d'un sujet à l'autre, il n'y a aucun fil conducteur dans ses livres (comme chez Platon, auquel il emprunte la forme dialogue). Les autres savants du XVII° siècle écrivaient en latin, avec des tournures de phrase propres à cette langue, qui furent ensuite traduites en français... mot à mot le plus souvent ; le charabia qui en résulte a de quoi décourager les meilleures volontés – et il s'agit de démonstrations qui sont déjà loin d'être évidentes par elles-mêmes.

Chez Euclide, l'arithmétique est traitée géométriquement, les nombres sont illustrés par des segments – mais le segment s'appelle une droite. Partager une droite par son milieu peut donc signifier « prendre la moitié d'un nombre » – et tout à l'avenant. Les symboles modernes comme +, –, x, $\sqrt{}$ ou même = n'existent pas chez les anciens ; et sans les formules,

les démonstrations ne sont pas plus simples à suivre, bien au contraire !

Avec Darwin, il y a bien un fil conducteur, mais les digressions sont si nombreuses qu'on perd ce fil constamment et qu'on est littéralement noyé dans les détails.

Mais le principal obstacle, pour les professeurs qui veulent faire de l'histoire des sciences, c'est que les programmes officiels ne s'y prêtent pas, n'ont pas été pensés dans cette optique. C'est à ce niveau-là que tout est à revoir.

L'autre façon d'enseigner les mathématiques...

Car le but n'est pas d'« introduire » artificiellement de l'histoire dans un cours de maths déjà existant et conçu dans une logique axiomatique. L'objectif est de placer le cours dans une perspective historique pour redonner du *sens* à la science, pour qu'elle cesse d'apparaître aux élèves comme une collection de formules à apprendre pour l'interrogation écrite. Maurice Fréchet avait parfaitement perçu ce problème dans son article de 1947 :

> Je craindrais que cette introduction se traduisît surtout par une histoire des *savants*, ce qui est différent, combinée avec une énumération des divers progrès scientifiques et un exposé de *l'ordre* dans lequel ils se sont présentés successivement. Or cet ordre historique n'est ni un ordre logique ni un ordre nécessaire. Ce qui me paraîtrait beaucoup plus utile, c'est que, sans traiter cette histoire comme une matière à part, le professeur, qu'il soit de l'enseignement secondaire ou supérieur, soit invité à montrer, au fur et à mesure de son enseignement, *pour quelle raison* telle ou telle notion mathématique s'est introduite nécessairement ou avec quelle utilité[3].

« Utilité ». Fréchet ne craint pas d'utiliser ce mot tabou, qui donne des boutons aux professeurs de mathématiques parce qu'eux-mêmes ne savent pas à quoi sert leur discipline en dehors des murs de leur classe. Lui qui était mathématicien donne un exemple se rapportant à la physique autant qu'aux mathématiques, bonne illustration du fait qu'il n'existe pas de frontières entre les sciences :

> Un exemple que j'ai cité bien souvent et que je répéterai ici parce qu'il est caractéristique, est celui de la notion de *moment*. Si, comme les élèves sont tentés – et laissés libres – de croire, les Mathématiques avaient été inventées pour poser des problèmes difficiles, pour faire plaisir aux mathématiciens et... embêter les candidats, on aurait pu aussi bien appeler moment d'un vecteur par rapport à un point, un segment qui à la somme du cube du vecteur et du carré de sa distance au point, incliné à 35° de leur plan, etc. Rien ne s'y oppose logiquement, et on aurait eu le droit d'en étudier les propriétés. Mais c'eût été un vain amusement. Au contraire, la notion de moment (et celle de somme géométrique) sont le merveilleux résultat d'un long effort de plusieurs siècles pour tâcher d'exprimer sous une forme simple l'équivalence des effets de deux systèmes de forces, aussi compliqués qu'ils soient, sur un corps solide[4].

En vérité, c'est la notion de vecteur elle-même, et non seulement celle de *moment* d'un vecteur, qui est le « résultat d'un long effort de plusieurs siècles » et qui dérive de la notion de force – quoi qu'un vecteur puisse également représenter une vitesse, un courant électrique et bien d'autres choses encore. Quand cette notion est-elle apparue ? À partir de quels problèmes ? Comment s'est-elle ensuite généralisée ? Dans quels domaines l'utilise-t-on aujourd'hui ? Voilà comment devrait débuter un cours sur les vecteurs en classe de Seconde.

Quant à l'égalité entre vecteurs, elle doit être présentée comme on le faisait autrefois : deux vecteurs $\overrightarrow{AB}$ et $\overrightarrow{CD}$ sont égaux s'ils ont la même direction, le même sens et la même longueur. C'est ainsi que raisonnent les physiciens, les ingénieurs, les architectes. Il faut bannir la définition qui a cours aujourd'hui : deux vecteurs $\vec{AB}$ et $\vec{CD}$ sont égaux si les segments [AD] et [BC] ont le même milieu. Mathématiquement, ces deux présentations sont équivalentes. Mais la première est intuitive, on voit immédiatement ce qu'elle signifie. Dans la deuxième, on ne voit qu'une règle biscornue à appliquer le jour du devoir sur table.

... et les sciences en général

Replacer chaque notion dans son contexte historique n'est pas moins important dans les autres disciplines scientifiques. Rien n'est plus faux que de présenter la science d'aujourd'hui comme détenant la vérité, tout le reste n'étant qu'erreur ou ignorance. La phrase « c'est prouvé scientifiquement » est un non-sens, car la science ne prouve jamais rien. Il n'y a qu'en mathématiques qu'on démontre des théorèmes – à partir d'hypothèses que l'on admet. Dans les sciences de la nature en revanche, on n'admet pas les hypothèses, on cherche au contraire à les vérifier – et elles ne le sont jamais de façon absolue et définitive.

Lorsque Darwin a proposé sa théorie de l'évolution par sélection naturelle en 1859, il a donné des exemples qui allaient dans ce sens, comme la phalène du bouleau, ce papillon dont la couleur a muté par suite de la révolution industrielle. On a pu vérifier depuis que sa théorie s'accorde avec la plupart des découvertes de la paléontologie et de la génétique, et aujourd'hui, elle est acceptée par la majorité des scientifiques – avec des nuances et des réserves. Cela n'en fait pas LA théorie qui explique tout, ce que Darwin lui-même se gardait bien d'affirmer du reste : les savants sont souvent moins doctrinaires que ceux qui se revendiquent d'eux par la suite.

Replacé dans son contexte historique, le darwinisme a pris la relève d'autres théories de l'évolution : le transformisme de

Lamarck au début du XIX° siècle, les systèmes de Buffon et Maupertuis au XVIII°. Ces premières ébauches de l'évolutionnisme s'appuyaient sur l'étude des fossiles et des roches sédimentaires. Elles furent combattues par d'autres savants naturalistes comme Linné et Cuvier, avec des arguments qui n'étaient pas tous débiles, loin de là. Tout cela doit être dit aux élèves, si on veut leur enseigner la science telle qu'elle a été, et non la science telle qu'elle aurait dû être chère à Gaston Bachelard. Comme le souligne Jean-Paul Jouary dans son *Essai sur les sciences et leurs représentations* :

> Apprendre aux élèves quels ont été les résultats des sciences, sans faire intérioriser la nature des obstacles qu'il a fallu vaincre pour y parvenir, les modes de pensée que cela a supposé, le cheminement conceptuel qui y a conduit – ce n'est pas enseigner les sciences, mais faire répéter leurs conclusions comme s'il s'agissait d'opinions. Dès lors, qu'on ne s'étonne pas du voisinage de la conception dogmatique de la vérité avec le relativisme le plus plat, et de la coexistence des diplômes scientifiques avec les croyances les plus archaïques[5].

« Nous connaissons si bien les principes et les concepts de la mécanique moderne, ou plutôt nous y sommes si accoutumés, qu'il nous est presque impossible de voir les difficultés qu'il fallut surmonter pour les établir », écrit de son côté Alexandre Koyré[6]. La remarque est fort juste, même si Koyré se fait par ailleurs une idée caricaturale de ces difficultés, les ramenant toutes aux « préjugés populaires » ou aux fausses évidences de l'« expérience commune ».

Nous avons toutes les peines du monde à comprendre la façon de raisonner des hommes d'autrefois. Leur vie ne ressemblait pas à la nôtre avec juste la wifi en moins. Ils n'avaient pas de montres pour mesurer le temps, par de thermomètres pour mesurer la température, et la plupart d'entre eux passaient leur vie entière sans quitter leur village.

C'est prouvé scientifiquement

Leur univers mental était forcément différent du nôtre et il nous est difficile de l'appréhender. Même chez les savants, la façon de penser n'était pas celle des scientifiques actuels.

L'histoire des sciences peut nous aider à prendre conscience de tout cela. Elle peut nous aider à prendre du recul par rapport à nous-mêmes et nous rappeler que nous aussi, nous sommes les produits d'une évolution.

Mais les puissances qui nous gouvernent ne voient pas cette prise de conscience d'un bon œil. Jour après jour, on nous rabâche qu'il n'y a rien de nouveau sous le Soleil, que les lois économiques actuelles sont éternelles et universelles, et que nous vivons dans la meilleure des sociétés possibles. Cette société-là a besoin d'une science qui ne se discute pas, faite de vérités absolues, une science révélée en quelque sorte. Dieu a donc dit : Que la science soit. Et la science fut.

C'est prouvé scientifiquement

QUATRIÈME PARTIE

COMMENT L'IDÉOLOGIE POLLUE LA SCIENCE

C'est prouvé scientifiquement

17. Tout se passe comme si...

En 1643, Torricelli, un disciple de Galilée, réussit à mettre en évidence l'existence du vide. Les fontainiers de Florence voulaient savoir pourquoi ils ne parvenaient pas à aspirer l'eau de l'Arno à plus de 32 pieds de hauteur (10,33 mètres). Dans son laboratoire, Torricelli remplaça l'eau par du mercure, 13 fois et demi plus lourd. Il en remplit un grand tube à essai d'environ un mètre de hauteur et le retourna sur une cuve remplie également de mercure. Une poche de vide se forma immédiatement dans la partie supérieure du tube, le niveau du mercure se stabilisant à 760 millimètres environ.

La nature n'avait donc horreur du vide que jusqu'à 760 millimètres de mercure, ou 10,33 mètres d'eau. Encore un point sur lequel Aristote s'était fourvoyé !

Quelques années plus tard, l'Allemand Otto von Guericke confirmait l'existence du vide grâce à une pompe de son invention, par l'intermédiaire de laquelle il réussit à aspirer l'air contenu dans une sphère (expérience des hémisphères de Magdebourg).

Le principal argument d'Aristote contre l'atomisme ainsi réfuté, les atomes redevinrent une hypothèse discutée par les savants – et même un sujet à la mode dans les salons de la bonne société. Ils gardaient pourtant leurs adversaires, notamment Leibnitz. La nature qui a horreur du vide fut simplement remplacée, chez lui, par une autre formule : « la nature ne fait pas de sauts[1]. » En vertu de quoi la matière ne peut être que continue, pour se conformer à ce règlement intérieur.

Leibnitz admettait malgré tout la notion d'atome, mais seulement comme une sorte de métaphore. « Il se trouve que les règles du fini réussissent dans l'infini, comme s'il y avait des atomes (c'est-à-dire des éléments assignables de la matière) quoi qu'il n'y en ait point, la matière étant actuellement sous-divisible sans fin », écrit-il dans sa correspondance[2].

Élémentaire, mon cher Dalton

Il est vrai que l'atome restait alors une notion philosophique plus que scientifique, et qu'il n'y avait encore rien de concret derrière.

Ce sont les progrès de la chimie qui ont apporté les premières données sur la nature des atomes. Au début du XIX° siècle, Gay Lussac établit que les combinaisons chimiques se font toujours dans les mêmes proportions, non seulement en masse, mais également en volume lorsqu'il s'agit de gaz. Dans la synthèse de l'eau par exemple, 16 grammes d'oxygène se combinent invariablement avec 2 grammes d'hydrogène ; et en volume, la proportion est toujours d'un volume d'oxygène pour deux volumes d'hydrogène. Inversement, c'est cette même proportion d'un volume pour deux volumes que l'on retrouve quand on décompose l'eau par électrolyse. Et on retrouve aussi la même proportion en masse, 16 grammes pour 2 grammes.

Or, si l'on compare la proportion des masses et celle des volumes, on constate qu'un volume d'oxygène correspond à 16 grammes, tandis que 2 volumes d'hydrogène correspondent à 2 grammes et donc 1 volume à 1 gramme. Mais d'après la loi d'Avogadro (établie en 1811), deux volumes égaux de gaz différents, dans les mêmes conditions de température et de pression, contiennent un nombre identique de molécules (on confondait jusque-là atomes et molécules). Conclusion :

C'est prouvé scientifiquement

l'atome d'oxygène est 16 fois plus lourd que celui d'hydrogène. C'est le chimiste anglais John Dalton qui a tenu ce raisonnement (bien qu'avec des valeurs différentes dues à des mesures défectueuses).

Selon Dalton, les atomes ne sont donc pas tous identiques ; à chaque corps simple comme l'hydrogène, l'oxygène ou le carbone, correspond un atome particulier, caractérisé par sa masse relative, en prenant pour unité la masse de l'atome le plus léger, celui de l'hydrogène.

Quant aux combinaisons chimiques, toujours d'après Dalton, elles se font atome par atome, formant ainsi des molécules respectant des modèles précis. C'est pour lui la seule façon d'expliquer pourquoi les réactions chimiques se font dans des proportions simples et invariables.

Avec les travaux de Dalton, les formules chimiques s'interprètent désormais en termes d'atomes. H_2O désigne donc une molécule composée de deux atomes d'hydrogène pour un d'oxygène.

Les atomes, c'est juste pour simplifier mes calculs

Pourtant, au XIX° siècle, de nombreux savants se montrent sceptiques vis-à-vis des atomes. Ils les acceptent comme des symboles commodes tout en contestant leur réalité physique. « Tout se passe comme s'il y avait des atomes », c'est la limite au-delà de laquelle ils refusent d'aller. « Si j'en étais le maître, j'effacerais le mot atome de la science, persuadé qu'il va plus loin que l'expérience », aurait-même déclaré le chimiste Jean-Baptiste Dumas.

Les raisons de leur réticence étaient d'ordre moins scientifique que philosophique, voire religieux. L'atomisme était condamné par l'Église en effet, non seulement comme contraire à la doctrine d'Aristote (que Saint Thomas d'Aquin avait fait adopter au XIII° siècle), mais surtout comme rattaché à la philosophie matérialiste de Démocrite, dans laquelle Dieu n'avait aucune place.

Au XVIII° siècle, le Siècle des Lumières comme on l'a surnommé, savants et philosophes avaient pris leurs distances avec la religion, s'affichant volontiers comme libres penseurs. L'atomisme était dans l'air du temps, même si la notion d'atome n'avait guère fait de progrès depuis l'Antiquité. Mais au siècle suivant, l'atmosphère intellectuelle avait viré au conservatisme. Les savants les moins conservateurs se réclamaient désormais du positivisme d'Auguste Comte, une philosophie qui défendait le progrès scientifique tout en gardant une prudente neutralité sur les sujets sensibles par rapport aux positions de l'Église.

C'est dans ce contexte que de nombreux scientifiques se montrèrent hostiles aux théories atomistes de Dalton. La majorité des chimistes et des physiciens du XIX° siècle, bien dans l'esprit du positivisme, ne voulurent voir dans les atomes que des artifices mathématiques sans réalité physique. Une attitude qui rappelait celle des astronomes trois siècles plus tôt face au système de Copernic.

Même les avancées de la physique tout au long du siècle, qui plaidaient pourtant en faveur de l'atomisme (découverte de l'électron, interprétation de la température comme énergie cinétique des molécules, etc.), ne parvinrent pas à convaincre la majorité des savants de la réalité des atomes – certains allant jusqu'à contester la réalité de la matière elle-même, considérée comme une hypothèse inutile. Des tensions apparaissent dans les années 1880 entre savants d'opinions opposées, d'après la journaliste scientifique Fabienne Lemarchand,

> avec des physiciens qui, comme l'Autrichien Ernst Mach, prônent une approche phénoménologique de la physique. Ils estiment qu'il faut s'en tenir à l'expérience et ne pas formuler d'hypothèses non vérifiables. Or, pour développer sa théorie [thermodynamique], Boltzmann s'appuie sur l'existence des atomes, non démontrée à l'époque. Cette vision atomiste est vivement critiquée.

C'est prouvé scientifiquement

> Les oppositions se matérialisent à la conférence de Lübeck, en 1895. Boltzmann, soutenu par le jeune physicien allemand Max Planck, y débat avec vigueur face au physicien allemand Georg Helm et à son compatriote, le chimiste Wilhelm Ostwald. Ceux-ci défendent l'énergétisme, selon lequel toute la physique peut être réduite à l'énergie. [...]
>
> En 1905, Jean Perrin mettra un point final au débat en démontrant expérimentalement l'existence des atomes[3].

En vérité, même les travaux de Jean Perrin n'ont pas mis fin aux dernières résistances. Il faudra pour cela attendre les expériences de Rutherford en 1911-1919 : c'est la découverte du *noyau* de l'atome qui a fait admettre aux derniers opposants l'existence de l'atome lui-même !

À leur décharge, il faut reconnaitre que les atomes n'ont pas été très coopératifs avec ceux qui sont partis à leur recherche. On les concevait minuscules, certes, plus infimes et plus nombreux que des grains de sable ; mais on était encore loin du compte. Un dix-millionième de millimètre (taille approximative de l'atome), c'est un million de fois plus petit que le plus petit détail discernable à l'œil nu. Les microscopes optiques nous en rapprochent à peine, capitulant bien avant d'atteindre cette échelle. Les microscopes électroniques eux-mêmes ne permettent pas vraiment de voir les atomes – tout au plus d'en reconstruire des images. Les nombres entiers, créés pour dénombrer des collections d'objets de taille raisonnable, paraissent dérisoires quand il s'agit de compter les atomes. L'homme a appris à compter sur ses doigts, mais chacun de ses doigts comporte quelque chose comme 10^{23} atomes. Un 1 suivi de 23 zéros…

Faute de pouvoir appréhender les détails d'un monde aussi éloigné du nôtre, autant admettre que tout se passe… *comme si la matière était continue.*

« Tout se passe comme si » au temps de Galilée

Les astronomes du XVI° siècle ont majoritairement rejeté le système héliocentrique de Copernic. Et ceux qui l'ont adopté l'ont fait d'un point de vue purement mathématique : il était plus simple que le système de Ptolémée avec ses épicycles, ses excentriques et ses équants, et promettait de meilleures prévisions sur les positions des planètes. Des promesses qui n'ont pas été tenues dans un premier temps – il faudra attendre pour cela les lois de Kepler trois quarts de siècle plus tard.

Pendant ces trois quarts de siècle, les autorités religieuses ne se sont pas inquiétées outre mesure de cette nouvelle astronomie qui ne se distinguait de l'ancienne que par un modèle géométrique différent et s'en tenait au « tout se passe comme si » (comme si le Soleil était immobile et la Terre en mouvement). Le livre de Copernic, rédigé en latin et rempli de formules mathématiques, n'était à la portée que des spécialistes. Pour l'Église, il n'y avait pas le feu au lac.

Tout a changé lorsque Galilée, à la même époque où Kepler publiait ses deux premières lois, pointa sa lunette vers le ciel et fit en quelques semaines une moisson de découvertes qui, sans apporter une preuve formelle du mouvement de la Terre, militaient toutes en sa faveur. La tache de Jupiter montrait que cette planète tournait autour d'elle-même ; la Terre pouvait donc en faire autant chaque jour. Les satellites de cette même planète montraient des astres en révolution autour d'un autre point que le centre de la Terre. Les phases de Vénus et ses différences de taille apparente ne pouvaient s'expliquer que par son mouvement autour du Soleil.

Le mouvement de la Terre cessait dès lors d'être une abstraction mathématique et commençait à devenir une réalité physique. Ce n'était plus « tout se passe comme si » mais « il se pourrait bien que »... et même « ça m'en a tout l'air ». Circonstance aggravante, il n'était plus nécessaire de se plonger dans un ouvrage ardu pour accéder à tout cela ; il suffisait de coller son œil à une lunette astronomique – et ces lunettes ne tardèrent pas à proliférer dans les années qui ont suivi.

C'est prouvé scientifiquement

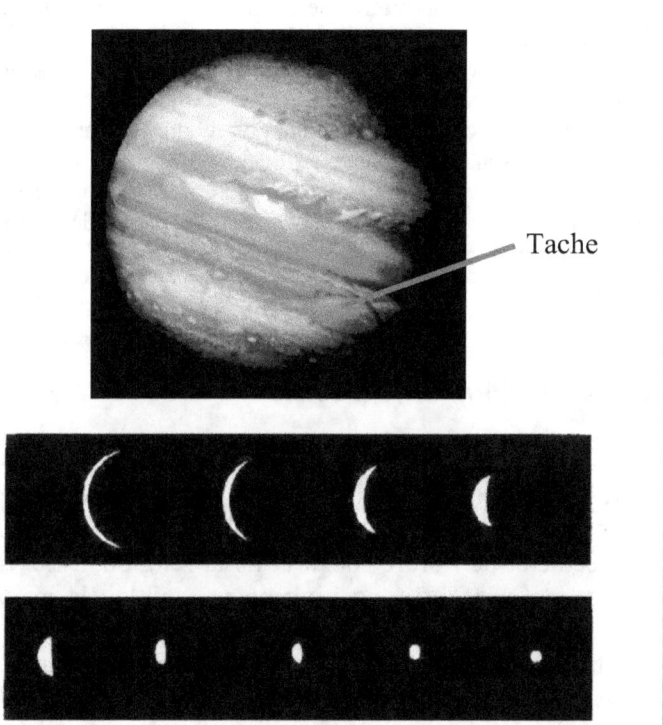

Figure 17-1 : la tache de Jupiter et les phases de Vénus

Dès lors, l'attitude de l'Église vis-à-vis du système de Copernic changea du tout au tout. Comme le déclara le cardinal Bellarmin,
« Dire qu'en supposant le mouvement de la Terre et la Stabilité du Soleil, toutes les apparences célestes s'expliquent mieux que par la théorie des excentriques et des épicycles, c'est parler avec un excellent bon sens et sans courir aucun risque. Cette manière de parler est suffisante pour un mathématicien. [...] Vouloir affirmer absolument que le Soleil est au centre de l'Univers et tourne seulement sur son axe sans se déplacer de l'est à l'ouest, est une très dangereuse attitude qui est destinée non seulement à contrarier les philosophes scolastiques et les théologiens, mais aussi à porter atteinte à la sainte foi, en contredisant l'Écriture[4]. »

Bellarmin n'avait rien contre Galilée, c'était même l'un de ses protecteurs. Mais comme tous ses semblables, il comprenait que l'héliocentrisme menaçait la position de l'Église. Si la Terre n'était

> plus qu'un caillou en mouvement dans l'espace, où placer l'enfer et le paradis, par exemple ? C'est toute une vision du monde qui était remise en question – une vision du monde à laquelle toutes les grandes religions étaient profondément liées.
> En mettant cette théorie à la portée du commun des mortels, Galilée ne risquait pas d'être en odeur de sainteté. Il le sera moins encore quelques années plus tard en défendant l'atomisme dans l'un de ses livres, *Il saggiatore* (*L'Essayeur*). Les livres de Galilée étaient publiés en italien qui plus est, et non en latin, afin de toucher un public plus large... ce qui ne faisait qu'aggraver son cas.

Avec la science, je positive

Les scientifiques du XIX° siècle n'étaient pas tous des partisans enthousiastes d'Auguste Comte. Nombre d'entre eux étaient conservateurs tout simplement, monarchistes, respectueux de l'ordre social et de la religion, à l'exemple de Gauss et Cauchy. Le positivisme rassemblait la majorité des autres, sans que cette adhésion soit formellement revendiquée le plus souvent. En fait, chaque scientifique y prenait ce qui lui convenait sans se soucier du reste. La division, établie par Comte, de l'histoire humaine en trois phases – théologique, métaphysique, positive – n'intéressait pas grand monde. Son renvoi dos à dos du spiritualisme et du matérialisme faisait davantage consensus. Ce qui faisait la quasi-unanimité, c'était l'affirmation selon laquelle la science n'établit que des lois et ne se préoccupe pas des causes. Comme l'écrit Jean Rosmorduc dans *Une histoire de la physique et de la chimie*, le positivisme

> attribue à la science le seul rôle de constatation des faits et de recherche des lois, des relations existant entre ces faits. Est donc hors des possibilités scientifiques la détermination de la nature des phénomènes et de leurs causes. Les positivistes postulent ainsi l'impossibilité de connaître effectivement le monde réel[5].

C'est prouvé scientifiquement

Cette tournure d'esprit a profondément marqué les sciences physiques depuis deux siècles (les sciences de la vie et de la Terre, en revanche, en sont restées plus éloignées).

À titre d'illustration, voici quelques extraits du livre *La science et l'hypothèse* d'Henri Poincaré, mathématicien et physicien de la fin du XIX° siècle – début du XX° :

> Les masses sont des coefficients qu'il est commode d'introduire dans les calculs[6].

[...]

> Une définition de la force, nous n'en avons pas besoin. [...] Ce qui importe, ce n'est pas de savoir ce que c'est que la force, c'est de savoir la mesurer. Tout ce qui ne sous apprend pas à la mesurer est aussi inutile au mécanicien, que l'est, par exemple, la notion subjective de chaud et de froid au physicien qui étudie la chaleur. Cette notion subjective ne peut se traduire en nombres, donc elle ne sert à rien ; un savant dont la peau serait absolument mauvaise conductrice de la chaleur et qui, par conséquent, n'aurait jamais éprouvé, ni sensations de froid, ni sensations de chaud, pourrait regarder un thermomètre tout aussi bien qu'un autre, et cela lui suffirait pour construire toute la théorie de la chaleur[7].

[...]

> Peu nous importe que l'éther existe réellement, c'est l'affaire des métaphysiciens ; l'essentiel pour nous c'est que tout se passe comme s'il existait et que cette hypothèse est commode pour l'explication des phénomènes. Après tout, avons-nous d'autres raisons de croire à l'existence des objets matériels ? Ce n'est là aussi qu'une hypothèse commode ; seulement elle ne cessera jamais de l'être, tandis qu'un jour viendra sans doute où l'éther sera rejeté comme inutile[8].

Ces dernières lignes sont d'autant plus significatives que Poincaré est l'un de ceux qui ont le plus contribué à réfuter l'hypothèse de l'éther comme support matériel des ondes électromagnétiques. Tout se passait pourtant comme si ce support existait... sauf qu'il devait posséder des qualités physiques complètement contradictoires. Les physiciens savaient donc depuis des décennies que cette substance ne *pouvait* pas réellement exister. Mais ce détail ne comptait pas d'un point de vue positiviste. Pour être abandonnée, cette fiction devait devenir *inutile* (ce sera fait grâce à la relativité restreinte d'Einstein, trois ans seulement après le livre de Poincaré).

Quant à la théorie de la chaleur construite par un savant qui ne ressent ni le chaud ni le froid, on veut bien croire à ce conte de fée... mais uniquement parce que le reste de l'humanité n'a pas cette infirmité. Une espèce humaine insensible au chaud et au froid non seulement n'aurait jamais inventé le thermomètre, mais n'aurait jamais apprivoisé le feu.

À lire les citations ci-dessus, on se fera d'Henri Poincaré l'image d'un positiviste convaincu et militant. Mais ce n'était nullement le cas, il s'en défendait même. C'est dire à quel point la philosophie du « tout se passe comme si » imprégnait les sciences physiques il y a un siècle... et ça n'a guère changé depuis.

Tout se passe comme si la ligne était formée de points

Pendant que les atomes étaient traités comme de simples symboles par les physiciens, les mathématiciens du XIX° siècle discutaient ferme de la « nature » des irrationnels, comme s'il s'agissait d'objets doués d'une existence autonome indiscutable. Nul ne se serait hasardé à rappeler que les nombres étaient « de simples symboles », et encore moins à dire que « tout se passe comme si un irrationnel était la limite d'une suite de nombres rationnels ».

C'est prouvé scientifiquement

Le même fétichisme s'observait depuis longtemps à l'égard des objets géométriques, comme si les lignes sans épaisseur et les points sans dimension étaient autre chose que des êtres imaginaires, utiles à nos raisonnements et à nos calculs, mais n'existant que dans notre esprit.

La notion de point sans dimension pose pourtant problème, dès qu'on oublie sa nature conventionnelle. Deux points ne peuvent être contigus sans être confondus. Un million de points se touchant entre eux ne font toujours qu'un point unique. Comment un segment, qui a une longueur, peut-il être constitué de points qui n'en ont pas ?

« La notion générale du point géométrique, sans dimensions, n'est bien entendu, qu'une fiction », souligne Tobias Dantzig[9].

Quant à l'idée d'associer un nombre à chaque point d'une ligne droite continue, elle était contradictoire au départ, puisque les nombres entiers forment un ensemble discret, dont les éléments sont séparés les uns des autres – et n'oublions pas que seuls les entiers étaient considérés à l'origine comme des nombres. Les pythagoriciens crurent s'en tirer en adjoignant les fractions aux nombres entiers. Mais les lignes sans épaisseur et les points sans dimension font surgir des grandeurs incommensurables comme la diagonale du carré, et ces incommensurables ont dû être convertis en nombres (irrationnels) pour que chaque point de la droite ait son correspondant parmi les nombres – et réciproquement.

Les nombres irrationnels dont les mathématiciens du XIX° siècle discutaient la nature sont donc un artifice lié à la fiction de la droite continue constituée de points sans dimension. Sur une droite physique constituée d'atomes, il n'y a besoin ni de nombres irrationnels, ni même de fractions : les nombres entiers suffisent, chaque atome aura le sien.

Les nombres irrationnels et les fractions n'en conservent pas moins leur utilité, tout comme les figures géométriques idéales. L'aberration ne commence que lorsqu'on oublie le caractère artificiel de ces objets. Tout se passe alors comme si... on prenait la fiction pour la réalité, et la réalité pour la fiction.

18. Le monde existe, je l'ai rencontré

Après la découverte du noyau atomique en 1911, la réalité des atomes ne fut plus contestée parmi les scientifiques. Elle gagna même progressivement le grand public et elle fait dorénavant partie de notre perception de l'univers, au même titre que le mouvement de la Terre.

On aurait donc pu penser que les querelles idéologiques sur la capacité de la science à représenter la réalité du monde allaient cesser. Mais elles ne firent que reprendre de plus belle. D'accord, il y a bien des atomes, eux-mêmes formés de particules comme le proton et l'électron. Mais ces particules elles-mêmes, on ne peut les décrire qu'en termes mathématiques : à nouveau, la matière s'efface derrière les équations. C'est ce qu'affirmait le physicien Bernard d'Espagnat (décédé en 2015) dans son livre *À la recherche du réel* :

> Ainsi en arrive-t-on progressivement à une vision du monde dans laquelle la matérialité des choses semble se dissoudre en équations. Une vision dans laquelle le matérialisme est de plus en plus contraint d'évoluer vers le mathématisme et où, si l'on peut dire, Démocrite doit en définitive se réfugier chez Pythagore[1].

À l'appui de sa thèse, d'Espagnat invoque, dans un article écrit deux ans plus tard, la théorie de la relativité et la formule $E = mc^2$ selon laquelle la matière peut – sous certaines conditions – se transformer en énergie. Or l'énergie

> est une composante d'un quadrivecteur, d'un vecteur dans un espace à quatre dimensions et même, si on passe de la relativité restreinte à la relativité générale, l'espace en question est courbe. Vous voyez, nous arrivons à des définitions très abstraites : très *immatérielles* en somme ! Une composante de quadrivecteur, c'est un être mathématique. Ainsi nous en arrivons à constater que notre notion de matière s'évanouit, d'une certaine manière, dans la notion d'un être mathématique particulier[2].

L'énergétisme, cette variante du positivisme qui ramène la matière à une forme particulière de l'énergie, n'a pourtant pas attendu la formule d'Einstein pour se manifester, à la fin du XIX° siècle. Son principal argument contre la matière est qu'il s'agit d'une notion floue – entendez par-là qu'on ne peut pas en donner une définition mathématique. Alors que l'énergie est plus docile pour se laisser mettre en formules. Des formules (comme mgh, énergie potentielle, $\frac{1}{2}mv^2$, énergie cinétique ou même $E = mc^2$) où figure toujours la masse – donc la matière ! Mettez cette maudite matière à la porte, elle rentrera par la fenêtre.

De plus, comme le fait remarquer Pierre Thuillier, « Si la matière est de l'énergie condensée, l'énergie est de la matière sous une forme spéciale[3] ». Et si la matière peut se transformer en énergie (dans les réactions nucléaires notamment), la réciproque est vraie : les physiciens parviennent à créer des particules à partir d'énergie.

Tout cela se passe à l'échelle subatomique uniquement. À notre échelle à nous, les citrouilles se transforment parfois en carrosses, mais même une fée ne pourrait pas créer un carrosse à partir d'énergie pure... ni l'inverse !

C'est prouvé scientifiquement

Venez regarder nos nouveaux modèles au Salon de l'atome

Mais c'est devenu justement l'argument favori des partisans de l'énergétisme : la matière à l'échelle de l'atome n'a plus rien à voir avec l'image que nous nous en faisons à l'échelle macroscopique.

En effet, lorsque Rutherford découvrit le noyau atomique en 1911, il proposa un *modèle planétaire* de l'atome, le noyau étant le correspondant du Soleil et les électrons jouant le rôle des planètes. Mais cette analogie posait plus de problèmes qu'elle n'en résolvait, car un électron chargé négativement devrait rayonner de l'énergie en tournant autour du noyau positif et finir par s'écraser dessus... au bout d'une fraction de seconde.

Le physicien danois Niels Bohr proposa donc un modèle amélioré de l'atome deux ans après Rutherford. Ce modèle prenait en compte la théorie des *quanta d'énergie*, mise au point par Max Planck et Albert Einstein. L'étude de l'effet photoélectrique avait montré que la matière interagit avec la lumière uniquement pour certaines longueurs d'onde, spécifiques de chaque élément chimique. Planck et Einstein en avaient déduit que l'énergie se présente sous forme de paquets, des quanta, qui ne peuvent être que des multiples par un nombre entier d'une certaine constante, la fameuse *constante de Planck*.

Dans le nouveau modèle proposé par Bohr, l'atome n'est stable que pour certaines orbites particulières de ses électrons, celles où leur « moment cinétique » est un multiple de la constante de Planck. Sur ces orbites, l'électron ne rayonne pas d'énergie ; et pour changer d'orbite, il doit recevoir ou restituer un quantum d'énergie prévu par la théorie de Planck et Einstein.

Le modèle de Bohr donna des résultats satisfaisants pour l'atome d'hydrogène, le plus simple de tous puisqu'il n'a qu'un unique électron. Mais il échoua pour les atomes plus complexes et fut donc abandonné à son tour. Le modèle *quantique* qui lui succéda (d'après les quanta de Planck et Einstein) utilise des outils mathématiques plus élaborés : matrices, nombres complexes, équations aux dérivées partielles (celle de Schrödinger notamment). Mais surtout, il abandonne le point de vue déterministe de la physique classique, pour le remplacer au niveau des particules par une description probabiliste. L'électron n'est plus décrit comme une petite boule se déplaçant autour de son noyau, mais comme un nuage électronique, avec, en chaque point de l'espace, une densité de probabilité de présence et une densité de probabilité de vitesse. L'équation de Schrödinger permet en effet de calculer une *fonction d'onde*, qui représente en quelque sorte la probabilité de trouver l'électron dans le voisinage d'un point donné, avec une vitesse donnée.

Où est encore passé cet électron ?

L'électron ne peut donc être « localisé » comme un objet macroscopique. De plus, il est impossible de connaître simultanément sa position et sa vitesse : plus on a de précision sur l'une, plus on a d'incertitude sur l'autre. C'est une conséquence des « inégalités de Heisenberg », un des principes de la physique quantique (établi en 1927). Et ces particularités sont souvent mises en avant dans les débats sur le rapport entre la science et le réel.

> La conséquence la plus évidente du principe d'incertitude (ou d'indétermination) de Heisenberg, c'est qu'il nous faut renoncer à toute tentative de recréer notre univers visible dans celui, invisible, des atomes,

C'est prouvé scientifiquement

écrivaient Sven Ortoli et Jean-Pierre Pharabod en 1984 dans leur livre *Le cantique des quantiques*[4].

La matière à l'échelle de l'atome ne ressemble pas à celle qui nous est familière, en effet, mais le principe de Heisenberg n'y est pour rien. À notre échelle aussi, la position d'un objet n'est jamais déterminée qu'avec une marge d'erreur. Quant à sa vitesse instantanée, nous ne la connaissons jamais dans la pratique, c'est toujours une vitesse moyenne que nous manipulons, là aussi avec une marge d'erreur. Mesurer une vitesse, c'est toujours mesurer un intervalle d'espace parcouru pendant un intervalle de temps. Plus l'intervalle de temps est bref, mieux le mobile est localisé, mais plus grande est la marge d'erreur (relative) sur la vitesse : même à notre échelle, plus on a de précision sur l'une, plus on a d'incertitude sur l'autre.

Alors, où est la différence avec l'électron ? Elle est dans le fait qu'à notre échelle, pour mesurer la distance parcourue par un mobile, nous nous servons d'une règle. Mais cette règle elle-même est formée d'atomes. Dès lors que la distance parcourue est inférieure à celle qui sépare deux atomes, nous n'avons plus de moyen matériel pour la mesurer. Et c'est ce qui se passe avec l'électron : nous n'avons pas de règle microscopique nous permettant de nous glisser dans un atome pour y suivre le mouvement individuel d'un électron, de façon à le localiser par rapport à d'autres objets. Nous n'avons que des informations indirectes, statistiques, traduites en termes de probabilités au niveau individuel.

Qu'on ne puisse connaître la position et la vitesse d'une particule que sous cette forme probabiliste reflète notre incapacité à utiliser à l'échelle de l'atome les outils que nous avons mis au point pour étudier la nature à notre échelle à nous. Mais on ne voit pas en quoi cela remettrait en cause la réalité de la matière ou l'aptitude de la science à la représenter.

Peut-on observer ce qui se passerait si on ne l'observait pas ? (Je ramasse les copies dans deux heures.)

Mais faute de pouvoir suivre à la trace l'électron dans ses déplacements, on aimerait au moins avoir les caractéristiques globales de son mouvement, comme le diamètre de son orbite ou sa période de révolution autour du noyau. Hélas, on ne fait que déplacer le problème et on retrouve le même conflit que précédemment : plus on obtient de précision sur l'orbite, plus on a d'incertitude sur la période, et réciproquement.

Les physiciens n'observent pas l'électron comme les astronomes observent les planètes. L'atome n'est pas un système solaire en miniature. Tant que l'électron reste sagement sur une orbite stable, il n'envoie aucun signal ; mais pour changer d'orbite, il doit recevoir de l'énergie, ou au contraire restituer une énergie reçue précédemment. « Si on veut observer un corpuscule », écrivent Sven Ortoli et Jean-Pierre Pharabod, « il faut envoyer de la lumière (des photons) sur lui. Il va alors subir un choc qui modifiera son comportement[5]. »

Dans la pratique, on n'envoie pas des photons à *un* électron particulier qu'on aurait préalablement sélectionné – on en est bien incapable ! On éclaire une feuille métallique ou un volume de gaz, et ce qu'on observe permet, d'après les lois de la physique quantique, d'affirmer qu'une partie des électrons de ce métal ont changé d'état.

Mais là encore, les contraintes de l'observation à l'échelle de l'atome servent d'argument pour nier la valeur « objective » de la science. « Toute opération de mesure d'un système microphysique provoque automatiquement une altération de ce système », peut-on lire sous la plume d'Ortoli et Pharabod[6]. Autrement dit, ce que nous permet de connaître la science n'est pas la réalité objective, c'est le résultat de

C'est prouvé scientifiquement

notre éclairage. Tel est également le point de vue de Bernard d'Espagnat :

> Quand il s'agit de quantités macroscopiques il semble en général possible de les mesurer sans pratiquement les modifier. Il est donc dans ce cas raisonnable d'affirmer qu'on connaît en elles-mêmes les propriétés que l'on a mesurées. En revanche quand il s'agit de quantités microscopiques, de grandeurs attachées à un atome par exemple, il arrive fréquemment qu'elles soient perturbées – ou peut-être dans certains cas, déterminées – par l'instrument que l'on utilise pour les mesurer[7].

C'est un fait, on ne peut observer les électrons qu'en allant les déranger, en quelque sorte. Mais c'est le rôle de la science de bâtir des modèles à partir de l'observation – y compris l'observation des perturbations que nous apportons nous-mêmes à l'entité observée. Et au fond, est-ce bien différent de ce que nous faisons à notre propre échelle ? Ce n'est pas en observant *passivement* la nature que nous avons appris à la connaître, mais en agissant dessus... et donc en la modifiant.

Télépathie entre particules

Einstein, qui fut l'un des fondateurs de cette fameuse physique quantique, n'était pas satisfait de la tournure qu'elle a prise par la suite. Sa nature probabiliste le heurtait car, d'après sa célèbre boutade, « Dieu ne joue pas aux dés ». Il estimait que la fonction d'onde est une description incomplète, qui laisse de côté certains éléments de la réalité. Il croyait donc à l'existence de « variables cachées » qui devaient permettre de lever le côté indéterministe de l'équation de Schrödinger.

Des expériences menées dans les années 1980, notamment par Alain Aspect, ont invalidé – c'est du moins ce qu'on peut lire dans la littérature consacrée au sujet – l'hypothèse de ces variables cachées. Ces expériences ont en même temps mis en lumière un étrange comportement de la matière, baptisé « non-séparabilité » par certains auteurs comme Bernard d'Espagnat. Dans certaines conditions, deux particules de même nature dans un état particulier, que les physiciens appellent le *spin total nul*, après avoir été en contact, conservent ensuite ce spin total nul, comme si elles communiquaient entre elles, et cela quelle que soit la distance qui les sépare. Selon Sven Ortoli et Jean-Pierre Pharabod,

> La non-séparabilité exprime le fait, évoqué dans notre sixième chapitre et prouvé par l'expérience d'Aspect, que deux systèmes quantiques qui ont interagi sont décrits par une fonction d'onde unique, quel que soit leur éloignement ultérieur, et cela jusqu'à ce que l'un des deux fasse l'objet d'une mesure[8].

On ne discutera pas le bien-fondé de cette théorie. Ce qui est en cause, une nouvelle fois, est la confusion entre la formule et son contenu, entre le modèle mathématique (ici la fonction d'onde) et le phénomène modélisé (le couple de particules).

Les probabilités sont aussi légitimes que le reste des mathématiques pour décrire la réalité. On s'en sert quotidiennement avec succès pour modéliser le bruit en traitement du signal, sans avoir besoin de variables cachées pour autant. Pourquoi en irait-il autrement en mécanique quantique ?

Il y a certes des différences entre le bruit et l'électron. Le bruit est généré par un entremêlement de signaux qui tous, pris individuellement, ont leurs caractéristiques propres (leurs fréquences notamment). Quand ces signaux sont trop nombreux, sous certaines hypothèses, il est plus simple de les remplacer par un signal unique qui a *toutes* les fréquences uniformément réparties, qu'on appelle un bruit blanc et qu'on traite comme une variable aléatoire. En mécanique quantique en revanche, on n'a jamais pu observer un électron individuellement dans son mouvement autour du noyau. La fonction d'onde probabiliste est le seul outil dont nous disposions, dans l'état actuel de la science, pour étudier les particules subatomiques (électrons, protons, neutrons, ainsi que les dizaines de particules exhibées ultérieurement par les physiciens). Mais cette différence ne change rien à la question : dans tous les cas, c'est le modèle qui est probabiliste, non le phénomène. Et comme le souligne Ian Stewart, « Les modèles imitent la réalité ; ils ne la représentent jamais exactement. Ni la relativité ni la physique quantique ne décrivent l'univers exactement, même si ce sont les deux théories les plus performantes jamais élaborées[9]. »

Cela n'empêche pas, éventuellement, certaines particules de présenter cette propriété surprenante au niveau de leur spin (qui est, en simplifiant beaucoup, l'équivalent pour une particule de ce qu'est la vitesse angulaire de rotation pour une planète). Mais des surprises de cette sorte, la science en est remplie depuis qu'elle existe. Si la nature se comportait toujours comme nous nous y attendons, il n'y aurait pas besoin de science !

Ces atomes qui ne ressemblent à rien...

Le monde à l'échelle de l'atome ne ressemble pas à celui qui nous est familier. Un atome n'est ni solide, ni liquide, ni gazeux, ni sec ni humide, n'a pas de couleur ni de température. « Un atome ne se comporte pas comme un poids qui oscille au bout d'un ressort », écrit Richard Feynman. « Il ne se comporte pas plus comme un modèle réduit de système solaire avec des mini-planètes décrivant leurs orbites. Il n'a pas plus l'apparence d'une sorte de nuage ou de brouillard entourant le noyau. Il ne ressemble à rien que vous ayez déjà vu[10]. »

Et le fait que les physiciens doivent utiliser, pour le décrire, des modèles éloignés de nos conceptions ordinaires, n'a rien qui doive nous étonner. La vitesse de l'électron sur son orbite, dans les rares cas où elle a pu être estimée, est de l'ordre de 2000 km/s, soit environ 6 millions de milliards de tours par seconde – ce qui, en effet, « ne ressemble à rien que vous ayez jamais vu ». Les mots « vitesse » et « position » ont-ils encore un sens pour nous à cette échelle ?

À cette échelle, la distinction entre onde et corpuscule n'est plus pertinente non plus. On sait que la lumière se comporte tantôt comme une onde se propageant dans l'espace, tantôt comme un paquet de photons, des grains d'énergie en quelque sorte. Mais inversement, les particules subatomiques ont des propriétés ondulatoires (celles qui sont utilisées dans les microscopes électroniques, entre autres). Il semble d'ailleurs que le phénomène de « non-séparabilité » évoqué plus haut ait quelque chose à voir avec cette nature ondulatoire de la matière.

À cette échelle encore, les forces prépondérantes ne sont pas les mêmes que dans la chute des corps ou le mouvement des planètes : l'attraction newtonienne est négligeable au niveau de l'atome. C'est l'attraction électrique entre charges positives et négatives qui maintient les électrons dans la dépendance du noyau atomique. Et au sein de ce noyau, 100 000 fois plus petit que l'atome lui-même, ce sont d'autres forces encore qui maintiennent ensemble les nucléons (protons et neutrons), alors que la répulsion entre charges positives devrait écarter les protons les uns des autres.

Dans ce même noyau, la masse totale est inférieure à la somme des masses individuelles de ses constituants, de sorte que 1 + 1 n'est plus égal à 2 ! Ce déficit de masse représente l'énergie de liaison qui assure la cohésion du noyau. C'est donc à cette échelle-là que se réalise l'égalité $E = mc^2$, que de la matière se transforme en énergie, et que la distinction entre ces deux notions est abolie.

Il faut donc se faire une raison : les notions que nous avons élaborées pour comprendre le monde qui nous entoure sont adaptées à ce que nous percevons à notre échelle. À l'échelle du dix-millionième de millimètre ou de son cent-millième, la réalité a une autre figure.

... et dont nous sommes pourtant constitués

Le problème est qu'il est difficile de faire le lien entre ce monde à l'échelle de l'atome et ce qui fait notre vie quotidienne. On a d'un côté l'équation de Schrödinger et la physique quantique, qui s'appliquent aux particules ; et de l'autre la chaise sur laquelle on est assis et qui semble n'avoir aucun rapport avec cela ; et nous-mêmes par-dessus le marché, avec les milliards de milliards de milliards d'atomes dont on nous dit que nous sommes faits. Est-ce vraiment concevable ?

Le décalage est trop grand avec notre vécu, avec notre expérience quotidienne. Et il est bien normal qu'on se pose des questions sur la réalité de ces objets infimes que nous n'avons jamais vus – et que nous ne verrons jamais.

Mais les réponses que nous apportons à ces questions dépendent de bien autre chose que de la science. Elles sont conditionnées en partie par nos convictions, par les croyances dont nous avons hérité, la culture et les préjugés qui nous ont été transmis.

Les scientifiques eux-mêmes ne sont pas des esprits désincarnés évoluant dans un espace éthéré. Avant de devenir des savants, ils ont subi l'influence de leurs parents, de leurs enseignants, du curé de leur paroisse. Dans leurs études, ils ont été formés à raisonner de façon axiomatique et à confondre le modèle avec la réalité. Certains parviennent à se détacher de tout cela, mais il en reste presque toujours quelque chose.

Il importe de garder ce contexte à l'esprit quand on aborde les débats qui ont opposé les savants depuis deux siècles sur la réalité des atomes, des particules et même du monde. Une réalité que de nombreux scientifiques, la majorité sans doute, assume à présent sans états d'âme, comme le physicien allemand Fritz Rohrlich l'exposait en 1983 dans un article publié par la revue américaine *Science* :

> Le monde des électrons, protons, et tout le reste existe bien, même si nous ne l'observons pas, et il se comporte exactement comme la physique nous dit qu'il le fait. Le point est que la réalité physique au niveau quantique ne peut être définie en termes classiques [...] Cela ne rend pas le monde quantique moins réel que le monde classique. Et cela nous apprend que la réalité de l'expérience ordinaire dans le monde classique est seulement une petite partie de ce qui est[11].

Mais, reconnait Rohrlich, tous les scientifiques ne partagent pas ce point de vue :

> Quelques-uns tirent de tout cela la conclusion que l'univers n'existe pas indépendamment de tous les actes d'observation, et que la réalité est créée par l'observateur[12].

Parmi ces quelques-uns, le physicien Eugène Wigner a été l'un des plus catégoriques. « Les physiciens ont découvert qu'il est impossible de donner une description satisfaisante des phénomènes atomiques sans faire référence à la conscience », écrivait-il en 1961[13].

D'autres, comme Bernard d'Espagnat, se veulent plus nuancés, admettant d'un côté l'existence d'une réalité indépendante... pour la réfuter quelques pages plus loin :

> Contrairement à l'ancienne mécanique cette nouvelle théorie – la « mécanique quantique » puisque, encore une fois, tel est son nom – s'avérait capable de rendre compte de tous les faits fondamentaux, qui sont en nombre presqu'infini, concernant les atomes et les molécules. Mais pour cela elle devait renoncer à faire usage de l'idée, pourtant élémentaire, consistant à attribuer aux atomes et à leurs particules constitutives – protons, neutrons et électrons – une réalité qui serait pleinement indépendante de nos moyens de l'observer[14].

C'est prouvé scientifiquement

Par-delà même la spécificité de la physique quantique, d'Espagnat en arrive même par moment à remettre en cause l'existence d'un monde extérieur :

> Plus les connaissances s'accroissent, plus devient grand le domaine de celles dont on peut bien dire qu'elles sont connaissances de nous-mêmes – de notre structure en tant qu'êtres humains – avant d'être connaissances d'un, problématique, monde extérieur[15].

Le monde existe-t-il ? C'est *la* question, que pose en sous-titre le livre de Sven Ortoli et Jean-Pierre Pharabod.

> Les étrangetés du monde des quanta [écrivent les auteurs] ont été autant de brèches par lesquels sont venues s'engouffrer les croyances les plus diverses. Qu'il s'agisse de parapsychologie ou de mysticisme, l'espoir est sensiblement le même[16].

Et Dieu dans tout ça ? D'après le même ouvrage,

> Pour certains scientifiques [...], l'intérêt majeur de la théorie quantique tient à ce qu'elle peut fournir une base scientifique à leur religion[17].

En somme, Dieu existe, c'est prouvé scientifiquement. Pour la matière, par contre, on n'a aucune preuve.

Mais si Dieu n'a pas été capable de créer la matière, à quoi sert-il ?

C'est prouvé scientifiquement

19. Puisqu'on vous dit que c'est mathématique !

> $\frac{a+b^n}{n} = x$, donc Dieu existe, répondez !
> Leonhard Euler

L'injonction ci-dessus était adressée à Diderot, le père de *l'Encyclopédie*, et la scène se déroulait en 1773 à la cour de Russie, où l'écrivain et le mathématicien étaient les hôtes de l'impératrice Catherine. On raconte que le pauvre Diderot, qui n'entendait rien aux mathématiques, dut s'éclipser piteusement, la queue entre les jambes.

Cet exemple d'intimidation par les maths s'inscrit dans une tradition inaugurée par Platon avec son célèbre « Que nul n'entre ici s'il n'est géomètre » gravé sur le fronton de son Académie. Les choses ont évolué depuis, l'Académie a été supplantée par le lycée, où tout le monde entre à présent, géomètre ou pas. Mais l'intimidation par les maths n'a pas disparu pour autant, bien au contraire, elle est même devenue un phénomène de société. « Telle est l'équation », les experts en économie qui défilent à la télé n'ont que cette expression à la bouche. Et comme l'écrit Didier Nordon, « Quand l'expert a dit « C'est mathématique ! », le profane n'a plus le *droit* de ne pas être d'accord[1]. »

Ainsi, comme on nous l'a bien enfoncé dans le crâne, il y a de plus en plus de retraités d'un côté et de moins en moins de cotisants de l'autre. Conclusion : il faut reculer l'âge de la retraite – c'est mathématique. Ça n'a rien à voir avec les entreprises qui ne payent pas leurs cotisations sociales, ou qui les payent dans des paradis fiscaux. Ni avec le fait que les salariés ont déjà bien du mal à conserver leur emploi jusqu'à soixante ans.

De même, face à la concurrence internationale, il n'est plus possible de conserver nos salaires actuels en ne travaillant que 35 heures par semaine. Si l'on ne veut pas que les entreprises ferment les unes après les autres, il faut accepter une augmentation du temps de travail sans contrepartie : là encore, c'est mathématique.

Il faut même accepter que les entreprises puissent licencier plus facilement si on veut qu'elles recommencent à embaucher. Ça peut paraître contradictoire, mais pas du tout en fait : c'est MA-THÉ-MA-TI-QUE.

80 % d'inné + 20 % d'acquis = 100 % d'absurdité

L'économie n'a pas le monopole de cette utilisation tendancieuse des mathématiques. La génétique n'est pas en reste, avec la prolifération des études en tous genres sur la part de l'inné et de l'acquis dans l'intelligence. Dans *Éloge de la différence*, Albert Jacquard constatait il y a près de quarante ans :

> La plupart des déclarations que nous lisons actuellement sur ce sujet commencent par : « il est scientifiquement démontré que... » ou « la grande majorité des savants admettent que... » et se poursuivent par : « l'intelligence est déterminée à 80 % par le patrimoine génétique et à 20 % par

le milieu ». Cette phrase a été répétée tant de fois qu'elle a acquis le statut de vérité première ; or, elle n'a rigoureusement aucun sens².

Aucun sens en effet, car le milieu ne s'additionne pas au patrimoine génétique comme les « moins de 25 ans » s'additionnent aux « plus de 25 ans » dans les statistiques de l'INSEE. En fait, poursuit Jacquard,

> Le seul sens que pourraient avoir les pourcentages annoncés pour l'intelligence est le suivant : un enfant qui n'aurait reçu aucun apport du milieu aurait un QI de 80, un enfant qui n'aurait reçu aucun gène aurait un QI de 20. Ces phrases sont si absurdes que personne n'oserait les proférer mais l'absurdité est identique lorsque l'on prétend analyser le déterminisme de l'intelligence³.

Mais comme le notait déjà Lancelot Hogben, « De ne pas comprendre comment les mathématiques peuvent être utilement appliquées, il résulte que beaucoup de gens ne comprennent pas quand elles ne peuvent pas être utilement appliquées. D'où l'illusion qu'un sujet doit être considéré comme science quand il contient des formules⁴. »

L'économie dans l'univers de l'abstraction pure

Cela dit, c'est quand même l'économie qui se taille la part du lion en matière de mystification pseudo-mathématique. À commencer par ce problème proposé à des élèves de Seconde (*Déclic mathématiques*, éditions Hachette, p. 65) :

C'est prouvé scientifiquement

73 Une entreprise fabrique chaque jour au maximum 40 produits. Le coût de fabrication $C(x)$ de x produits, en €, est donné par :
$$C(x) = x^2 - 20x + 200.$$
Une calculatrice graphique permet d'obtenir la représentation de la fonction C ci-dessous :

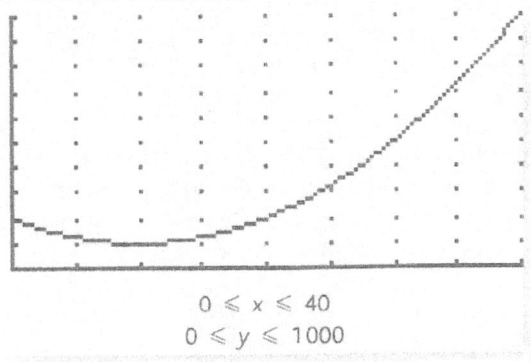

$0 \leqslant x \leqslant 40$
$0 \leqslant y \leqslant 1000$

D'où sort ce $x^2 - 20x + 200$? Mystère. Toujours est-il qu'avec cette formule, la fabrication de 10 articles (100 €) coûte moins cher que celle de 5 articles (125 €), et même que pas de fabrication du tout (200 €). Dans une entreprise de la vraie vie, on n'a encore jamais vu ça – mais dans le domaine de l'abstraction pure, tout est possible. D'ailleurs, notre entreprise aux 40 produits évolue dans un marché tout aussi pittoresque, dont les us et coutumes sont détaillés ci-dessous (même ouvrage, p. 64) :

72 Équilibre du marché

En économie :
– l'offre est la quantité de biens qu'une entreprise est prête à vendre à un prix donné ;
– la demande est la quantité de biens qu'un consommateur est prêt à acheter à un prix donné.
Traditionnellement, les fonctions d'offre et demande sont représentées graphiquement de la façon suivante. On place en abscisse les quantités et en ordonnée les prix.
Lors du lancement d'un gadget sur le marché, une étude a permis d'obtenir les courbes représentatives $\mathscr{C}_o$ (en bleue) et $\mathscr{C}_d$ (en vert) des fonctions d'offre et de demande ci-dessous.

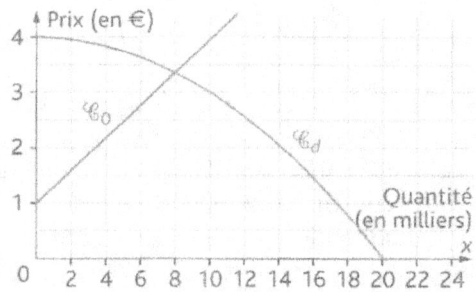

Quelques questions sont alors posées pour vérifier que les élèves se sont bien imprégnés de l'esprit de cette économie dont l'activité principale est de lancer des gadgets sur le marché :

1. Lorsque le prix d'un gadget est 2 €, quelle est la quantité de gadgets :
– qu'est prête à vendre l'entreprise ?
– que les consommateurs sont prêts à acheter ?
2. Même question lorsque le prix d'un gadget est 4 €.
3. Le marché offre-demande est à l'équilibre lorsque, pour un même prix, la quantité offerte par les producteurs est égale à la quantité demandée par les consommateurs.
Quel est le prix d'équilibre du gadget ? Quelle sera alors la quantité offerte et demandée ?

Le prix d'équilibre est de 3,40 €, pour une offre et une demande de 8000 – il suffit de regarder où les courbes $\mathscr{C}_o$ et $\mathscr{C}_d$ se croisent. Pointez-vous avec ce graphique sur un plateau de télé, et vous passerez aussitôt pour un expert.

Mais si vous observez attentivement ce même graphique, vous ne manquerez pas d'être troublé par l'aspect bizarre qui s'en dégage. « On place en abscisse les quantités en en ordonnée les prix », nous dit-on dans la présentation. On s'attend donc à ce que les prix diminuent en fonction de la quantité, les coûts de production diminuant lorsqu'on produit à grande échelle. Mais ici, cette diminution ne vaut que pour la courbe des demandes, à l'encontre de celle des offres. Comme l'offre vient des producteurs, la conclusion qui s'impose est que plus ceux-ci produisent, plus leurs prix augmentent ; alors qu'au contraire, plus les consommateurs achètent, plus les prix diminuent – l'opposé de ce à quoi nous sommes accoutumés dans la vraie vie.

La clé de ce mystère est qu'en fait l'axe des x et l'axe des y ont ici échangé leurs rôles habituels. Bien que ce ne soit pas gravé dans le marbre, depuis trois siècles que la notion de fonction existe, il est d'usage que les abscisses représentent la variable indépendante, et les ordonnées celle qui varie *en*

C'est prouvé scientifiquement

fonction de la première. Or ici, on veut montrer que le comportement des vendeurs et des acheteurs varie en fonction du prix de l'article. C'est le prix qui est la variable indépendante, c'est lui qu'on s'attend à trouver en abscisse, et les quantités en ordonnée, comme ci-dessous :

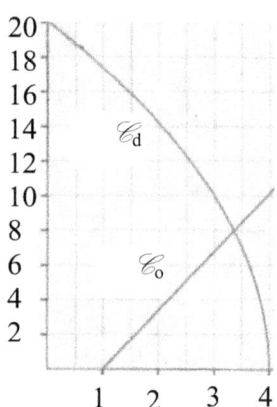

Le graphique de l'exercice 72 est donc à lire dans un miroir et en faisant les pieds au mur. Mais nous ne sommes pas au bout de nos surprises. Dans l'énoncé précédent le graphique, on nous explique qu'en économie, « l'offre est la quantité de biens qu'une entreprise est prête à vendre à un prix donné », tandis que « la demande est la quantité de biens qu'un consommateur est prêt à acheter à un prix donné ». L'offre et la demande se déroulent donc entre *une* entreprise et *un* consommateur. On ne précise pas sur quelle planète fonctionne ce type d'économie ; mais c'est sans conteste la meilleure des économies possibles puisque, comme le précise l'encadré qui accompagne l'exercice, « Le prix d'équilibre optimise le nombre d'échanges ».

Le monde à l'envers

On aurait tort de croire que cet échange des rôles entre les deux axes de coordonnées est une bourde isolée dans un manuel scolaire de Seconde. D'une part, ce livre a été rédigé par des professeurs de mathématiques, corporation bien connue pour son esprit de rigueur. D'autre part, on retrouve cette interversion dans de nombreux graphiques économiques, comme celui-ci, tiré d'un manuel d'économie de Première ES (*Sciences économiques et sociales*, éditions Nathan, p. 79) :

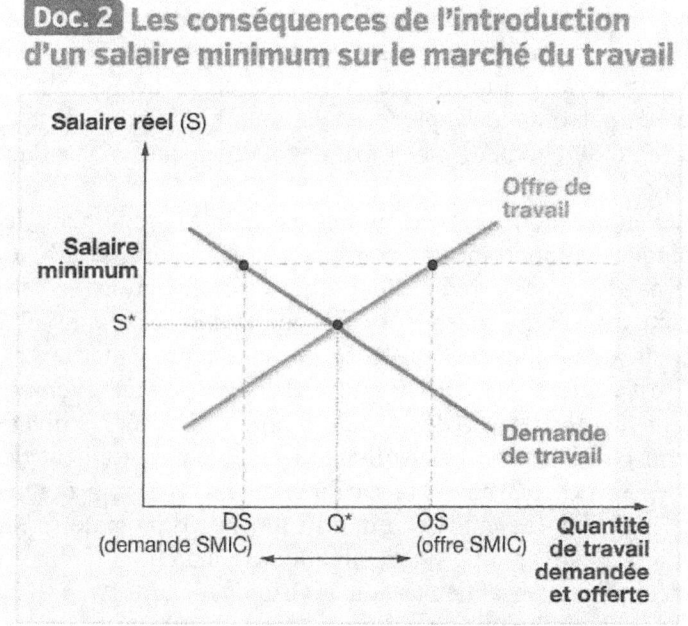

N.B. : L'« offre de travail » désigne ici l'offre de force de travail par les salariés en recherche d'emploi, et non les offres d'emploi ; et inversement la « demande de travail » est celle des entreprises à la recherche de salariés. Tel qu'il est présenté, ce graphique suggère à première lecture que plus il y a de demandeurs d'emplois, plus le salaire réel augmente alors que plus il y a de demande venant des entreprises, plus le salaire réel diminue, un phénomène qui n'a encore été signalé nulle part.

C'est bien sûr le symétrique qu'on veut mettre en évidence : des salaires élevés incitent davantage de personnes à proposer leurs services, mais dissuadent les patrons d'embaucher. Le graphique doit donc être lu en allant de l'axe des y vers l'axe des x : c'est la quantité de travail demandée ou offerte qui varie en fonction du salaire réel, lequel est pris comme donnée première.

On peut se demander d'où vient cette curieuse façon de présenter certains graphiques en prenant le contrepied de la convention habituelle. Même en économie, il ne viendrait à l'idée de personne de représenter la courbe du chômage avec le nombre de chômeurs sur l'axe des x et les années sur l'axe des y.

Il semble que l'interversion des axes soit de règle dans les graphiques comportant une courbe de l'offre et une courbe de la demande, avec un point d'équilibre à l'intersection. Et cette manipulation sert à masquer le fait que le choix de la variable indépendante est un choix idéologique et non pas naturel.

C'est particulièrement flagrant dans le dernier exemple, portant sur l'offre et la demande d'emploi. Bien sûr, le niveau général des salaires a une influence sur le comportement des salariés et des patrons. Mais cela n'en fait pas une donnée première. Tout le monde sait que l'influence principale se fait dans le sens inverse : c'est la situation du marché de l'emploi qui détermine en grande partie le niveau des salaires.

L'école néolibérale prend pour donnée première ce qui est le produit de tout le contexte économique. Par un tour de passe-passe, elle garde les axes de la relation principale tout en affichant le graphe de la fonction réciproque. Tout cela pour faire passer l'idée reçue selon laquelle l'instauration d'un salaire minimum va à l'encontre de l'emploi : c'est mathématique, comme vous vous en doutez.

Convergence miraculeuse

Dans l'exercice 72 tiré du livre de maths de Seconde, le schéma avait pour but de montrer qu'il existe un prix d'équilibre et que le marché finit par y conduire comme par magie. On trouve un développement plus complet sur ce thème dans le manuel d'économie de Première déjà cité (p. 69), sous le titre « Ajustement et prix d'équilibre sur un marché », graphique à l'appui :

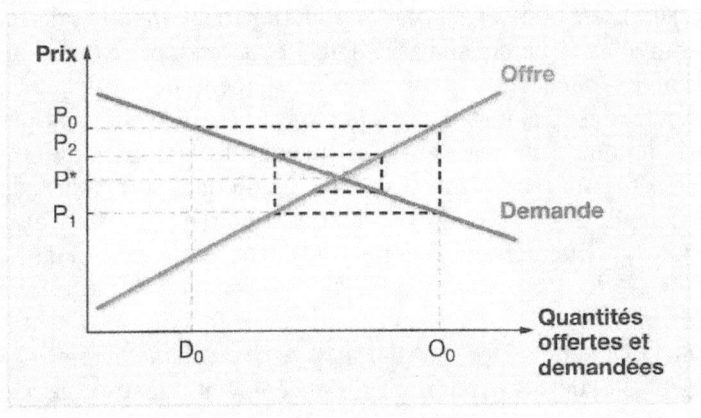

Les pointillés suggèrent que les prix, par intervention du Saint-Esprit, vont tout naturellement converger vers le prix d'équilibre assurant l'adaptation de l'offre à la demande et réciproquement.

Là encore la donnée première, le prix, est celle qui figure en ordonnée, ce qui permet de masquer le caractère arbitraire de ce choix – comme si le prix d'une marchandise était une entité autonome, indépendante de son coût de fabrication. Voici le commentaire qui accompagne le schéma :

> À la fin du XIX° siècle, Léon Walras a proposé une représentation du mécanisme d'ajustement qui conduit au prix d'équilibre. Celui-ci serait similaire à celui qui résulterait d'un tâtonnement organisé par un commissaire-priseur dans une bourse de marchandises ou de valeurs mobilières. [...]
>
> Selon Walras, le mécanisme d'ajustement des prix sur un marché est donc équivalent à celui qui existe dans une bourse : les acheteurs et les vendeurs considèrent ce prix comme une donnée qui leur est communiquée par le commissaire-priseur. On dit alors qu'ils sont « preneurs de prix ».

On nage ici en pleine confusion. Dans une bourse de marchandises, en effet, la production est *déjà* réalisée, contrairement à ce qui se passe dans l'économie prise dans son ensemble : dans cette dernière, l'ajustement de l'offre à la demande n'est pas instantané, et ce n'est pas un ajustement par le prix uniquement, mais aussi par le volume de la production.

Et une nouvelle fois, sur le graphique, les axes de coordonnées sont ceux de la relation principale : ce sont bien les prix qui fluctuent en fonction de l'offre et de la demande ; alors que le graphe est celui de la fonction réciproque : comment l'offre et la demande varient en fonction des prix – ce qui peut sembler primordial aux yeux des acheteurs et des vendeurs, mais n'est pourtant qu'un épiphénomène de la vie économique.

Il reste d'ailleurs un point crucial à élucider : si le marché conduit miraculeusement les prix à converger vers un prix d'équilibre, qu'est-ce qui détermine ce dernier ? Qu'est-ce qui fait que le prix d'équilibre du baril de pétrole diffère de celui de la tonne de blé ?

C'est prouvé scientifiquement

À cette question, l'économie politique classique avait apporté une réponse : le prix d'une marchandise sur le marché fluctue autour de sa valeur d'échange, et cette dernière est déterminée par les coûts de production, c'est-à-dire, en dernier ressort, par la quantité de travail nécessaire à cette production. Telle était l'analyse d'Adam Smith à la fin du XVIII° siècle, reprise et développée au XIX° siècle par David Ricardo, John Stuart Mill, et plus tard par Marx dans son *Capital*.

Tous ces auteurs insistaient sur la distinction fondamentale (remontant à Aristote) entre les notions de *valeur d'échange* et de *valeur d'usage*. La valeur d'échange de l'eau est faible alors qu'elle est indispensable à la vie ; la valeur d'échange du diamant est énorme alors qu'on peut fort bien s'en passer.

Bienvenue au royaume de la marge

Mais foin de tous ces vieux concepts ! L'école néolibérale, ou « marginaliste » comme on l'a baptisée par la suite, a décrété que la valeur d'échange n'existait pas, tout simplement. Adam Smith et les autres avaient dû rêver. La valeur économique version Walras découle désormais pour une part de la rareté d'un article, et pour l'autre part de l'*utilité marginale*, que notre livre de Première définit ainsi : « Utilité de la dernière unité consommée. L'utilité marginale décroît lorsque la quantité consommée d'un même bien augmente. En effet, plus un individu boit de verres d'eau, moins il a soif. »

Cette judicieuse remarque est développée plus en détail dans l'article « Marginalisme » de Wikipédia :

> Un homme assoiffé payera une somme très importante pour un verre d'eau ; mais une fois le premier verre d'eau consommé, et un deuxième voire un troisième, l'utilité marginale, très importante au premier verre, décroît nettement si bien que le dernier verre (avant l'état de *satiété* où la consommation n'entraîne plus de satisfaction

supplémentaire) n'est demandé que pour un prix très faible ; symétriquement, du côté de l'offre, un homme qui dispose encore de dix verres d'eau après avoir bu jusqu'à plus soif est prêt à les céder pour presque rien. Inversement, le diamant est suffisamment rare pour que la demande reste forte, d'autant que son extraction est difficile ce qui conduit les offreurs à réclamer un prix élevé.

De ce qui précède, il résulte que le « prix d'équilibre » d'un verre d'eau dépend de l'état de satiété du client et des réserves en eau du vendeur ; que ce prix d'équilibre change donc d'un client à l'autre et d'un vendeur à l'autre ; alors que pour le diamant ça n'a rien à voir, c'est une question de difficulté d'extraction. Du reste, quand on a déjà trois diamants, on peut très bien avoir envie d'un quatrième, alors qu'après trois verres d'eau l'utilité marginale a chuté.

Concernant le diamant, on notera que son extraction n'intervient que pour expliquer sa rareté, et non en tant que composante des coûts de production. Le coût a bien sa place dans cette économie, mais attention : seulement le *coût marginal*, « le supplément de coût lié à la production d'une unité additionnelle », d'après la rubrique « Notions à connaître » de notre livre de Première ES.

Car dans le marginalisme, comme son nom l'indique, c'est ce qui est marginal qui est important (et vice-versa), la logique dût-elle en souffrir. Vous avez apprécié l'utilité marginale, vous avez aimé le coût marginal, vous adorerez la *productivité marginale*, « Hausse de la production résultant de l'utilisation supplémentaire du facteur de production variable, les autres restant fixe » (livre de Première, p. 43, Notions à connaître).

On l'a compris, la notion clé dans l'univers marginaliste est celle d'unité additionnelle, ou supplémentaire, ou dernièrement consommée. On pourrait demander naïvement en quoi consiste cette unité additionnelle, et la réponse serait qu'elle peut consister en bien des choses : le verre d'eau additionnel que vous buvez, la bouteille d'eau additionnelle que produit une entreprise, la machine additionnelle que le directeur y introduit ou le salarié additionnel qu'il embauche. Tout cela peut se traduire par autant de Δx, Δy, Δz, et devinez la suite ?

La suite, c'est qu'à partir de ces données on peut calculer la fameuse productivité marginale dont on vient de vous parler. Supposez que la ressource additionnelle soit Δx, et le gain de productivité correspondant ΔP : la productivité marginale sera $\frac{\Delta P}{\Delta x}$. On peut l'assimiler à une dérivée, que l'on écrira $\frac{\partial P}{\partial x}$. Comme la productivité dépend de facteurs multiples x, y, z, etc., voilà qui nous fait autant de dérivées partielles $\frac{\partial P}{\partial x}, \frac{\partial P}{\partial y}, \frac{\partial P}{\partial z}$, chacune mesurant la productivité marginale quand on fait varier un facteur, les autres restant fixes. Avec ces dérivées, en s'y prenant bien, on peut obtenir une *équation aux dérivées partielles*, autrement dit une équation différentielle à plusieurs variables, le Graal des mathématiques, le modèle des grandes équations de la physique (Maxwell, Schrödinger). Le but étant ici, naturellement, de trouver la meilleure répartition du capital de l'entreprise entre les différentes ressources x, y, z, etc.

Alors, quoi que vous pensiez du marginalisme par ailleurs, dites-vous bien qu'une théorie qui manipule des équations aux dérivées partielles a droit à tout votre respect...

C'est quoi, vos hypothèses ?

Maurice Fréchet, pour qui les équations aux dérivées partielles n'avaient pas de secrets, déclarait lors d'une conférence en 1949, à la suite d'un exposé sur les bases mathématiques de la valeur marginale : « Même quand on dispose des moyens mathématiques et des données numériques nécessaires, cela ne suffit pas pour être assuré d'un résultat satisfaisant. Tout dépend de la valeur du choix qu'on a fait des hypothèses admises en vue de transformer un problème humain en un problème mathématique[5]. »

C'est prouvé scientifiquement

Toute la théorie marginaliste repose en fait sur des bases artificielles sans lien avec l'économie réelle. Le prix d'une marchandise, notamment, n'y a aucun lien avec ses coûts de production et dépend de critères non quantifiables comme la satisfaction qu'éprouvera le client à l'acquérir.

> Imaginons [peut-on lire dans notre manuel d'économie de Première ES, p. 66] qu'un individu ait le choix entre deux produits : manger des pommes ou des bananes. Il aime les pommes deux fois plus que les bananes ; cela signifie que le plaisir qu'il prend en mangeant une pomme est deux fois plus élevé que celui qu'il prend en mangeant une banane. Il dispose de 10 euros. La banane est vendue 0,50 euro la pièce ; la pomme, 0,60 euro. Il a choix entre les paniers suivants, etc.

On ne précise pas à l'aide de quel instrument le plaisir a été mesuré. À la page suivante, nous voilà cette fois avec des pommes et des poires :

> Lorsque, par exemple, le prix des pommes augmente, les individus décident de manger plus de poires et moins de pommes puisque le prix d'achat d'une pomme est plus élevé. En même temps, les exploitants des vergers décident d'embaucher plus d'ouvriers et de récolter plus de pommes, puisqu'il est devenu encore plus avantageux de vendre une pomme. Connaître l'effet du prix sur le comportement des acheteurs et des vendeurs sur un marché est crucial pour comprendre comment l'économie fonctionne.

Les consommateurs vont donc acheter moins de pommes pendant que les producteurs vont en produire davantage. Et ce brillant raisonnement est censé nous convaincre... qu'un marché concurrentiel tend de lui-même vers l'équilibre entre l'offre et la demande ! Une fois de plus, on constate que dans ce monde-là le comportement des « agents économiques » est influencé par le prix, comme si le prix existait par lui-même, comme si son niveau n'était pas justement le reflet du rapport entre l'offre et la demande dans les jours et les mois précédents.

Le marginalisme, malgré ses prétentions scientifiques, est une théorie au ras des pâquerettes : il décrit les relations économiques telles que peuvent les appréhender un vendeur individuel ou un acheteur isolé, à l'instant t. Il n'a aucune vue d'ensemble sur ce qui se passe au niveau de la société, ni sur le rôle du facteur temps dans le processus économique. Il prend sans cesse les apparences pour la réalité, faisant de la production une conséquence des prix, et non des prix un résultat de la production.

La production est de toute façon le parent pauvre de cette économie, son chouchou étant le marché (ce lieu magique où se règlent tous les problèmes). « C'est le client qui crée la richesse », déclarait un intervenant des *Informés* de France-Info (17/10/2016). Les salariés ne créent rien, eux, ils sont simplement « au service du client ». La Fontaine disait à peu près la même chose dans *La mouche du coche*...

Les entreprises raisonnent à la marge (quand il y en a une)

Concernant la production, la grande trouvaille du marginalisme est la *Loi des rendements factoriels décroissants*, que notre manuel de Première favori nous présente ainsi (p. 42) :

> L'utilisation croissante d'un des facteurs de production sans augmenter la quantité des autres conduit à la baisse de la productivité marginale. Seuls les investissements ou les innovations radicales du processus de production permettent d'échapper à cette loi et d'obtenir un nouveau saut de croissance.

En clair – et l'exemple est fourni par le manuel lui-même –, si l'on embauche des salariés supplémentaires alors que les machines tournent déjà vingt-quatre heures sur vingt-quatre, la productivité baisse. Et inversement, si l'on achète des machines supplémentaires sans mettre personne à travailler dessus, la productivité baisse également. On s'en doutait un peu, mais on ignorait que cela s'appelait « loi des rendements factoriels décroissants », merci de nous l'avoir signalé.

Il y a aussi « L'évolution du coût marginal en fonction des quantités produites », dont voici une illustration (p. 40) :

Doc. 2 L'évolution du coût marginal en fonction des quantités produites

Voici le tableau des coûts de production à court terme d'un camion de restauration de rue qui vend ses burgers 10 euros pièce.

Quantité de burgers vendus en une heure	1	2	3	4	5	6	7	8	9	10
Coûts fixes	10	10	10	10	10	10	10	10	10	10
Coûts variables totaux	6	12	17,5	22,5	27	32	38	45	53	63
Coût total										
Coût moyen										
Coût marginal										
Bénéfice réalisé par unité produite										

On demande aux élèves de compléter le tableau, tracer les courbes d'évolution du coût moyen de production et du coût marginal en fonction des quantités produites. L'exercice est à la portée d'un imbécile moyen, mais les chiffres de la ligne « coûts variables totaux » sont d'une ineptie supérieure. Si les deux premiers burgers reviennent à 6 euros pièce hors frais fixes, on ne voit pas pourquoi le troisième descend à 5,5, le quatrième à 5, le cinquième à 4,5, pour que le sixième remonte à 5, le septième à 6, le neuvième à 8, le dixième à 10. A-t-on voulu illustrer la loi des rendements décroissants ? Ce serait absurde, on n'embauche pas un employé supplémentaire entre le sixième et le septième burger vendu dans une heure, et on n'installe pas un nouveau poste de cuisson non plus. Le nombre de vendeurs est constant à court terme, leurs salaires font donc partie des coûts fixes, de même que l'amortissement du matériel. Alors ?

Alors, on conseille aux rédacteurs de *Sciences économiques et sociales 1re ES* d'aller vendre eux-mêmes des burgers pendant une journée d'ici la prochaine édition de leur ouvrage.

Je n'ai jamais vendu de burgers en ce qui me concerne, mais j'ai travaillé vingt-sept ans dans des entreprises. Il m'est arrivé de fréquenter des directeurs, des managers, des comptables. Je ne les ai jamais entendus parler de coûts marginaux, de productivité marginale, d'utilité marginale. Ni de loi des rendements factoriels décroissants.

Mais il paraît que si, si, « Les entreprises raisonnent à la marge ». Page 37 de mon livre de chevet, je lis avant de m'endormir l'histoire édifiante de cette compagnie d'aviation qui accepte de céder pour 300 euros à des passagers de dernière minute les dix derniers billets d'un vol Londres-Varsovie, alors que le coût moyen est de 500 euros par siège dans l'avion. « Tant que le passager en attente paye plus que le coût marginal, il est profitable de lui vendre un billet », telle est la morale de l'histoire.

Les entreprises raisonnent à la marge, dont acte. À condition qu'il y ait une marge. Le reste du temps, elles raisonnent juste en termes de profits.

Tout va pour le mieux dans la meilleure des économies possibles

Comme l'écrivait Ernest Mandel en 1962, parlant du marginalisme :

> La théorie néo-classique n'est pas seulement divorcée de la réalité sociale dans son ensemble. Elle l'est encore de la réalité pratique de tous les jours. [...] Malgré tous les

enseignements de l'école néo-classique, les entrepreneurs capitalistes continuent à calculer leur prix de revient sur cette même base [de la valeur-travail]. Et lorsqu'ils s'efforcent d'effectuer des calculs comparés de productivité, c'est encore à l'étalon « quantité de travail », et seulement à l'aide de cet étalon, qu'ils les effectuent[6].

C'est pourtant la théorie marginaliste de Léon Walras qui est enseignée aujourd'hui dans les écoles de commerce, dans les classes de Première ES, et même dans les livres de mathématiques de Seconde (sous forme d'exercices). Et elle est présentée partout non pas comme *une* doctrine économique parmi d'autres, mais comme LA théorie, les autres n'étant mentionnées (quand elles le sont) qu'à titre indicatif.

Programme de Sciences économiques et sociales 1re ES (extraits)
Journal officiel du 4 mai 2013

1.1 À partir d'exemples simples [...], on introduira les notions de rareté et d'utilité marginale, en insistant sur la subjectivité des goûts. [...] Il s'agit d'illustrer la démarche de l'économiste qui modélise des situations dans lesquelles les individus sont confrontés à la nécessité de faire des choix de consommation ou d'usage de leur temps.

2.1 Facteurs de production, coûts (total, moyen et marginal), recette (totale, moyenne, marginale), productivité, loi des rendements décroissants. [...] On introduira les notions clés de l'analyse de la production de l'entreprise, notamment la loi des rendements décroissants.

C'est qu'elle a tout pour plaire, cette théorie-là. Pour plaire au MEDEF s'entend, et aux experts économiques qui en sont les fervents défenseurs.

« Pourquoi un marché concurrentiel est-il efficace ? », demande en page 72 notre manuel de Première ES. C'est que, répond-il lui-même quelques lignes plus loin,

C'est prouvé scientifiquement

Les prix véhiculent de l'information. [...] Les prix sont des vecteurs d'information permettant une allocation optimale des ressources. Ils apportent à eux seuls l'information nécessaire aux prises de décision individuelles de l'ensemble des agents.

« L'analyse marginale est un gage d'efficacité », affirme en écho Wikipédia.

Elle explique que tout facteur de production va s'employer justement là où sa productivité marginale est la plus forte, avec pour conséquence au niveau global que l'économie entière mobilise ses ressources disponibles de la manière la plus efficace qui soit.

L'analyse marginale fournit également une réponse présentée comme logique à certains dysfonctionnements :

L'inégalité des revenus s'explique par le différentiel de productivité objectivement constatable d'une situation ou d'une combinaison de ressources donnée.

Le chômage tient à ce que le chômeur exige pour revenir au travail un revenu supérieur à sa productivité marginale effective.

Si vous n'êtes pas convaincu par cette argumentation, c'est que vous êtes vraiment dur de la feuille. Ou que vous n'écoutez pas pendant les cours. Tout ça, c'est MATHÉMATIQUE. Depuis le temps qu'on vous le répète !

20. La science a des racines, comme tout le monde

Léon Walras passe chez nous pour être le père du marginalisme, appelé aussi « école néo-classique » par opposition à l'économie politique classique d'Adam Smith et David Ricardo. Mais c'est lui faire beaucoup d'honneur, car le concept d'utilité marginale et ses produits dérivés (coût marginal, productivité marginale, etc.) apparaissent chez d'autres auteurs des années 1870, avec quelques longueurs d'avance sur Walras qui plus est.

À côté de ce dernier, il y a donc un marginalisme britannique, dont nous sommes redevables à William Stanley Jevons, et une variante autrichienne concoctée par Carl Menger. Ce dernier était le plus conservateur des trois et a tenu à garder ses distances avec les deux autres. Par-delà les nuances qui les distinguaient, ces auteurs se retrouvaient malgré tout sur l'essentiel : le rejet de la notion de valeur-travail. En ces années où le mouvement ouvrier était en plein essor dans toute l'Europe, l'affirmation d'Adam Smith selon laquelle le travail est la source de toute richesse résonnait comme un scandale aux oreilles des classes possédantes. En exorcisant ce démon, le marginalisme apparaissait comme leur sauveur – rien d'étonnant donc à ce qu'il ait été dans l'air du temps, au point de surgir quasi simultanément en trois endroits différents.

Mais il n'y a pas qu'en économie que les grands esprits se rencontrent. L'histoire des sciences fournit une liste impressionnante de découvertes ou d'inventions qui ont été faites à la même époque par plusieurs savants, sans concertation ni collaboration entre eux le plus souvent.

C'est prouvé scientifiquement

Mathématiques : quand les voies parallèles se rejoignent

L'exemple le plus célèbre est celui du calcul différentiel et intégral, conçu simultanément et indépendamment par Newton et Leibniz à la fin du XVII° siècle. Le vocabulaire et les symboles différaient de l'un à l'autre, mais les objets manipulés étaient bien les mêmes : des dérivées, des intégrales, des séries infinies – et les mêmes règles s'y appliquaient.

En fait, cette nouvelle forme de calcul n'a pas jailli comme un éclair du cerveau de deux génies : elle est le fruit de tout un développement qui s'est étalé sur près d'un siècle, comme le rappelait Lazare Carnot en 1797 :

> À l'époque de Newton et Leibniz une foule d'idées, analogues à celles de ces deux grands hommes, perçaient de toutes parts dans les écrits des savants. C'était réellement un fruit mûr. Cavalieri, Fermat, Pascal avaient soumis au calcul des quantités infiniment petites ; Descartes avait trouvé la méthode des indéterminées ; Roberval avait imaginé de décomposer la vitesse du point qui décrit une courbe en deux autres respectivement parallèles aux deux coordonnées ; Barrow avait considéré les courbes comme des polygones d'une infinité de côtés ; Wallis avait enseigné à calculer les séries[7].

L'invention des logarithmes, elle, remonte aux années 1610, et elle est associée aux noms de John Napier et Henry Briggs ; mais ces Britanniques se sont appuyés sur les travaux antérieurs de Christophe Clavius, Paul Wittich, Simon Stevin et Jost Burgi.

Le Flamand Simon Stevin, lui, est l'inventeur en Europe des nombres décimaux... parallèlement à François Viète, un conseiller d'Henri IV. Mais le mathématicien arabe Al Kashi les avait précédés d'un demi-siècle, et on trouve une première ébauche de décimaux au X° siècle chez Al Uqlidisi.

L'invention de la géométrie analytique, avec les abscisses et les ordonnées, est l'œuvre de Descartes comme nul ne l'ignore (coordonnées cartésiennes), mais son contemporain Pierre Fermat a bâti un système analogue de son côté.

Au XIX° siècle, ce sont les géométries non euclidiennes qui se bousculent au portillon, avec les modèles hyperboliques d'une part (Gauss, Bolyai, Lobatchevski) et de l'autre les géométries elliptiques (Riemann).

Au XIX° siècle toujours, la notion de vecteur est développée parallèlement par William Clifford, Josiah Gibbs, Oliver Heaviside ; celle de matrice par Henri Smith, Arthur Cayley, Joseph Sylvester.

Même la poudre a été inventée plus d'une fois

Tout ce qui précède concerne les mathématiques, mais le tableau est le même dans les autres sciences. En astronomie, le problème des 3 corps (trajectoire de trois objets célestes s'attirant mutuellement) a été résolu parallèlement au XVIII° siècle par trois savants : Clairaut, d'Alembert, Euler. À la même époque, l'hypothèse de la formation du système solaire par condensation d'une nébuleuse primitive a été avancée indépendamment par Emmanuel Kant et Pierre Simon Laplace.

En optique, la loi de la réfraction $n_1 \sin(\theta_1) = n_2 \sin(\theta_2)$ porte le nom de Snell-Descartes, le savant hollandais ayant grillé la politesse de quinze ans à son homologue français.

En physique, la loi de l'attraction universelle, inversement proportionnelle au carré de la distance, fut d'abord proposée par Robert Hooke avant d'être reprise et démontrée par Newton. Une autre loi en $\frac{1}{r^2}$, celle de Coulomb en électricité, fut trouvée concurremment par Priestley,

C'est prouvé scientifiquement

Cavendish et John Robinson. En électricité toujours, l'induction électromagnétique a été mise en évidence la même année (1831) par Faraday en Angleterre et Joseph Henry aux États-Unis.

La loi de Boyle-Mariotte, selon laquelle le produit Pression*Volume est constant pour un gaz à température donnée, a été trouvée par l'Irlandais Boyle en 1662 et par le Français Mariotte en 1676.

La loi d'Avogadro-Ampère, qui énonce que des volumes égaux de gaz, dans les mêmes conditions de température et de pression, contiennent le même nombre de molécules, fut formulée indépendamment par ces deux savants à trois ans d'intervalle (1811-1814).

La loi de conservation de l'énergie bat probablement tous les records : elle aurait été formulée sous diverses versions par plus de douze savants entre 1832 et 1854.

Il n'est pas jusqu'au célèbre $E = mc^2$ dont Einstein ne doive partager la paternité (avec le physicien français Paul Langevin).

En chimie, l'oxygène a été découvert presque simultanément par le Suédois Carl Wilhelm Scheele et l'Anglais Joseph Priestley (en 1772 et 1774 respectivement). Peu de temps après, la Loi des proportions définies (« pour une réaction donnée, le rapport des masses des réactifs consommés est constant ») est trouvée indépendamment par Jeremias Benjamin Richter en Allemagne (1791) et Joseph Louis Proust en France (1794).

En biologie, Alfred Russel Wallace et Thomas Huxley sont parvenus par leur propre voie aux mêmes conclusions que Darwin au sujet de la sélection naturelle vue comme le mécanisme central de l'évolution.

Toujours en biologie, la fécondation de l'ovule par le spermatozoïde a été observée pour la première fois en 1875 par le biologiste allemand Oskar Hertwig, sur des oursins. Cependant, certains auteurs accordent au botaniste français

Gustave Adolphe Thuret la découverte de ce processus de fécondation chez le fucus, dès 1854 ; selon d'autres, c'est l'entomologiste britannique George Newport qui aurait le premier, en 1850, observé la pénétration d'un spermatozoïde dans un ovule de grenouille.

La notion de gène a été développée parallèlement au début du XX° siècle par August Weismann et Hugo De Vries, après la redécouverte des lois de Mendel sur l'hérédité.

En géologie enfin, la théorie de la dérive des continents n'est due qu'au seul Alfred Wegener, à la veille de la Première guerre mondiale. Mais comme le souligne Yves Gautier :

> Les réflexions de Wegener ne sont que la synthèse de travaux antérieurs, dont il a tiré le meilleur : les observations géographiques et/ou structurales de Bacon et Humboldt, l'hypothèse de Snider-Pellegrini, la théorie des « ponts continentaux » de Suess et la formulation géophysique de l'isostasie, les études révélatrices de Taylor et de ses précurseurs[8].

L'air du temps

Cette revue (non exhaustive) des inventions et découvertes multiples illustre le fait que la science, loin d'être une activité purement individuelle, est un produit social et historique. « Les concepts scientifiques sont des idées et, en tant que tels, ils font partie intégrante de l'histoire intellectuelle », affirmait Thomas Kuhn dans son livre sur Copernic[9]. Mais ces idées ne se développent pas dans le vide, elles sont au moins en partie le reflet de la société dans laquelle elles voient le jour.

Il peut arriver exceptionnellement qu'un savant soit en avance sur son temps, comme ce fut le cas d'Aristarque au III° siècle avant J.C. lorsque, le premier, il affirma que le mouvement apparent des astres s'expliquait par le mouvement de la Terre, à la fois autour d'elle-même en une journée et autour du Soleil en un an. Mais dans le contexte d'alors, cette idée ne rencontra aucun écho, même parmi les autres savants. Lorsqu'elle fut reprise par Copernic en 1543, il s'en faut de beaucoup qu'elle ait été acceptée immédiatement par tout le monde ; mais au bout d'un siècle, elle avait quand même gagné l'adhésion de la majorité des scientifiques, malgré l'interdit jeté sur elle par l'Église catholique. Comment expliquer cette différence par rapport à l'époque d'Aristarque ?

C'est sans doute la découverte de l'Amérique et le tour du monde par Magellan qui ont fait évoluer les mentalités, au moins dans la minorité instruite de la population. On avait désormais la preuve que la Terre était vraiment ronde, qu'on pouvait marcher aux antipodes la tête en bas sans tomber dans le ciel, que la réalité pouvait donc être autre que ne le montraient les apparences. Ça ne prouvait pas que la Terre tourne – mais cela suggérait qu'après tout son mouvement n'est peut-être pas impossible. La lunette astronomique de Galilée fit le reste en 1610.

Il en va un peu de même pour le calcul différentiel et intégral. On peut en trouver des prémisses chez Archimède, chez certains mathématiciens de l'Inde, de la Chine ou du monde arabe. Mais c'est en Europe que cette nouvelle branche des mathématiques prit véritablement son essor, au XVII° siècle – parce que la science était alors demandeuse de ce nouvel outil, pour l'étude des mouvements d'une part (ceux des projectiles autant que ceux des planètes), mais aussi pour la fabrication des instruments d'optique nouvellement inventés (lunettes, télescopes, microscopes).

Dans un autre domaine, les théories de l'évolution ont vu le jour aux XVIII° et XIX° siècles suite à la découverte des faunes et des flores de nouveaux continents (Darwin lui-même a fait un tour du monde de cinq ans pour les observer) ; suite à la découverte de nombreux fossiles d'animaux disparus ; mais aussi suite aux transformations de la société elle-même, qui faisaient de l'évolution une réalité perceptible.

La géologie, de son côté, a vu son développement s'accélérer avec la révolution industrielle, ses mines, ses chantiers, ses tunnels de chemins de fer. Les découvertes de fossiles s'en sont trouvées multipliées.

La gravitation universelle newtonienne elle-même n'est pas sans lien avec les bouleversements sociaux et politiques de son époque. Faut-il rappeler que l'Angleterre, du vivant de Newton, a connu deux révolutions dont la première, avec Cromwell, instaura une république et trancha même la tête d'un roi, un siècle et demi avant la Révolution française. La formule de la gravitation, $F = \frac{G\,mm'}{r^2}$, n'est évidemment pas une conséquence directe de ces événements. Mais la vieille physique d'Aristote que l'on continuait à enseigner dans les universités, avec ses *lieux naturels* auxquels les *mouvements naturels* ramenaient inéluctablement, reflet d'un monde où chaque individu avait une place fixée, entrait en contradiction avec les nouvelles réalités de la société britannique. La nouvelle physique de Newton faisait certes « partie intégrante de l'histoire intellectuelle », comme dit Thomas Kuhn ; elle reprenait les résultats de Kepler, de Galilée, de Torricelli, de Huygens ; mais elle rencontrait aussi un climat intellectuel favorable, un « air du temps » qui a largement favorisé son succès. Comme le souligne Clifford D. Conner dans son *Histoire populaire des sciences* :

> Le contexte socio-économique capitaliste de l'Angleterre de la fin du XVII° siècle joua un rôle crucial dans l'émergence de la théorie de la gravitation universelle. Il est certes justifié d'accorder à Newton le mérite d'avoir formulé cette théorie, mais c'est l'activité de très nombreuses personnes qui constitua le terreau social sur lequel elle germa[10].

C'est prouvé scientifiquement

Le milieu social n'explique pas tout (mais quand même une partie)

Il se trouve des gens, malgré tout, pour nier farouchement ce lien entre science et société. Ils se recrutent d'ordinaire chez les adorateurs de la mathématique pure, à l'instar de Jean Dieudonné, l'un des gourous de la secte Bourbaki, à qui l'on doit ces lignes impérissables : « Celui qui m'expliquera pourquoi le milieu social des petites cours allemandes du XVIII° siècle où vivait Gauss devait inévitablement le conduire à s'occuper de la construction du polygone régulier à dix-sept côtés, eh bien, je lui donnerai une médaille en chocolat[11]. »

Celui qui nous expliquera pourquoi le milieu social des universités françaises du XX° siècle en arrivait à une telle mauvaise foi, gagnera le droit à toute notre considération. Personne n'a jamais affirmé que l'activité scientifique reflète jusque dans ses moindres détails tous les traits de la société dans laquelle elle s'enracine. L'histoire des sciences a sa propre logique, autonome jusqu'à un certain point par rapport au contexte économique, social et politique.

La géométrie analytique n'aurait pu voir le jour au XVII° siècle sans le progrès de l'algèbre au XVI°. La construction de tables trigonométriques a conduit à des équations de degré supérieur à 4, l'échec de la résolution de ces dernières a fait germer à son tour la théorie des groupes – et on peut multiplier les exemples.

La passion du jeune Gauss, en 1796, pour la construction du polygone régulier à dix-sept côtés a plus à voir avec Euclide qu'avec les cours princières où il avait grandi. En revanche, ses choix politiques et philosophiques ultérieures, ultra-conservateurs, sont bien à l'image de son milieu social, et l'orientation axiomatique et formaliste qu'ont prise les mathématiques au XIX° siècle, en partie sous l'influence de Gauss, en sont à leur tour un produit indirect.

C'est prouvé scientifiquement

Il serait non moins stupide de vouloir faire de la science un simple sous-produit de la vie économique – et personne n'a jamais proféré une telle ineptie. La civilisation romaine n'a pratiquement rien produit dans le domaine scientifique, alors que sa puissance économique a été sans commune mesure avec celle de la Grèce dans la même période. Le lien entre science et économie n'en existe pas moins, sous des formes variables dans le temps et dans l'espace.

Le fait économique marquant du XVII° siècle est le développement du commerce transatlantique, qui posait l'épineux problème de la localisation des navires en plein milieu de l'océan. La longitude, en particulier, était un vrai casse-tête car son calcul se basait sur la comparaison de l'heure locale (obtenue en mesurant la hauteur du Soleil ou d'une étoile) avec l'heure d'un méridien particulier, donnée par une horloge. L'un des grands défis posé aux scientifiques de cette époque était donc de concevoir une horloge qui ne se dérègle pas sur un navire secoué par les vagues, sachant qu'une erreur de quatre minutes de l'horloge se traduit par une erreur d'un degré pour la longitude (ce qui peut représenter jusqu'à une centaine de kilomètres).

Christian Huygens, qui avait déjà inventé l'horloge à pendule (net progrès par rapport aux horloges à foliot en usage jusque-là), s'attaqua donc à ce problème en cherchant à quelles armatures rigides il devait assujettir la tige semi-rigide du pendule pour que les oscillations de celui-ci restent isochrones, quelle que soit leur amplitude[12]. C'est dans ce but que Huygens créa la théorie des « déroulées et déroulantes », que l'on enseigne aujourd'hui aux étudiants sous le nom de développées et développantes.

Il était un petit astronome

À défaut d'horloge, les navigateurs se basaient autrefois sur l'observation astronomique, celle des planètes tout particulièrement, dont la position était prévue jour par jour et consignée dans des éphémérides. La comparaison de ces éphémérides avec la position réelle d'une planète permettait de calculer l'heure du méridien de référence et d'en déduire la longitude, avec une marge d'erreur importante il est vrai. Mais le plus gros de l'erreur provenait des éphémérides elles-mêmes, basées sur le système de Ptolémée, ses épicycles et ses excentriques. Avec la navigation transatlantique, ce problème devint critique, il en allait de la vie de l'équipage... et de l'astronome, car chaque navire en embarquait un à son bord. C'est ce qui amena certains astronomes, dont Copernic, à remettre en question le modèle de Ptolémée.

L'ironie de l'histoire, c'est que les premières éphémérides basées sur le système de Copernic n'ont apporté aucune amélioration : il y avait toujours autant d'écart entre leurs prévisions et la position réelle des planètes. Il faudra attendre les lois de Kepler pour qu'il en aille autrement. Mais cet épisode illustre les liens, remontant à la nuit des temps, entre l'astronomie et la navigation.

Quand on vous dit que c'est mathématique ! (Piqûre de rappel)

L'algèbre, quant à elle, bien que se présentant souvent sous une forme plus abstraite encore que la géométrie, n'en est pas moins liée à la vie économique et particulièrement au commerce. Comme le reconnait Jean C. Baudet, évoquant les derniers siècles du Moyen Âge :

> Il est indiscutable que l'essor de l'algèbre [...] alla de pair avec le développement de la comptabilité, et notamment avec la découverte de la comptabilité en partie double. [...] Au savoir universitaire, qui s'exprime en latin et est essentiellement discursif et contemplatif (et géométrique, comme l'était la mathématique grecque), va s'opposer un savoir bourgeois, qui s'exprime en langue vulgaire et est résolument pratique, et surtout arithmétique. Dans les milieux de marchands à Florence, à Gênes, à Venise et ailleurs, une nouvelle profession se développe, celle de calculateur. Les spécialistes en calcul, en « algèbre » ou en « algorithmique » (ces deux termes d'origine arabe sont de plus en plus employés pour désigner la résolution des problèmes numériques) aident les marchands dans leurs comptes, ils donnent des leçons d'abaques, de calcul, de comptabilité aux fils des marchands. Ils publient des ouvrages didactiques, sans prétention scientifique, ne visant qu'à l'efficacité. Ils utilisent, bien sûr, la numérotation de position, les chiffres indo-arabes, et introduisent un vocabulaire technique où les mots d'origine arabe sont fréquents[13].

Chez les mathématiciens arabes eux-mêmes, de nombreux problèmes se rapportent au commerce, à la répartition des impôts, aux partages d'héritages.

Les probabilités, enfin, sont nées à propos des jeux de hasard, mais leur développement est lié à celui des compagnies d'assurance.

Pas de science sans technique

Ce qu'on a appelé la « révolution scientifique » du XVII° siècle n'aurait jamais vu le jour sans les progrès techniques et économiques qui furent réalisés à cette époque. Il ne suffisait pas de le vouloir pour inventer la lunette astronomique, le microscope, la pompe à vide, le baromètre, le thermomètre – instruments qui ont tous vu le jour dans la première moitié de ce siècle. Encore fallait-il que l'artisanat et l'industrie naissante soient capables de les fabriquer.

Les savants de cette période, polyvalents dans leur grande majorité, ne dédaignaient pas de mettre la main à la pâte à l'occasion, tels Galilée avec sa lunette ou Huygens avec son horloge. Une tendance qui ne fit que s'accentuer au XVIII° siècle, comme le note Jean-Paul Collette :

> Plus encore qu'au siècle précédent, les mathématiques du XVIII° siècle, loin de se confiner à la pure théorie, touchent aussi bien aux problèmes pratiques que technologiques. Euler, par exemple, s'intéresse aux navires, à l'action des voiles, à la balistique, à l'optique et à la cartographie. D'Alembert, philosophe et littérateur, traite de mécanique appliquée et d'astronomie et prend une part importante à la rédaction de l'Encyclopédie. Monge parle des problèmes d'excavation, de remblais et de moulins à vent avec la même minutie que des problèmes de géométrie différentielle. De toute évidence, à cette époque, l'activité du savant ne se confine généralement pas à un seul domaine d'étude et il faudra attendre encore près d'un siècle avant que se dessinent des partitions plus nettes entre les différentes activités des savants[14]. »

Collette nous parle ici de savants catalogués comme mathématiciens, mais le tableau est le même avec les autres. Le chimiste Lavoisier était un expérimentateur méticuleux, dont la grande innovation fut de tout mesurer, avec des instruments aussi précis que possible. Réaumur, physicien et naturaliste, était l'inventeur d'un thermomètre à alcool et d'un incubateur, sans parler de sa contribution à la métallurgie pour la transformation du fer en acier. Buffon, surtout connu comme naturaliste et fondateur du Jardin des Plantes, s'est aussi illustré comme philosophe, mathématicien (on lui doit un célèbre problème de probabilités) et même industriel avec ses forges de Montbard.

Tout cela s'accorde mal avec l'image traditionnelle qu'on se fait du savant, et particulièrement du mathématicien. Mais cette image est-elle fondée ? « Une tradition intellectuelle héritée des Grecs [écrit Michel Crozon] tend à dévaluer l'importance de la technique face à la connaissance théorique. Pourtant, dans l'histoire des sciences, et en particulier en physique, c'est souvent grâce aux problèmes techniques qu'on a pu s'orienter vers une interrogation, une pensée théoriques : en fait, science et technique n'ont cessé de s'enrichir mutuellement[15]. »

Même chez les Grecs, en vérité, tout le monde ne partageait pas le mépris de Platon pour la technique et les sciences appliquées. Bertrand Gille nous parle de savants « attirés tout autant par la science pure que par les problèmes matériels. Tel fut Anaxagoras dont nous avons vu qu'il était mathématicien, géomètre, s'occupant de perspective, qui s'intéressa aussi à l'astronomie, à la biologie, jusqu'aux dissections, qui chercha à déceler la cause des crues du Nil[16]. » Et ceux qui ne partageaient pas cette curiosité universelle ne vivaient pas pour autant dans une cloche de verre. Comme le relate Lancelot Hogben :

> Les Grecs, qui furent les premiers écrivains mathématiques de l'Antiquité, vivaient dans un monde où ils voyaient mesurer les distances angulaires des étoiles, construire des temples à l'aide de diagrammes tracés sur le sable, déterminer les hauteurs par la longueur des ombres, dessiner des figures sur l'argile et fabriquer des tuiles. [...] Il y avait des marchands comptant les pièces. Il y avait des collecteurs d'impôts fixant la taxe par des mesures. Il y avait les artisans esclaves construisant avec l'équerre, le fil à plomb et le niveau. Il y avait les marins déterminant leur direction par l'étoile polaire[17].

Ce sont des savants, mais à part ça qu'est-ce qu'ils ont de plus que moi ?

La grande originalité de la science grecque antique (généralement passée sous silence par les apôtres du « miracle grec ») ne réside pas dans la tournure axiomatique et déductive des *Éléments* d'Euclide. Elle réside dans le caractère laïc de cette science, en opposition avec les sciences babylonienne et égyptienne restées liées à la caste des prêtres. Non pas que les savants grecs aient affiché un athéisme ouvert et unanime, loin de là. Mais en tant que scientifiques, ils laissaient la religion à la porte : on ne mélangeait pas les genres.

Il s'en faut de beaucoup que les scientifiques des temps modernes aient respecté cette séparation avec la même constance. Parlant des savants du XVII° siècle, Tobias Dantzig note ainsi :

> Kepler s'engage un peu à contrecœur dans les études astronomiques après avoir été déçu dans son espoir d'embrasser la carrière ecclésiastique ; Pascal abandonne les mathématiques pour s'adonner à la religion ; la sympathie de Descartes pour Galilée est tempérée par son respect de l'autorité de l'Église ; Newton, entre ses découvertes magistrales, écrit des traités de théologie ; Leibniz rêve d'une théorie du nombre qui assurerait le succès universel du catholicisme[18].

Battue en brèche au siècle des Lumières, la religion fit un retour en force chez une partie des savants au XIX° siècle, témoin cette profession de foi signée par plus de cent cinquante naturalistes anglais et publiée dans le *Times* en 1864 :

> Nous soussignés, livrés à l'étude des sciences naturelles, désirons exprimer notre sincère regret de ce que la recherche de la vérité scientifique est détournée de son but par quelques hommes de ce temps-ci, qui en font une

occasion de jeter des doutes sur la véracité et l'authenticité des saintes Écritures. Il nous paraît impossible que la parole de Dieu écrite dans le livre de la nature et la parole de Dieu tracée dans la sainte Écriture se contredisent l'une l'autre[19].

Tout ça prouve bien que Dieu existe, puisqu'il y a des savants qui y croient.

Ou alors... mais c'est une interprétation personnelle, et vous en ferez ce que vous voudrez. Ou alors, ça prouve que les savants sont des hommes comme les autres, élevés dans une société qui leur transmet des valeurs et des croyances, bien avant qu'ils ne deviennent des savants. Des hommes qui poursuivent une carrière à laquelle des opinions trop radicales pourraient nuire. Des hommes dont certains ont épousé une riche héritière et ne veulent pas se fâcher avec belle-maman qui est très pratiquante. Des hommes, enfin, qui ont un corps comme vous et moi, qui mangent, boivent et s'acquittent même d'autres besoins physiques dont on ne parle pas quand on est bien élevé.

Il arrive même à ces savants de redevenir des petits garçons et de se battre dans la cour de récré quand ils se disputent à plusieurs une même découverte. La plus mémorable de ces bagarres est celle qui vit s'affronter Isaac Newton et Gottfried Wilhelm Leibniz à la fin du XVII° siècle, avec un échange de propos que j'ai reconstitué pour vous :

– C'est même pas toi qu'a trouvé le calcul différentiel et intégral, nananère !

– Menteur, c'est toi qu'a fait rien qu'à copier sur moi !

N.B. : Le dialogue ci-dessus a eu lieu en latin, et comme je n'ai pas fait de latin depuis longtemps, j'ai pris quelques libertés avec la traduction. Mais en substance, c'est vraiment ce qui s'est dit.

EN GUISE DE CONCLUSION...

21. On peut très bien se passer de la science ! (Mais laissez-moi quand même mon smartphone)

L'hostilité à la science a existé à d'autres époques que la nôtre. Elle a notamment accompagné l'expansion du christianisme à la fin de l'Empire romain, comme on peut le relever dans les écrits de Saint Augustin : « Quand la question nous est posée de savoir ce que nous croyons en matière de religion, il n'est pas nécessaire de sonder la nature des choses, comme l'ont fait ceux que les Grecs appellent *physici* [...] Il est suffisant pour le chrétien de croire que la seule cause de toutes les choses créées, célestes ou terrestres, visibles ou invisibles, est la bonté du Créateur, le seul vrai Dieu ; et que rien n'existe, sauf Lui, qui ne tire son existence de Lui[1]. »

L'époque actuelle ressemble sur certains plans aux dernières décennies qui ont précédé la chute de Rome : civilisation en crise, climat d'insécurité, pessimisme ambiant, montée du sentiment religieux et rejet concomitant de la science. Avec cette différence, entre autres, que la science occupe dans notre société une tout autre place qu'au V° siècle. Son rejet ne concernait alors qu'une minorité ; il se manifeste de nos jours dans de larges couches de la population. « Toujours porteuse d'espoir pour certains, la science est devenue simultanément source de crainte pour beaucoup », constatait déjà Albert Jacquard en 1982. « Une attitude de rejet est apparue, et peu à peu se répand[2]. »

Derrière la science, le lobby industriel

La mainmise des multinationales sur la recherche scientifique est l'un des facteurs qui alimentent cette défiance, comme on peut le voir actuellement avec les OGM et les firmes qui nous les imposent (Monsanto, Bayer, etc.).

La subordination de la science à l'industrie capitaliste ne date pourtant pas d'hier. Voilà maintenant deux siècles que la science est inextricablement mêlée à l'économie. Des liens ont d'ailleurs toujours existé entre elles : les premiers calendriers sont apparus avec l'agriculture, l'astronomie est liée à la navigation, la chimie à l'alliage des métaux et à la production de colorants pour les tissus ; les mathématiques se sont développées avec la comptabilité, le commerce, l'arpentage et l'architecture. Mais ces liens sont restés larges et peu contraignants jusqu'à l'aube des temps modernes. Une invention pouvait dormir pendant des siècles sans que l'économie ne l'utilise. Tel fut le cas du moulin à eau de l'ingénieur romain Vitruve, ou des machines du mathématicien Héron d'Alexandrie.

Avec la Révolution industrielle des XVIII° et XIX° siècles, les relations sont devenues réciproques et systématiques : la science avait besoin de l'industrie pour fabriquer son matériel de recherche, l'industrie avait besoin de la science pour moderniser sans cesse l'outil de production. Dans la deuxième moitié du XIX° siècle, les capitaux ont commencé à s'investir eux-mêmes dans la recherche scientifique.

En France par exemple, un décret de 1885 autorise les établissements privés à financer les centres universitaires, « d'où l'arrivée d'une manne financière sans précédent : environ 30 millions de francs provenant de fonds privés sont investis dans les facultés pour leur expansion et leur rénovation entre 1885 et 1890 [3]. » Les savants, du coup, travaillent de plus en plus en liaison avec l'industrie, à l'exemple de Louis Pasteur, spécialiste des déclarations grandiloquentes sur la science désintéressée et l'abnégation scientifique... mais aussi des relations avec les milieux industriels, et ayant au final mené une carrière des plus juteuses.

La dépendance de la science vis-à-vis du monde des affaires n'a fait que s'accentuer depuis. D'après un article de *New scientist*, « La recherche [aux États-Unis] est aujourd'hui financée aux deux tiers par des entreprises. Une bonne partie de ce savoir scientifique « privatisé » se retrouve entre les mains de sociétés multinationales toujours plus gigantesques et en nombre toujours plus limité[4]. »

Les pratiques de ces multinationales ont conduit à un grand nombre de scandales, de la crise de la vache folle à l'affaire du Mediator, dans lesquels la responsabilité des scientifiques était clairement engagée. Comme le dit Clifford D. Conner :

> Il n'est par conséquent guère étonnant que la fin du XX° siècle ait vu se développer une défiance à l'égard des sciences modernes. Les scientifiques sont aujourd'hui très largement perçus comme des gens faillibles – et arrogants car réticents à reconnaître leurs éventuelles faiblesses. Ils sont également souvent considérés comme des apologistes rétribués pour défendre les intérêts des grandes entreprises ou des administrations gouvernementales[5].

Le scientisme, religion de la société capitaliste

Cette arrogance de certains scientifiques (pas tous quand même !) va de pair avec l'image sacro-sainte de la science façonnée par les milieux dirigeants dans la deuxième moitié du XIX° siècle – en France tout particulièrement. Guillaume Carnino parle même à ce propos de « L'invention de la science » (titre de son livre).

Comme on l'a vu ci-dessus au chapitre 4, c'est l'époque où l'on prit l'habitude, dans tous les discours, d'invoquer la

« vérité scientifique » contre l'« ignorance » et les « préjugés » de la population chaque fois que cette dernière faisait valoir ses intérêts contre ceux des banques ou de l'industrie.

Placée sur un piédestal, la science a ainsi détrôné la religion comme autorité apportant sa caution à l'ordre social existant. Mais il fallait pour cela une science qui ait elle-même toutes les apparences d'un dogme, une science infaillible et indiscutable. Un demi-siècle avant Bachelard, on substitua donc la science « qui aurait dû être » à la science de la prosaïque réalité :

> Pour les besoins de la pédagogie républicaine, ce n'est pas la science telle qu'elle se fait qu'il convient d'enseigner, puisque le peuple n'aura vraisemblablement jamais à la pratiquer, mais bien la science fondatrice, exemplaire, morale, voire mythologique qu'il faut prêcher[6].

En fait, la pédagogie monarchiste en est arrivée aux mêmes conclusions que la « pédagogie républicaine » évoquée ci-dessus par Carnino. Aux nuances locales près, les sciences, au XX° siècle, ont donc été enseignées un peu partout de la même façon : austères, abstraites, figées, élitistes. Un type d'enseignement qui répond à toutes les questions, hormis celles qu'on se pose (qui ne sont jamais les bonnes). Une pédagogie qui récompense la rapidité de l'élève au détriment de la profondeur, et le conformisme au détriment de la curiosité intellectuelle.

Mathématiques : l'art de joindre l'inutile au désagréable

L'enseignement des mathématiques est l'incarnation même de ces tendances. On a dit et redit que les maths occupaient une place excessive dans les programmes scolaires. Mais d'un autre côté, jamais les mathématiques n'ont eu autant d'interactions avec les autres disciplines scientifiques et avec la vie économique : informatique, recherche opérationnelle, emplois du temps, cryptage/décryptage, séquencement de l'ADN, prévisions météo, traitement du signal et de l'image, radar, sonar, autant de domaines dans lesquels on a besoin des maths – et on pourrait allonger la liste indéfiniment.

Le vrai problème réside moins dans la place occupée par les mathématiques que dans la façon dont elles sont présentées aux élèves. Car tandis qu'elles imprégnaient de plus en plus de domaines, leur enseignement n'a cessé d'évoluer dans le sens de l'abstraction pure, comme le déplorait Lancelot Hogben au milieu du siècle dernier :

> Le programme de nos lycées a été fait par des théologiens et des politiciens qui croyaient en Platon. Aussi, nous continuons à enseigner la géométrie d'Euclide pour le bien de l'âme. Comme peu de personnes normales aiment ce qui est bon pour elles, les mathématiques sont une étude des plus impopulaires, ce qui empêche à jamais le grand nombre de découvrir leur immense utilité dans la vie sociale de l'homme[7].

Hogben décrivait la situation chez lui, en Grande Bretagne, mais on a fait encore mieux de ce côté-ci de la Manche. Grâce à la confrérie bourbakiste bien de chez nous, la théorie des ensembles de Cantor est devenue la nouvelle religion, et toute la mathématique a été reconstruite sur une base 100 % axiomatique, garantie sans aucune impureté provenant du monde extérieur. Cette lubie d'universitaires, après avoir empoisonné la vie des étudiants en mathématiques dans les années 1950, a été imposée aux lycéens dans les années 1960, aux collégiens dans la décennie suivante, pour gagner jusqu'aux écoles primaires. On a heureusement pu arrêter le mouvement avant qu'il n'atteigne les crèches, mais ce n'était pas gagné d'avance.

Pendant toute une génération donc, il fut interdit de résoudre le moindre problème autrement qu'à l'aide de produits cartésiens, cardinaux, classes d'équivalence, bijections, diagrammes sagittaux et patatoïdes en tous genres. On en est revenu à présent, mais sans jamais le dire officiellement, et surtout sans remettre en cause l'orientation axiomatique de l'enseignement des mathématiques.

Aucun bilan n'a jamais été tiré de ces trente années de divagation. Du côté de ceux qui utilisent les maths dans leur activité professionnelle, le mal est encore supportable : on a sans doute formé de mauvais ingénieurs, mais on survit à ce genre de revers. Mais il y a les autres, ceux qui ont souffert pendant toute leur scolarité non seulement de ne pas comprendre pourquoi [AB] = [Ay ∩ [Bx, mais surtout de ne pas comprendre pourquoi c'est si important ! Ceux-là, et ils sont légion, auront toute leur vie un compte à régler avec les maths en particulier – et la science en général.

Un monde de plus en plus abstrait (et malade)

Par ces temps où l'enseignement est régulièrement accusé d'être inadapté aux « réalités » du monde du travail, on peut se demander pourquoi les mathématiques continuent d'être enseignées sous une forme aussi éloignée de celles sous lesquelles elles vivent hors de l'école. Il faut croire que la société capitaliste s'en accommode très bien malgré tout, avec des cadres et des dirigeants tous formatés dans le moule de cette science élitiste et axiomatisée. Quand on brasse de l'air, il est de bon ton d'agrémenter ses présentations Powerpoint de schémas fléchés hérités des cours de maths des années 1980, comme ci-dessous.

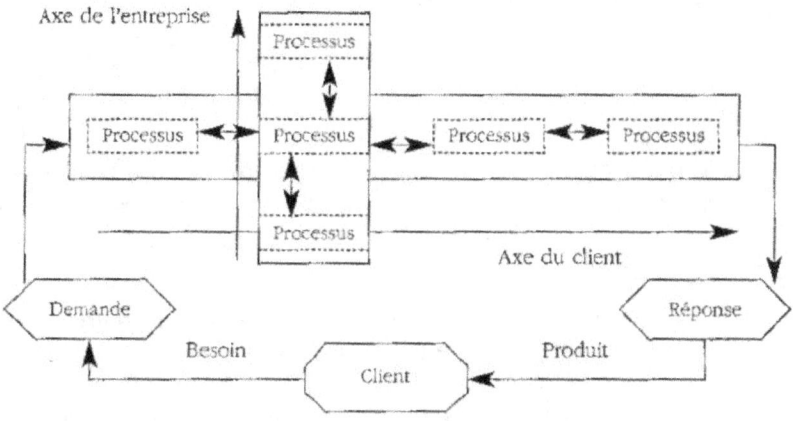

Ces diagrammes sagittaux sont nettement moins utiles, il est vrai, à l'ingénieur qui travaille à la mise en place d'un système de signalisation ferroviaire ou à l'amélioration des performances d'un radar – lui aura bien plus besoin des sinus, des cosinus et des mathématiques appliquées. Mais nous vivons dans un monde où les forts en maths se détournent des écoles d'ingénieur au profit des écoles de commerce ; où les postes de responsables dans les grandes entreprises sont tenus par des commerciaux purs et non plus par des cadres connaissant le métier ; où l'économie réelle s'efface de plus en plus devant le gonflement de l'activité financière ; où l'on vous exhorte à « faire travailler votre argent », comme si l'argent avait cette vertu magique.

La dérive de l'enseignement des maths vers l'abstraction pure et l'axiomatique reflète en partie cette financiarisation de la vie économique. Il n'y a pas que la physique quantique qui soit « à la recherche du réel » ; c'est encore bien plus le cas de la société capitaliste !

C'est prouvé scientifiquement

Si la sélection par les maths n'existait pas... il faudrait inventer autre chose !

Dans cette société-là, on l'a dit plus haut, le scientisme est devenu une nouvelle religion, remplaçant les religions traditionnelles dans leur rôle de justification de l'ordre social. Un point que soulignait déjà Didier Nordon il y a trente-cinq ans. Parlant de la recherche en mathématiques pures, qui coûte de l'argent et ne rapporte rien à court terme, il écrivait notamment :

> Pourquoi en effet une société, qui n'a pourtant pas l'habitude de faire des cadeaux, payerait-elle (et pas si mal que ça) des gens à faire des choses qui ne servent à rien ? En réalité, une production − fût-elle inutile sur le plan technique − peut fort bien être malgré tout très utile sur le plan idéologique (élitisme, mythe de l'expert, glorification de l'abstrait, du « pur », séparation et primauté de l'intellectuel sur le manuel, etc., sans oublier la sélection qui est le but matériel, et non plus idéologique, de tout ça)[8].

La sélection, nous y voilà ! Elle a toujours existé bien évidemment, et de surcroit s'est toujours effectuée autour d'une discipline privilégiée : les maths n'ont fait que se substituer au latin, qui régnait en maître (avec le Grec en option) jusqu'aux années 1930. Il n'empêche : la « sélection par les maths » est un thème de lamentation récurrent, pour ne pas dire un leitmotiv, dans toute la littérature sur l'enseignement des mathématiques. Depuis André Revuz[9] autrefois jusqu'à Alain Badiou dernièrement, tout le monde y va de son couplet contre ce « détournement » d'une si noble discipline. « Les mathématiques [écrit Badiou], particulièrement en France, sont utilisées comme une méthode de sélection des élites par le biais des concours des grandes écoles scientifiques. [...] Cette situation a malmené les mathématiques du point de vue de leur rapport général à l'opinion[10]. »

Rares sont ceux en revanche qui, comme Maurice Fréchet, ont vu le lien entre ce rôle de sélection que le système fait jouer aux mathématiques d'un côté, et de l'autre le règne sans partage des mathématiques pures, enseignées de façon axiomatique, au détriment de mathématiques appliquées, présentées de façon inductive à partir de cas particuliers.

Ce sont les maths pures et axiomatiques qui sont l'outil de sélection par excellence. Non seulement leur rendement est meilleur pour éliminer le trop-plein ; mais elles ont toujours pratiqué le tri sélectif, bien avant que les écologistes ne le découvrent. C'est un secret de Polichinelle : plus l'enseignement est abstrait et théorique, plus les recalés se recrutent dans les classes populaires, et les élus dans les milieux favorisés (où l'on a de surcroit les moyens de payer des cours particuliers).

Mais pour un éminent ontologue comme Alain Badiou, de telles contingences ne sauraient entrer en ligne de compte : « Les mathématiques devraient absolument être considérées, non pas simplement comme une discipline scolaire chargée de sélectionner ceux qui vont être ingénieur ou ministre, mais comme quelque chose qui possède un intérêt extraordinaire en soi-même[11]. »

Hélas, cet intérêt extraordinaire en soi-même échappe complètement à la majorité des collégiens et des lycéens. Comment y remédier ? C'est très simple (comme ce l'est toujours avec Badiou), « Pour briser l'aristocratisme des mathématiciens, il faut trouver une médiation entre l'intelligence des formalismes et la visée conceptuelle[12]. »

Et où la trouve-t-on, la médiation entre ces deux choses-là ? C'est une nouvelle fois très simple, il suffisait d'y penser : « Je pense que, pour cela, il faut recourir à la philosophie, qu'on devrait donc aussi enseigner bien plus tôt[13]. »

Voilà qui tombe bien, vu que Monsieur est philosophe.

La sélection par la philo pourrait même remplacer la sélection par les maths, qui sait ! L'origine sociale des polytechniciens et des normaliens ne devrait pas s'en trouver sensiblement modifiée...

La biodiversité, ça se mérite

Depuis une quinzaine d'années, l'enseignement des sciences dans ce pays a quand même secoué un peu de sa poussière. On a laissé tomber les bijections et les classes d'équivalence au collège, et on essaie de présenter les sciences physiques et naturelles de façon plus expérimentale.

On pourrait donc s'attendre à ce que l'enseignement prenne désormais appui, pour introduire les notions théoriques, sur des exemples tirés de la vie quotidienne, ou en tout cas facilement accessibles aux élèves. Mais rien de tout cela, surtout pas ! Avez-vous oublié que l'observation première constitue un obstacle é-pis-té-mo-lo-gi-que ? On vous l'a pourtant dit et répété !

Au lieu de l'*expérience*, on partira donc de l'*expérimentation*, ce qui n'a rien à voir, on est bien d'accord. Attachez donc vos ceintures, et ouvrez votre livre de SVT à la page 70 (*SVT 2de*, programme 2010, éditions Bordas). Le chapitre 4 s'intitule « Diversité et parenté du vivant », jusque-là tout va bien. En guise d'introduction, sous le titre « Étudier la biodiversité à l'échelle locale », nous lisons ceci : « La diversité du vivant n'est pas seulement celle des espèces ; c'est aussi la diversité et la variabilité des écosystèmes ainsi que la variabilité génétique chez les individus d'une même espèce. » Là, ça se complique nettement.

Vous êtes en classe de Seconde, vous avez entre quinze et seize ans, vous ne savez pas distinguer un chêne d'un marronnier, et les seules espèces animales que vous voyez vivre sous vos yeux, en dehors de la nôtre, sont le chien, le chat et le poisson rouge dans son bocal. Même le poulet, vous ne l'avez jamais vu que dans votre assiette. Voilà à quoi se résume pour vous la diversité des espèces. Mais désormais, grâce aux éditions Bordas, vous saurez que cette diversité des espèces n'est qu'un aspect de la diversité du vivant. Pour vous en convaincre, l'introduction du chapitre 4 vous fait participer (sans lever les fesses de votre chaise) à une expérimentation sur le terrain où vous pratiquerez des « carottes » dans le sol de deux sites différents, à la recherche de l'ophrys abeille, du brome érigé, du liseron cantabrique, de l'aulne glutineux, de la scrofulaire aquatique et du lychnis fleur de coucou.

Maintenant, si vous avez du mal à reconnaître ces espèces sur le terrain lors de vos prochaines vacances, ne culpabilisez pas trop pour autant : tout ce qu'on vous demandait, c'était de les retenir pour le devoir sur table.

La barre toujours plus haut

Le tableau semble un peu différent en sciences physiques... à première vue et chez certains éditeurs. Le manuel de Seconde des éditions Hachette fait une part plus conséquente à l'histoire des sciences, avec par exemple une double page sur l'historique de la notion d'atome, de Démocrite à Schrödinger. D'autres notions sont abordées en partant de la vie quotidienne, tel le chapitre 12 « Espèces chimiques contenues dans les médicaments ».

Tout irait donc pour le mieux... si les programmes officiels n'étaient, comme en SVT, d'une ambition démesurée pour une classe de Seconde : « Repérer, par sa longueur d'onde dans un spectre d'émission ou d'absorption, une radiation caractéristique d'une entité chimique. Utiliser un système dispersif pour visualiser des spectres d'émission et d'absorption et comparer ces spectres à celui de la lumière blanche. [...] Pratiquer une démarche expérimentale pour

C'est prouvé scientifiquement

établir un modèle à partir d'une série de mesures et pour déterminer l'indice de réfraction d'un milieu. [...] Pratiquer une démarche expérimentale pour vérifier la conservation des éléments au cours d'une réaction chimique », etc.

Dans bien des cas, les notions abordées aujourd'hui en classe de Seconde l'étaient autrefois en Première ou en Terminale, telles les formules de chimie organique, ou encore le ph. Mais bien entendu, la fuite en avant se poursuit après la Seconde, les programmes de physique de la Terminale S actuelle étant presque ceux d'une classe préparatoire il y a cinquante ans.

Avec une telle inflation, la méthode expérimentale, censée introduire le cours de façon moins arbitraire et plus naturelle, se transforme en... obstacle épistémologique, car l'élève doit tout découvrir en même temps : par exemple (au chapitre 2 de notre ouvrage de Seconde), quelle est la différence entre un spectre d'émission et un spectre d'absorption, par quel dispositif expérimental on les obtient, quelles informations on en tire (température, composition chimique).

La méthode expérimentale n'est pas une panacée, elle n'a de sens que si l'on se pose déjà un problème et qu'on a une idée intuitive de sa solution. Dans l'exemple ci-dessus, la bonne méthode, en classe de Seconde, serait plutôt de partir d'une donnée connue, comme la température du Soleil (6000° C environ en surface), et de poser la fameuse question de Richard Feynman : « Comment la science le montre-t-elle ? Comment les savants ont-ils trouvé ça ? ». En se gardant bien, dans la réponse, de vouloir tout expliquer en un seul cours de façon rigoureuse et exhaustive.

On décompose la lumière du Soleil à l'aide d'un prisme, on observe des raies sombres dans le spectre obtenu, chacune de ces raies correspond à une longueur d'onde, et la température du Soleil est calculée à partir de ces longueurs d'onde : voilà qui suffit largement dans un premier temps. Les détails, le protocole expérimental, les spectres d'émission et d'absorption, la loi de Wien – tout cela fera l'objet des cours suivants. Ce qui importe est que tout le monde ait appris quelque chose, et pas seulement les premiers de la classe.

Mais telle n'est pas la philosophie de l'enseignement aujourd'hui, à qui il importe essentiellement de donner des notes et de classer ; et accessoirement de permettre aux enseignants d'arrondir leurs salaires grâce aux cours particuliers. Programmes surchargés et pédagogie élitiste sont des méthodes éprouvées pour parvenir à ces fins.

Jeter l'enfant avec l'eau de l'éprouvette ?

Il y a un peu de tout cela dans le rejet de la science : défiance envers des scientifiques vendus aux milieux d'affaires, ou présumés tels ; colère envers ces experts qui défilent sur les médias pour nous ressasser, graphiques à l'appui, qu'il faut se plier aux exigences du MEDEF ; vieux comptes à régler avec son prof de maths, de physique ou de SVT.

Oui, la tentation est grande, par ces temps troublés, d'envoyer promener toutes ces équations, ces formules chimiques, ces théories de ceci ou de cela.

Mais pour mettre quoi à la place ?

La sagesse de nos ancêtres ? Malheureusement, rejeter la science moderne est plus vite fait que de retrouver les savoirs de jadis. Contester la médecine actuelle ne procure pas en échange la connaissance des plantes médicinales. N'ayant pas la science infuse, c'est le cas de le dire, on risque fort de se faire arnaquer par le premier charlatan venu, vendeur d'eau distillée en gélules ou de poudre de perlimpinpin.

Nous ne savons plus rien de ce que savaient les gens d'autrefois : nommer les constellations dans le ciel, reconnaître des espèces d'oiseaux à leur chant, cueillir des herbes pour faire la soupe. On n'a jamais entendu autant de discours sur la nature que de nos jours, mais dans le même temps nos enfants, à huit ans, ignorent souvent que le lait vient de la vache, et les frites de la pomme de terre. Or, à huit ans, on ne peut pas incriminer le collège, le lycée ou l'université.

Ce n'est pas l'école qui a tué le savoir populaire ; c'est surtout notre mode de vie. Nous sommes désormais complètement coupés de la nature, pour la plupart d'entre nous. Notre « environnement » est maintenant composé d'ustensiles de toutes sortes, que nous ne maîtrisons pas, dont nous ignorons jusqu'au principe de fonctionnement. Avons-nous gagné au change ? On peut se le demander.

Gardons-nous pourtant de repeindre le passé en rose, sous prétexte que les temps actuels sont durs. L'industrie pharmaceutique, pour ne citer qu'un exemple, est avant tout un business juteux, et dans bien des cas elle nous gave de pilules à l'efficacité moins garantie que les effets secondaires. (On l'a vu récemment encore avec l'affaire des statines, longtemps présentées comme le remède miracle contre les excès de cholestérol... et aujourd'hui largement remises en cause.) Mais du temps où l'on se soignait par des infusions et des décoctions, l'espérance de vie ne dépassait pas les quarante-cinq ans, contre quatre-vingts aujourd'hui. Les médicaments ne sont pas à eux seuls la cause de l'augmentation, mais ils y sont quand même pour quelque chose.

Ceux qui repoussent la science à l'heure actuelle, dans leur grande majorité, seraient en fait bien incapables de vivre sans. Sans la médecine moderne, sans l'électricité, et même sans leur smartphone relié à Internet.

Du reste, personne ne rejette vraiment « la science » dans sa globalité. Et ce n'est pas un hasard si ce qui est le plus fréquemment contesté dans la science moderne est le darwinisme, assimilé à la notion d'évolution en général. Au nom de convictions religieuses le plus souvent, mais ces dernières, dans bien des cas, ne sont qu'un paravent. Croyants ou non, il nous est pénible de nous faire à l'idée que notre petite personne n'est que le produit d'une évolution ; que notre vie résulte d'une fusion entre un ovule et un spermatozoïde qui avaient une chance sur un milliard de se rencontrer. Notre amour-propre en prend un sacré coup, et beaucoup ne le supportent pas.

La science nous enseigne principalement que nous ne sommes pas au centre du monde et que le monde n'a pas été « créé » pour nous. Mais la société d'aujourd'hui, en exacerbant l'individualisme, nous rend hostiles à ce message. C'est pourquoi nombre d'entre nous préfèrent se raccrocher à de vieilles croyances qui nous rassurent, que ce soient celles de la religion ou de l'astrologie.

Pour ma part, je n'ai jamais cru à l'astrologie. Mais c'est parce que je suis né sous le signe du Taureau.

Et les Taureaux ne sont pas superstitieux. C'est prouvé scientifiquement.

C'est prouvé scientifiquement

**Retrouvez l'auteur sur son site Internet :
https://mwolf-sciences.jimdo.com**

Annexes

Annexe Chapitre 6

> **Les proportions, ou pourquoi faire simple quand on peut faire compliqué**
>
> Dans le livre V des *Éléments*, Euclide développe la théorie des proportions (qu'il aurait reprise d'Eudoxe, un astronome et mathématicien contemporain de Platon) :
> « Des grandeurs sont dans le même rapport, la première à la deuxième et la troisième à la quatrième, quand de tout équimultiple de la première et de la troisième quel qu'il soit, et de tout équimultiple de la deuxième et de la quatrième quel qu'il soit, les premiers équimultiples sont excédents, sont égaux ou sont plus petits que les derniers équimultiples considérés en ordre correspondant. »
> Si cette définition vous paraît particulièrement tordue, rien que de très normal. Euclide discute ici, non pas du rapport entre des nombres, mais entre des *grandeurs* qui peuvent être *incommensurables*, comme par exemple les côtés d'un rectangle et sa diagonale.
> Comment exprimer le fait que des grandeurs incommensurables sont proportionnelles ? C'est ce que tente de faire la définition à la mords-moi-le-nœud ci-dessus, dont le sens est le suivant :
> Dans une proportion entre des grandeurs *commensurables*, comme $\frac{2}{3} = \frac{4}{6}$, on trouvera des équimultiples de 2 et 4 qui sont *égaux* à des équimultiples de 3 et 6. Par exemple :
> 2 * 12 = 24 ; 4 * 12 = 48 ; et par ailleurs 3 * 8 = 24 ; 6 * 8 = 48.
> Mais dès qu'on a affaire à des grandeurs incommensurables, ça ne marche plus ; des équimultiples de la première et de la troisième grandeur seront toujours *excédents* ou *plus petits* que des équimultiples de la seconde et la quatrième.

C'est prouvé scientifiquement

Prenons l'exemple de la diagonale du carré. Elle mesure $\sqrt{2}$ si le côté mesure une unité. Mais elle peut être à son tour le côté d'un carré dont la diagonale mesure deux unités. Dans la figure ci-dessous, AB = 1, AC = $\sqrt{2}$ (dans le carré ABCD) et CE = 2. Mais CE est une diagonale du carré AEFC, et les rapports étant les mêmes dans tous les carrés, on a la proportion :

$$\frac{AB}{AC} = \frac{AC}{CE}$$

Avec nos notations modernes : $\dfrac{1}{\sqrt{2}} = \dfrac{\sqrt{2}}{2}$

Dans cette proportion entre grandeurs incommensurables, si vous multipliez les numérateurs par un entier m et les dénominateurs par un entier n, vous n'aurez jamais :

1 * m = $\sqrt{2}$ * n, ni $\sqrt{2}$ * m = 2 * n.

Mais chaque fois que vous aurez

1 * m < $\sqrt{2}$ * n, vous aurez aussi $\sqrt{2}$ * m < 2 * n ; et si au contraire

1 * m > $\sqrt{2}$ * n, alors pareillement $\sqrt{2}$ * m > 2 * n.

Tout cela est beau et profond sans nul doute, et propre à élever l'âme d'un philosophe. Pour un arpenteur, un architecte ou un ingénieur, il est toutefois plus utile de savoir que le rapport entre la diagonale d'un carré et son côté est compris entre 1,414 et 1,415 – ou des fractions équivalentes puisque les nombres décimaux ne sont apparus en Europe qu'au XVI° siècle de notre ère.

Annexe Chapitre 7

> **Le cinquième postulat d'Euclide**
>
> Dans le Livre 1er des *Éléments* d'Euclide, le cinquième postulat est en fait ainsi formulé :
> « Si une droite tombant sur deux droites fait les angles intérieurs du même côté plus petits que deux angles droits, ces droites, prolongées à l'infini, se rencontreront du côté où les angles sont plus petits que deux angles droits. »
> Ce qui correspond à la figure suivante :
>
>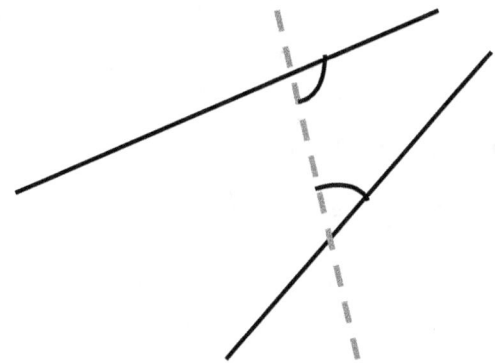
>
> **Les deux droites dessinées en trait plein se coupent du côté où la somme des angles intérieurs est inférieure à deux angles droits.**
> Au V° siècle de notre ère, le mathématicien Proclus a démontré que le postulat d'Euclide était équivalent au suivant : « Par un point donné, on peut mener une et une seule parallèle à une droite donnée ».
> « Équivalent » signifie que soit les deux postulats sont vrais, soit ils sont tous les deux faux.
> La formulation équivalente de Proclus a été reprise au XVIII° siècle par l'Écossais John Playfair. C'est depuis sous cette forme (plus intuitive) que le postulat est connu. Il est parfois nommé « postulat des parallèles » plutôt que « postulat d'Euclide ».

Annexe Chapitre 10

L'origine de l'exponentielle complexe

Techniquement parlant, le lien entre e^x, cos(x) et sin(x) réside dans le fait que l'exponentielle transforme une somme en un produit (à l'inverse de ce que fait le logarithme), mais qu'on trouve aussi cette propriété avec les sinus et les cosinus :
$e^{x+y} = e^x * e^y$
cos (x+y) = cos (x) * cos (y) − sin (x) * sin (y)
sin (x+y) = sin (x) * cos (y) + cos (x) * sin (y)
(e ≈ 2,718 est la base des logarithmes népériens, c'est le nombre dont le logarithme est égal à 1).

À l'époque d'Euler (XVIII° siècle), on avait aussi appris à développer les fonctions en séries. Ainsi :

$$e^x = 1 + \frac{x}{1!} + \frac{x^2}{2!} + \frac{x^3}{3!} + \frac{x^4}{4!} + \frac{x^5}{5!} + \ldots$$

$$\cos(x) = 1 - \frac{x^2}{2!} + \frac{x^4}{4!} - \frac{x^6}{6!} + \ldots$$

$$\sin(x) = \frac{x}{1!} - \frac{x^3}{3!} + \frac{x^5}{5!} - \frac{x^7}{7!} + \ldots$$

(L'écriture 5! représente 1*2*3*4*5 ; dans les formules du sinus et du cosinus, l'angle x est mesuré en radians).

Le rapprochement entre ces trois développements a suggéré au mathématicien suisse Leonhard Euler qu'on pouvait les relier entre eux. Et il a trouvé qu'en remplaçant x par ix dans le développement de e^x (avec $i = \sqrt{-1}$), on obtenait une série qui était celle de cos (x) + i fois celle de sin (x). Ce qui l'a amené à poser :

e^{ix} = cos x + i sin x.

Cette écriture était donc une convention, car jusque-là une puissance avec un exposant imaginaire était une expression dépourvue de sens.

Annexe Chapitre 11

Le manque de rigueur dans les mathématiques des XVII°-XVIII° siècles : l'exemple des séries

L'absence de rigueur chez les mathématiciens de cette époque a souvent conduit à des résultats erronés. C'est particulièrement le cas en ce qui concerne les séries infinies, notion qui a été développée parallèlement au calcul différentiel et intégral.

L'exemple le plus célèbre de série infinie est $1 + \frac{1}{2} + \frac{1}{4} + \frac{1}{8} + \frac{1}{16} + \cdots$. C'est une série *géométrique*, ce qui signifie que chaque terme se déduit du précédent en le multipliant par un même facteur, ici $\frac{1}{2}$. Bien qu'il y ait une infinité de termes, leur somme est égale à 2, c'est-à-dire à un nombre fini : la série est convergente.

Aux XVII° et XVIII° siècles, on étudia un grand nombre de séries, comme la série des inverses $1 + \frac{1}{2} + \frac{1}{3} + \frac{1}{4} + \frac{1}{5} + \cdots$, la série des carrés des inverses $1 + \frac{1}{4} + \frac{1}{9} + \frac{1}{16} + \frac{1}{25} + \cdots$, et bien d'autres. On étudia surtout des séries construites à partir d'une inconnue et de ses puissances successives (comme la série géométrique $1 + x + x^2 + x^3 + x^4 + \ldots$, la série $1 + \frac{x}{1} + \frac{x^2}{2} + \frac{x^3}{3} + \frac{x^4}{4} + \cdots$, etc.), que l'on baptisa *séries entières*.

Or, Newton et Leibnitz montrèrent, chacun de son côté, que de nombreuses fonctions peuvent s'exprimer sous la forme de séries entières. C'est le cas par exemple des fonctions trigonométriques :

$$\cos x = 1 - \frac{x^2}{2!} + \frac{x^4}{4!} - \frac{x^6}{6!} + \cdots \qquad \sin x = \frac{x}{1!} - \frac{x^3}{3!} + \frac{x^5}{5!} - \cdots$$

(Le symbole 4 ! désigne le produit de tous les nombres entiers de 1 à 4. Les deux formules ci-dessus supposent que l'angle x est mesuré en radians ; s'il était mesuré en degrés, on aurait d'autres séries entières, plus compliquées).

L'intérêt de ce genre de formules est multiple. D'une part, il fournit un moyen particulièrement simple pour calculer les valeurs d'une fonction. Quand on sait quelles difficultés les mathématiciens avaient rencontrées jusque-là pour construire leurs tables de sinus ou de logarithmes, on comprend leur enthousiasme par rapport à ce nouvel outil.

D'autre part, le calcul infinitésimal avait soulevé un nouveau problème : s'il a été possible à Newton et Leibnitz d'établir des formules permettant de calculer la dérivée de toutes les fonctions connues, ce n'est pas le cas en sens inverse pour trouver la fonction dont une autre fonction est la dérivée, ce qui est l'objet du calcul intégral. Calculer la « primitive » d'une fonction aboutit à une autre fonction explicite pour le sinus, le cosinus, la tangente ou le logarithme. Mais on tombe rapidement sur des cas comme $\frac{\sin x}{x}$, où il est impossible d'exprimer la primitive (qui existe) sous une forme explicite.

Les mathématiciens du XVIII° siècle pensèrent alors contourner la difficulté en développant ces fonctions rebelles en séries entières, et en intégrant terme à terme ces séries.

Ce faisant, ces mathématiciens fermèrent les yeux comme un seul homme sur le fait qu'une série infinie n'est pas nécessairement convergente, et qu'en manipulant des séries divergentes on aboutissait à des résultats faux, voire absurdes. On vit ainsi Euler, l'un des plus grands mathématiciens de ce temps, écrire sans sourciller que $\frac{1}{(1+1)^2} = \frac{1}{4} \Rightarrow 1 - 2 + 3 - 4 + 5 - \cdots = \frac{1}{4}$.

D'autre part, même lorsqu'une série converge, elle peut le faire plus ou moins rapidement. Lorsque la convergence est trop lente, le temps de calcul peut s'avérer prohibitif. C'est ce que Leibnitz apprit à ses dépens en établissant une formule qui permet de calculer le nombre π à partir du développement en série de la fonction arctangente :
$$\frac{\pi}{4} = 1 - \frac{1}{3} + \frac{1}{5} - \frac{1}{7} + \frac{1}{9} - \cdots$$

La formule est simple, mais dans la pratique il faut 1000 termes successifs pour parvenir seulement... à 3,14.

Annexe Chapitre 12

Équation du 2° degré babylonienne

Marcus du Sautoy, dans son livre *Le mystère des nombres* (p. 369), cite le « problème type » babylonien suivant :
Si un champ rectangulaire a une aire de 55 unités carrées, et si un côté mesure six unités de moins que l'autre, quelle est la longueur du côté le plus long ? Si nous appelons x le côté le plus long, alors le problème nous dit que $x(x-6) = 55$ ou, en simplifiant, $x^2 - 6x - 55 = 0$.

Voici comment les scribes babyloniens s'y prenaient, d'après le même auteur :
Commencez par découper un petit rectangle mesurant $3(x-6)$ unités de l'extrémité du rectangle et déplacez-le au bas du rectangle. La forme a changé mais pas l'aire totale.

Et du Sautoy illustre ensuite la résolution du problème par la figure reproduite ci-dessous.

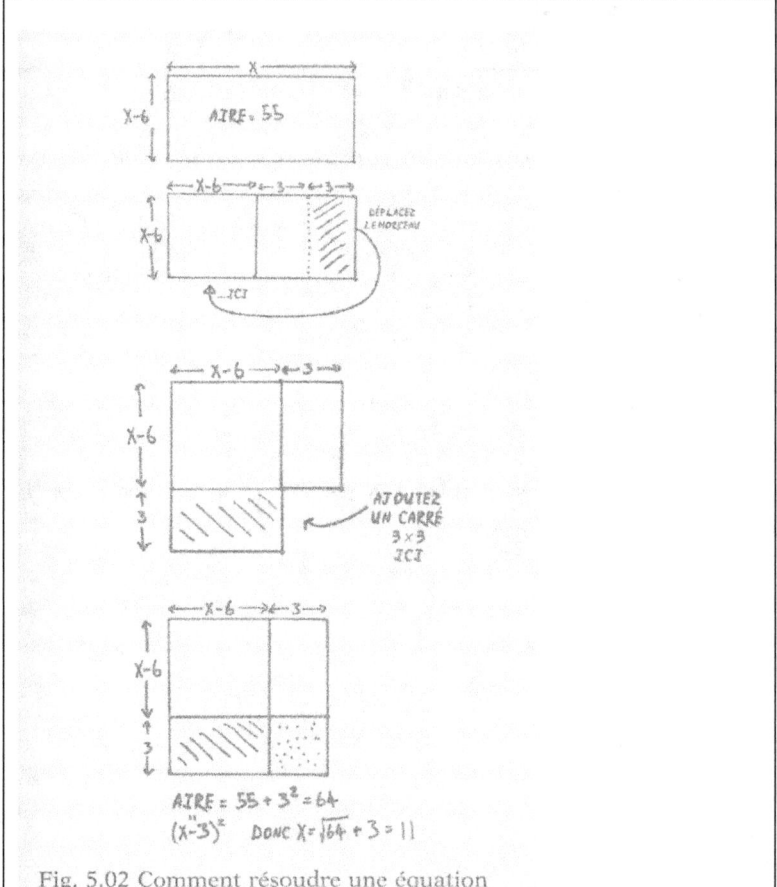

Fig. 5.02 Comment résoudre une équation du second degré en complétant un carré.

N.B. : Dans cette figure, les notations x et x–6 sont la vision moderne des choses. La représentation de l'inconnue par une lettre n'apparaît qu'avec Viète et Descartes, au tournant des XVI° et XVII° siècles. Et la notion d'inconnue elle-même vient des mathématiques arabes.

C'est prouvé scientifiquement

Équation du 2° degré au IX° siècle

Al Khwarismi, au IX° siècle, raisonne encore en partie de façon géométrique. Pour résoudre l'équation :
$$x^2 + 10x = 39$$
il dessine un carré de côté x + 5 (qu'il n'appelle pas « x+5 » mais « l'inconnue plus 5 » ou « la chose plus 5 »). Ce carré se décompose en un carré d'aire x^2, deux rectangles d'aire 5x et un carré d'aire 25 (cf figure ci-dessous). Le tout représente $x^2 + 10x + 25$, c'est-à-dire le membre de gauche de l'équation + 25. La surface de ce carré doit donc être égale à 39 + 25, soit 64. Le côté de ce carré doit donc mesurer $\sqrt{64}$ = 8 unités. Mais ce côté, c'est x + 5. Donc x + 5 = 8. Et par transposition (*al-jabr* en arabe) on a donc x = 8 – 5 = 3.

Il reste un point à éclaircir néanmoins, dans la méthode géométrique. Si l'on prend l'équation d'Al Khwarismi par exemple, par quel coup de baguette magique, à partir de $x^2 + 10x = 39$, se retrouve-t-on avec un carré de côté x + 5 ? C'est tout simplement que 5 est la moitié de 10, et que dans un carré de côté x + 5, on trouvera deux rectangles d'aire 5x, dont la somme fera 10x. Ce qui n'est rien d'autre que la version géométrique de l'identité remarquable :
$$(a + b)^2 = a^2 + 2ab + b^2.$$
Une identité qui était connue géométriquement bien avant qu'on n'invente le calcul avec des lettres.

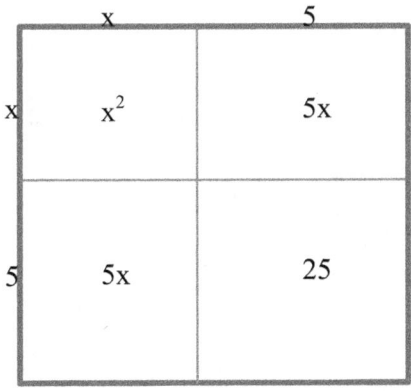

C'est prouvé scientifiquement

> Aujourd'hui, on ne passe plus par la géométrie pour résoudre les équations du second degré, mais on utilise toujours la même identité remarquable.
>
> $x^2 + 10x$ est le début du développement de $(x + 5)^2$, auquel il manque $5^2 = 25$.
>
> On écrit donc $(x + 5)^2 - 25 = 39$, et la résolution s'en suit.
>
> La seule évolution par rapport à Al Khwarismi est qu'une fois arrivé à $(x + 5)^2 = 64$, on admet la solution
>
> $x + 5 = -8$ en plus de la solution $x + 5 = 8$.
>
> La formule que doivent finir par apprendre les élèves en classe de Première n'est qu'une généralisation à partir de cet exemple particulier.

Annexe Chapitre 13

Le tunnel de Samos

« Hérodote rapporte un travail important réalisé vers 530 av. J.C. dans l'île de Samos par l'ingénieur Eupalinos de Mégare. Des fouilles entreprises en 1882 par des archéologues allemands ont permis de retrouver ce travail. C'est un aqueduc comportant un tunnel de 1 kilomètre de long, deux mètres de large et deux de haut, avec dans l'axe un canal. Le tunnel est pratiquement rectiligne, et comporte de distance en distance des puits d'aération verticaux. Les travaux de percement furent entrepris par les deux extrémités. Il n'y eut à rattraper au milieu qu'une erreur de 10 m horizontalement, de 3 m à la verticale.

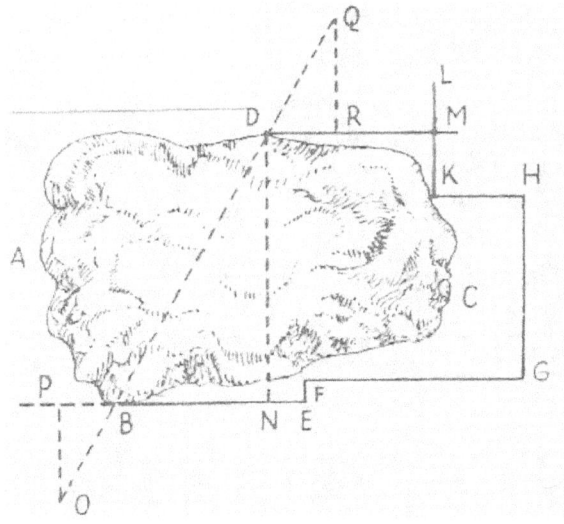

Soit à percer par un tunnel, de B à D, une colline ABCD. Des alignements dans deux directions rectangulaires DR et LK, permettent après mesures de segments comme DM, MK, etc., de calculer les longueurs BN et DN des deux côtés du triangle rectangle

BDN. En construisant en B et en D les triangles DRQ et BPO semblables à BDN, on obtient les deux prolongements DQ et BO du tunnel à percer. On pourra alors attaquer les travaux par les deux extrémités. »

D'après Dedron et Itard, *Mathématiques et mathématiciens*

Triangulation avec un triangle non rectangle

Il existe une relation entre les côtés et les sinus des angles, valable pour tout triangle ABC :

$$\frac{BC}{\sin \widehat{A}} = \frac{CA}{\sin \widehat{B}} = \frac{AB}{\sin \widehat{C}}$$

Dès qu'on a mesuré deux angles dans un triangle, on connaît le troisième puisque la somme des trois fait 180 degrés. Dès lors, si l'on a mesuré en outre l'un des côtés, BC par exemple, la formule ci-dessus permet de calculer les deux autres :

$$CA = BC \frac{\sin \widehat{B}}{\sin \widehat{A}} \; ; \; AB = BC \frac{\sin \widehat{C}}{\sin \widehat{A}}$$

Annexe Chapitre 14

L'origine des nombres complexes

L'Italien Jérôme Cardan, reprenant les travaux d'autres mathématiciens comme Tartaglia, a établi une formule donnant l'une des racines d'une équation du troisième degré. Mais dans certains cas, cette formule faisait apparaître la racine carrée d'un nombre négatif.

Par exemple, dans l'équation $x^3 = 15x + 4$, l'une des racines est $x = 4$; or la formule de Cardan aboutit à $\sqrt[3]{2 + 11\sqrt{-1}} + \sqrt[3]{2 - 11\sqrt{-1}}$.

D'après les règles de calcul sur les nombres relatifs, le carré d'un nombre est toujours positif. On ne peut donc pas calculer la racine carrée d'un nombre négatif, et l'expression $\sqrt{-1}$ n'a donc pas de sens.

Mais si l'on accepte d'utiliser $\sqrt{-1}$ comme un symbole « imaginaire » dont le carré est égal à -1, et si on lui applique les règles du calcul algébrique, on a alors l'égalité suivante :

$$(2 + \sqrt{-1})^3 = 2^3 + 3*2^2*\sqrt{-1} + 3*2*(\sqrt{-1})^2 + (\sqrt{-1})^3$$
$$= 8 + 12\sqrt{-1} - 6 - \sqrt{-1}$$
$$= 2 + 11\sqrt{-1}$$

Donc $\sqrt[3]{2 + 11\sqrt{-1}} = 2 + \sqrt{-1}$;
de même $\sqrt[3]{2 - 11\sqrt{-1}} = 2 - \sqrt{-1}$; et en additionnant,
$$\sqrt[3]{2 + 11\sqrt{-1}} + \sqrt[3]{2 - 11\sqrt{-1}} = 2 + \sqrt{-1} + 2 - \sqrt{-1} = 4.$$

On retrouve bien la racine entière de l'équation.

C'est Bombelli qui a développé ce calcul et proposé à la suite d'admettre ces racines carrées de nombres négatifs comme des nombres imaginaires mais utiles. Il faut savoir qu'au XVI° siècle, les nombres négatifs eux-mêmes étaient encore considérés comme « imaginaires », « impossibles », et n'étaient pas retenus quand ils étaient solution d'une équation.

Annexe Chapitre 15

Les subtilités de la notion de dérivée

La notion de dérivée s'est révélée particulièrement féconde et toute la science moderne en est tributaire. Il en va de même pour la notion réciproque de primitive, qui est à la dérivée ce que la division est à la multiplication.

Mais ces nouveaux outils de calcul étaient subtils et renfermaient des difficultés, sur lesquelles les mathématiciens ont longtemps fermé les yeux. Par exemple, s'il est toujours possible de calculer la dérivée des fonctions élémentaires comme x^n, $\frac{1}{x^n}$, sin x, cos x et même log x, les choses se gâtent dès qu'on aborde des fonctions telles que E(x) (la partie entière de x) ou x − E(x) (sa partie décimale). Le graphe de ces deux fonctions est représenté ci-dessous.

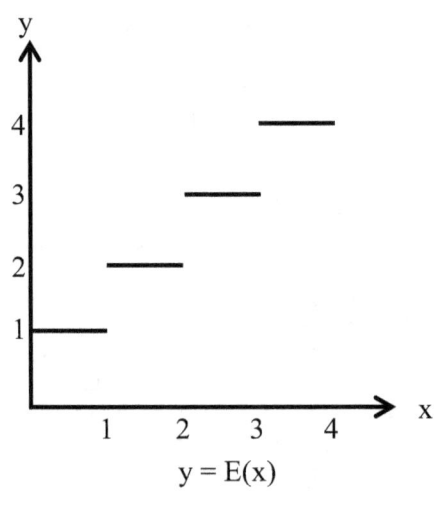

y = E(x)

C'est prouvé scientifiquement

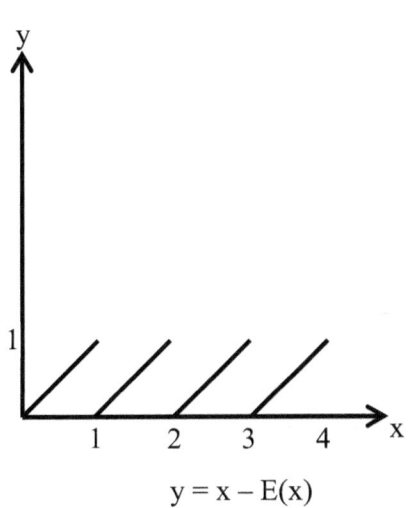

$y = x - E(x)$

On ne peut pas calculer la dérivée de ces fonctions pour $x = 1$, $x = 2$, $x = 3$, etc., car s'il est possible de faire tendre Δx vers zéro autour de ces valeurs, ce n'est pas le cas pour Δy qui fait un saut d'une unité à ces endroits. Si l'on prend la fonction $E(x)$ par exemple, pour $x = 2$, le quotient $\frac{\Delta y}{\Delta x}$ tend vers zéro si l'on vient par la gauche et vers l'infini si l'on vient par la droite.

Une fonction ne peut donc être dérivable que là où elle est *continue*. Une fonction est continue si l'on peut tracer son graphe sans lever le crayon.

Mais cette condition nécessaire n'est pas suffisante. La fonction représentée ci-dessous, $y = |x-2|$, est partout continue, mais pour $x = 2$ elle n'est pas dérivable car $\frac{\Delta y}{\Delta x}$ est égal à -1 en venant de la gauche et à $+1$ en venant de la droite. ($|x-2|$ désigne la valeur absolue de $x-2$).

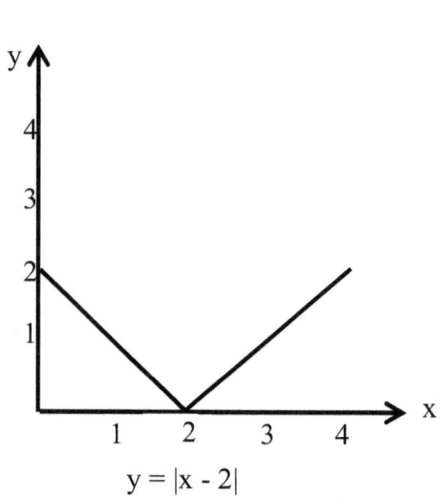

$y = |x - 2|$

À partir de cet exemple, on peut construire des fonctions « en dents de scie » qui sont dérivables partout sauf aux points de rebroussement, bien qu'elles soient continues en ces points. C'est le cas de la fonction représentée ci-dessous, dont la formule est $y = |x - 2\,E(\frac{x}{2}) - 1|$.

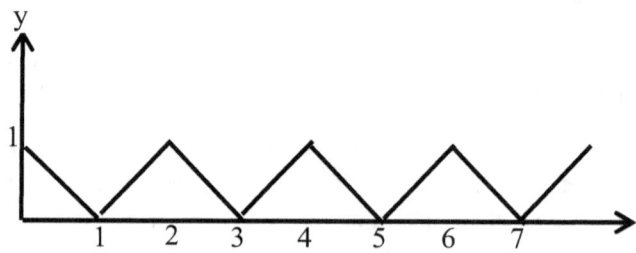

Rien n'empêche ensuite de rapprocher les points de rebroussement les uns des autres, indéfiniment. C'est ce qu'on obtient avec la fonction y = $|x - \frac{1}{n} E(nx) - \frac{1}{2n}|$ quand l'entier n augmente indéfiniment.

On peut même imaginer, à la limite, une fonction qui soit partout continue sans être dérivable nulle part... et le mathématicien allemand Karl Weierstrass a trouvé, dans les années 1870, un premier exemple d'une telle fonction « pathologique » dont la formule est la suivante :

$$f(x) = \sum_{n=0}^{\infty} a^n \cos(b^n \pi x)$$
avec $0 < a < 1$ et $ab > 1 + \frac{3}{2}\pi$

Références

Gaston Bachelard, *Le nouvel esprit scientifique* (1934), Presses Universitaires de France

Gaston Bachelard, *La formation de l'esprit scientifique*, (1938) Librairie philosophique J. Vrin

Alain Badiou, *Éloge des mathématiques*, 2015, Flammarion

Georges Barthélemy, *Histoire des sciences*, Ellipses, 2009

Jean C. Baudet, *Histoire des mathématiques*, Vuibert, 2014

David Berlinski, *Une brève histoire des maths*, Texto, 2004

Jean-Yves Boriaud, *Galilée* (2010), Perrin

Bill Bryson, *Mother tongue*, 1990, Penguin Books

Guillaume Carnino, *L'invention de la science*, 2015, Seuil

Jean-Paul Collette, *Histoire des mathématiques*, Vuibert, 1973

Clifford D. Conner, *Histoire populaire des sciences*, 2005, Points Sciences,

Philippe de la Cotardière, *Histoire des sciences*, 2012, Tallandier

C'est prouvé scientifiquement

Tobias Dantzig, *Le nombre, langage de la science*, 1974, Albert Blanchard

Charles Darwin, *L'origine des espèces* (1859), GF Flammarion

Déclic Mathématiques 2de, Hachette Éducation Programme 2010

Pierre Dedron et Jean Itard, *Mathématiques et mathématiciens*, 1959, Magnard

Albert Einstein, *La théorie de la relativité restreinte et générale*, 1954, Gauthier-Villars

Albert Einstein et Léopold Infeld, *L'évolution des idées en physique*, 1936, Flammarion

Bernard d'Espagnat, *À la recherche du réel*, 1979, Gauthier-Villars

Richard Feynman, *La nature de la physique*, 1964, Points Sciences Le Seuil

Maurice Fréchet, *Les mathématiques et le concret*, 1955, Presses Universitaires de France

Galilée, *Discours concernant deux sciences nouvelles*, Armand Colin

Bertrand Gille, *Les mécaniciens Grecs*, 1980, Le Seuil

Stephen Jay Gould, *Darwin et les grandes énigmes de la vie*, 1977, Pygmalion

C'est prouvé scientifiquement

Stephen Jay Gould, *Le pouce du panda – Les grandes énigmes de l'évolution*, 1980, Grasset

Stephen Jay Gould, *La mal-mesure de l'homme*, 1983, Ramsay

Stephen Jay Gould, *Le sourire du flamand rose*, 1985, Seuil.

Stephen Jay Gould, *La foire aux dinosaures*, 1991, Point-Sciences Le Seuil

Harvard Project Physics (HPP) – Publié par l'IRP du Québec

Hérodote, *Histoires*, La Découverte

Histoire des maths pour les collèges, 1980, CEDIC

Lancelot Hogben, *Les mathématiques pour tous*, 1947, Payot

Lancelot Hogben, *La science pour tous*, 1949, Payot.

Christian Huygens, *Horlogium oscillatorium*, (1673) éditions Bergeret

Georges Ifrah, *Histoire universelle des chiffres*, 1981, Seghers

Jean Itard, *Essais d'histoire des mathématiques*, 1984, Albert Blanchard

Albert Jacquard, *Éloge de la différence*, 1978, Points-Sciences Seuil

Albert Jacquard, *Au péril de la science ?*, 1982, Points-Sciences Seuil

Alexandre Koyré. *Études d'histoire de la pensée scientifique*, 1966, Gallimard

Thomas Kuhn, *La révolution copernicienne*, 1957, Fayard

Thomas Kuhn, *La structure des révolutions scientifiques*, 1962, Champs Flammarion

La matière aujourd'hui, 1981, Points Sciences – Le Seuil

Pierre Simon Laplace, *essai philosophique sur les probabilités*, 1795-1814, Christian Bourgois

La recherche en histoire des sciences, 1983, Points-Sciences, Seuil

Le darwinisme aujourd'hui, 1979, Points-Sciences, Le Seuil

Gottfried-Wilhelm Leibniz, *Œuvre concernant le calcul infinitésimal*, Albert Blanchard

Les grandes controverses scientifiques, 2014, Dunod

Ernest Mandel, *Traité d'économie marxiste*, 1962, éditions 10-18.

Maths – T^{erm} S – 2012 – Belin

Isaac Newton, *Principia mathematica*, Christian Bourgois éditeur

Didier Nordon, *Les mathématiques pures n'existent pas*, 1981, Actes Sud

Sven Ortoli, Jean-Pierre Pharabod, *Le Cantique des Quantiques*, 1984, La Découverte

Penser les mathématiques, 1982, Points-Sciences, Seuil

Physique Chimie 1re S – Editions Belin, 2011

Pascal Picq, *Darwin et l'évolution expliqués à nos petits-enfants*, 2009, Seuil

André Pichot, *Histoire de la notion de gène*, 1999, Champs Flammarion.

Henri Poincaré, *La science et l'hypothèse*, Science de la nature, Flammarion

André Revuz, *Est-il impossible d'enseigner les mathématiques*, 1980, PUF l'éducateur

Jean Rosmorduc, *Une histoire de la physique et de la chimie*, 1985, Points-Sciences, Seuil

Marcus du Sautoy, *Le mystère des nombres*, 2010, Folio

Sciences Économiques et Sociales – 1re ES – 2015 – Nathan

Sciences de la Vie et de la Terre – 2de – Bordas Programme 2010

Ian Stewart, *Les mathématiques du vivant*, 2011, Champs sciences, Flammarion

René Taton, *Histoire générale des sciences*, 1966, P.U.F

C'est prouvé scientifiquement

René Thom, *Pourquoi la mathématique*, 1974, UGE, coll. « 10-18 »

René Thom, *Les mathématiques « modernes » : une erreur pédagogique et philosophique ?*, 1970, L'âge de la science

Pierre Thuillier, *Les savoirs ventriloques,* 1983, Seuil

Transmaths 4° - édition 2015 – Nathan

Notes

Chapitre 1

[1] Cité par Stephen Jay Gould, *La mal-mesure de l'homme*, p. 90
[2] Ibid., p. 91
[3] Ibid., pp. 109-110
[4] Ibid., p. 103
[5] Ibid., pp. 109-110
[6] Ibid., p. 200
[7] Albert Jacquard, *Au péril de la science ?*, p.129
[8] Pierre Debray-Ritzen, *Lettre ouverte aux parents des petits écoliers*, 1978, Albin Michel
[9] Albert Jacquard, op. cit., p. 102
[10] Élie Cohen, *Le nouvel observateur*, 13 août 2007
[11] Élie Cohen, *Le Monde*, 17 août 2007

Chapitre 2

[1] Albert Jacquard, op. cit., pp. 149-150
[2] Charles Darwin, *L'origine des espèces*, pp. 272 à 278
[3] Ibid., p. 48
[4] Ibid., p. 112
[5] Stephen Jay Gould, *La mal-mesure de l'homme*, pp. 365-366

Chapitre 3

[1] Pierre Thuillier, *Le darwinisme aujourd'hui*, p. 50
[2] Cité par Stephen Jay Gould, *Darwin et les grandes énigmes de la vie*, pp. 11-12
[3] Stephen Jay Gould, *La foire aux dinosaures*, p. 75

[4] Charles Darwin, op. cit., p. 247
[5] Clifford D. Conner, *Histoire populaire des sciences*, pp. 538-539
[6] Charles Darwin, op. cit., pp. 246-247
[7] Stephen Jay Gould, *Le pouce du panda*, p. 174
[8] Stephen Jay Gould, *La foire aux dinosaures*, p. 18
[9] Stephen Jay Gould, *Le sourire du flamand rose*, pp. 38-39
[10] Pascal Picq, *Darwin et l'évolution expliqués à mes petits-enfants*

Chapitre 4

[1] Cité par Stephen Jay Gould, *La mal-mesure de l'homme*, p. 86
[2] Cité par Stephen Jay Gould, *La mal-mesure de l'homme*, p. 46
[3] Cité par Stephen Jay Gould, *Darwin et les grandes énigmes de la vie*, p. 194
[4] Clifford D. Conner, op. cit., p. 169
[5] Stephen Jay Gould, *Darwin et les grandes énigmes de la vie*, pp. 193-194
[6] Guillaume Carnino, *L'invention de la science*, p. 232
[7] Cité par Guillaume Carnino, op. cit., p. 245
[8] Gaston Bachelard, *La formation de l'esprit scientifique*, p. 14

Chapitre 5

[1] Jean-Paul Collette, *Histoire des mathématiques*, T1, p. 50
[2] Clifford D.Conner, op. cit., p. 187
[3] Jean C. Baudet, *Histoire des mathématiques*, p. 23
[4] Lancelot Hogben, *Mathématiques pour tous*, p. 121
[5] Thomas Kuhn, *La révolution copernicienne*, p. 229
[6] Jean C. Baudet, op. cit., p. 77
[7] Ibid., p. 30
[8] Ibid., p. 33
[9] Clifford D. Conner, op. cit., p 192
[10] Ibid., p. 190
[11] Georges Barthélémy, *Histoire des sciences*, p. 175
[12] Jean Itard, *Essai d'histoire des mathématiques*, p. 139

[13] Pierre Thuillier, *Les savoirs ventriloques*, p. 50
[14] Ian Stewart, *Les mathématiques du vivant*, chapitre 10.

Chapitre 6

[1] David Berlinski, *Une brève histoire des maths*, p. 107
[2] Lancelot Hogben, *La science pour tous*, T1, p. 43
[3] Jean C. Baudet, op. cit., p. 248
[4] Ibid., p. 233
[5] Cité par Pierre Thuillier, *Les savoirs ventriloques*, p. 73
[6] Tobias Dantzig, *Le nombre, langage de la science*, p. 101
[7] Cité par Didier Nordon, *Les mathématiques pures n'existent pas*, p. 76

Chapitre 7

[1] Alain Badiou, *Éloge des mathématiques*, p. 76
[2] Ibid.
[3] Ibid.
[4] Jean-Marc Lévy-Leblond, *Penser les mathématiques*, p. 203
[5] Ian Stewart, op. cit., p. 24
[6] Alain Badiou, op. cit., p 76
[7] Galilée, *Discours concernant deux sciences nouvelles*, p. 211
[8] Platon, *La république*, VI
[9] Maurice Fréchet, *Les mathématiques et le concret*, p. 159 (note 1)
[10] Albert Einstein, *La théorie de la relativité restreinte et générale*, p. 3
[11] Roger Apéry, *Penser les mathématiques*, pp. 60-61
[12] René Thom, *Les mathématiques « modernes » : une erreur pédagogique et philosophique ?*, 1970, p. 232
[13] Pierre Thuillier, *Les savoirs ventriloques*, p. 72

Chapitre 8

[1] Alexandre Koyré, *Études d'histoire de la pensée scientifique*, p. 271

² Pierre Thuillier, *La recherche en histoire des sciences*, p. 147
³ Jean Rosmorduc, *Une histoire de la physique et de la chimie*, pp.42-43
⁴ Galilée, op. cit., p. 58
⁵ Alexandre Koyré, op. cit., pp. 294-295
⁶ Ibid., p. 263
⁷ Ibid., p. 257
⁸ Ibid., p. 258
⁹ Ibid., p. 168
¹⁰ Galilée, op. cit., p. 7
¹¹ Galilée, *Il saggiatore*
¹² *HPP*, T1, p. 59
¹³ Ibid.
¹⁴ Ibid.
¹⁵ Alexandre Koyré, op. cit., p. 271
¹⁶ Pierre Thuilier, *La recherche en histoire des sciences*, p. 147
¹⁷ Alexandre Koyré, op. cit., p. 265
¹⁸ Ibid., p. 211

Chapitre 9

¹ Gaston Bachelard, *La formation de l'esprit scientifique*, pp. 9-10
² Gaston Bachelard, *Le nouvel esprit scientifique*, pp. 57-58
³ Maurice Loi, *Penser les mathématiques*, p. 110
⁴ René Thom, *Penser les mathématiques*, pp. 253-254
⁵ Gaston Bachelard, *La formation de l'esprit scientifique*, p. 19
⁶ Thomas Kuhn, *La structure des révolutions scientifiques*, p. 160
⁷ Gaston Bachelard, *La formation de l'esprit scientifique*, p. 40
⁸ Ibid., p. 24
⁹ Ibid.
¹⁰ Ibid., p. 237
¹¹ Ibid., p. 6
¹² Gaston Bachelard, *Le nouvel esprit scientifique*, p. 8
¹³ Ibid., p. 71
¹⁴ Gaston Bachelard, *La formation de l'esprit scientifique*, p. 10
¹⁵ Bill Bryson, *Mother tongue*
¹⁶ Bachelard, *La formation de l'esprit scientifique*, p. 209

Chapitre 10

[1] Aristote, *Métaphysique*, 992a
[2] Pierre Thuillier, *Les savoirs ventriloques*, p. 6
[3] Isabelle Desit-Ricard, *Histoire des sciences* (Georges Barthélémy), pp. 100-101
[4] Richard Feynman, *La nature de la physique*, p. 293
[5] Ibid., p. 34
[6] Ibid., p. 64
[7] David Belinski, op. cit., pp. 82-83
[8] Ibid., p. 83

Chapitre 11

[1] Gaston Bachelard, *La formation de l'esprit scientifique*, p. 251
[2] Cité par David Conner, op. cit., p. 393
[3] André Pichot, *Histoire de la notion de gène*
[4] Aristote, *Politique*
[5] *Histoire Générale des Sciences*, T2, p.318
[6] Leonhard Euler, *Lettres à une princesse d'Allemagne*
[7] Tobias Dantzig, op. cit., p. 183
[8] Ibid., p. 133
[9] Jean-Paul Collette, op.cit., T1, p. 197
[10] Gottfried-Wilhelm Leibniz, *Œuvre concernant le calcul infinitésimal*, p. 51
[11] Isaac Newton, *Principia mathematica*, p. 63
[12] Jean-Paul Collette, op. cit., T2, p. 203
[13] Maurice Marshaal, *Histoire des sciences* (Philippe de La Cotardière), p.66
[14] Georges Barthélémy, *Histoire des sciences*, p. 714
[15] Jean-Paul Collette, op. cit., T2 p. 184
[16] Ibid., p. 174
[17] François de Gandt, *Penser les mathématiques*, p. 190
[18] Alain Badiou, op. cit., p. 78
[19] René Thom, *Pourquoi la mathématique*, pp. 48-49
[20] Maurice Fréchet, op. cit., p. 160

[21] Henri Poincaré, *La science et l'hypothèse*, p. 35

Chapitre 12

[1] Roger Apéry, *Penser les mathématiques*, p. 62
[2] François de Gandt, *Penser les mathématiques*, p. 167
[3] Pierre-Simon Laplace, *Essai philosophique sur les probabilités*, pp. 190-195
[4] Maurice Fréchet, op. cit., pp. 296-297
[5] *Transmath 4°*, p. 94
[6] Ibid., p. 95

Chapitre 13

[1] Hérodote, *Histoires*, Livre second, CIX
[2] Tobias Dantzig, op. cit., p. 32
[3] David Berlinski, op. cit., p. 75

Chapitre 14

[1] Leopold Kronecker (d'après un article d'Heinrich Weber paru en 1893)
[2] *Histoire des Mathématiques pour les Collèges*, p. 8
[3] Georges Ifrah, *Histoire universelle des chiffres*
[4] Lancelot Hogben, *Mathématiques pour tous*, p. 51
[5] *Histoire générale des sciences*, T1, p.476
[6] Didier Nordon, op. cit., p. 112
[7] Tobias Dantzig, op. cit., p. 156
[8] Charles Darwin, op. cit., p. 243
[9] Richard Feynman, op. cit., p. 217

Chapitre 15

[1] *Physique Chimie* 1re S – Éditions Belin
[2] Tobias Dantzig, op. cit., pp. 104-105
[3] Lancelot Hogben, *Mathématiques pour tous*, p. 204
[4] Aristote, *Physique*, L. 4

⁵ Marcus du Sautoy, *Le mystère des nombres*, p. 136
⁶ Ian Stewart, op. cit., p. 246
⁷ Albert Einstein et Léopold Infeld, *L'évolution des idées en physique*, p. 236
⁸ Léna Soler, *Histoire et philosophie des sciences*, p. 89

Chapitre 16

¹ Richard Feynman, op. cit., p. 231
² Maurice Fréchet, op. cit., p. 299
³ Ibid.
⁴ Ibid.
⁵ Cité par Patrick Dorléans, *Histoire des sciences* (Georges Barthélémy), p. 335
⁶ Alexandre Koyré, op. cit., p. 184

Chapitre 17

¹ Gottfried Wilhelm Leibnitz, op. cit., p. 68
² Ibid., p. 51
³ Fabienne-Lemarchand - Gautier Cariou, *Les grandes controverses scientifiques*, p. 44
⁴ Jean-Yves Boriaud, *Galilée*, p. 125
⁵ Jean Rosmorduc, op. cit., p. 12
⁶ Henri Poincaré, *La science et l'hypothèse*, p. 123
⁷ Ibid., p. 124
⁸ Ibid., p. 215
⁹ Tobias Dantzig, op. cit., p. 143

Chapitre 18

¹ Bernard d'Espagnat, *À la recherche du réel*, p. 6
² Bernard d'Espagnat, *La matière aujourd'hui*, p. 213
³ Pierre Thuillier, *La matière aujourd'hui*, p. 28
⁴ Sven Ortoli et Jean-Pierre Pharabod, *Le cantique des quantiques*, p. 39
⁵ Ibid.

[6] Ibid.
[7] Bernard d'Espagnat, *À la recherche du réel*, p. 29
[8] Sven Ortoli et Jean-Pierre Pharabod, op. cit., p. 101
[9] Ian Stewart, op. cit., p. 375
[10] Richard Feynman, op. cit., p. 153
[11] Cité par Sven Ortoli et Jean-Pierre Pharabod, op. cit., p. 80
[12] Ibid.
[13] Cité par Sven Ortoli et Jean-Pierre Pharabod, op. cit., p. 78
[14] Bernard d'Espagnat, *À la recherche du réel*, p. 6
[15] Ibid., p. 21
[16] Sven Ortoli et Jean-Pierre Pharabod, op. cit., p. 112
[17] Ibid., p. 113

Chapitre 19

[1] Didier Nordon, op. cit., p. 71
[2] Albert Jacquard, *Éloge de la différence*, p. 176
[3] Ibid.
[4] Lancelot Hogben, *La science pour tous*, T1, p. 133
[5] Maurice Fréchet, op. cit., p. 115
[6] Ernest Mandel, *Traité d'économie marxiste*, T4, pp. 235-236

Chapitre 20

[7] Cité par Maurice Fréchet, op. cit., pp. 347-348
[8] Yves Gautier, *Histoire des sciences* (Philippe de la Cotardière), p. 464
[9] Thomas Kuhn, *La révolution copernicienne*, préface, p. VII
[10] David Conner, op. cit., p. 468
[11] Jean Dieudonné, *Penser les mathématiques*, p. 23
[12] Christian Huygens, *Horlogium oscillatorium*
[13] Jean C. Baudet, op. cit., pp. 103-104
[14] Jean-Paul Collette, op. cit., T2, p. 86
[15] Michel Crozon, *Histoire des sciences* (Philippe de la Cotardière), p. 106
[16] Bertrand Gille, *Les mécaniciens Grecs*, p. 35
[17] Lancelot Hogben, *Les mathématiques pour tous*, p. 32

[18] Tobias Dantzig, op. cit., p. 133-134
[19] Cité par Guillaume Carnino, op. cit., p. 81

Chapitre 21

[1] Cité par Thomas Kuhn, *La révolution copernicienne*, p. 123
[2] Albert Jacquard, *Au péril de la science ?*, pp. 7-8
[3] Guillaume Carnino, op. cit., p. 123
[4] Cité par Clifford D. Conner, op. cit., p. 575
[5] Clifford D. Conner, op. cit., pp. 567-568
[6] Guillaume Carnino, op. cit., p.246
[7] Lancelot Hogben, *La science pour tous*, T1 p. 133
[8] Didier Nordon, op. cit., p. 66
[9] André Revuz, *Est-il impossible d'enseigner les mathématiques* ?
[10] Alain Badiou, op. cit., p. 17
[11] Ibid.
[12] Ibid., p. 18
[13] Ibid.

www.ingramcontent.com/pod-product-compliance
Lightning Source LLC
Chambersburg PA
CBHW050047230526
45470CB00004B/1435